Schwingende Balken

Rudolf Pitloun

Schwingende Balken

Berechnungstafeln

Rudolf Pitloun
Berlin, Deutschland

ISBN 978-3-658-20962-9   ISBN 978-3-658-20963-6   (eBook)
https://doi.org/10.1007/978-3-658-20963-6

Die Deutsche Nationalbibliothek verzeichnet diese Publikation in der Deutschen Nationalbibliografie; detaillierte bibliografische Daten sind im Internet über http://dnb.d-nb.de abrufbar.

Springer Vieweg
Ursprünglich erschienen im VEB Verlag für Bauwesen, Berlin, 1971
© Springer Fachmedien Wiesbaden GmbH, ein Teil von Springer Nature 2018
Das Werk einschließlich aller seiner Teile ist urheberrechtlich geschützt. Jede Verwertung, die nicht ausdrücklich vom Urheberrechtsgesetz zugelassen ist, bedarf der vorherigen Zustimmung des Verlags. Das gilt insbesondere für Vervielfältigungen, Bearbeitungen, Übersetzungen, Mikroverfilmungen und die Einspeicherung und Verarbeitung in elektronischen Systemen.
Die Wiedergabe von Gebrauchsnamen, Handelsnamen, Warenbezeichnungen usw. in diesem Werk berechtigt auch ohne besondere Kennzeichnung nicht zu der Annahme, dass solche Namen im Sinne der Warenzeichen- und Markenschutz-Gesetzgebung als frei zu betrachten wären und daher von jedermann benutzt werden dürften.
Der Verlag, die Autoren und die Herausgeber gehen davon aus, dass die Angaben und Informationen in diesem Werk zum Zeitpunkt der Veröffentlichung vollständig und korrekt sind. Weder der Verlag noch die Autoren oder die Herausgeber übernehmen, ausdrücklich oder implizit, Gewähr für den Inhalt des Werkes, etwaige Fehler oder Äußerungen. Der Verlag bleibt im Hinblick auf geografische Zuordnungen und Gebietsbezeichnungen in veröffentlichten Karten und Institutionsadressen neutral.

Gedruckt auf säurefreiem und chlorfrei gebleichtem Papier

Springer Vieweg ist ein Imprint der eingetragenen Gesellschaft Springer Fachmedien Wiesbaden GmbH und ist ein Teil von Springer Nature
Die Anschrift der Gesellschaft ist: Abraham-Lincoln-Str. 46, 65189 Wiesbaden, Germany

VORWORT

Die vorgelegte Tafelsammlung soll das Tor zum schnellen Erfassen des Eigenverhaltens dynamisch beanspruchter Biegeträger öffnen. Mit der Tendenz zum leichteren Bauen gewinnt das Schwingungsproblem immer mehr Bedeutung für den Praktiker.

Das vorgelegte Tafelwerk gliedert sich in zwei Teile. Der beschreibende Textteil erläutert die Theorie und den Gebrauch der Tafeln. Der textlose Tafelteil bietet die Lösungen des Eigenwertproblems für eine repräsentative Beispielauswahl in Form von Zahlentabellen und ergänzenden Diagrammen, die die Abhängigkeit der Eigenwerte von den variierten Parametern optisch veranschaulichen.

Der Tafelnutzer braucht sich nicht unbedingt mit der Theorie zu beschäftigen. Seine Hauptarbeit besteht in der Wahl systemorientierter Maßstabsgrößen, mit denen anhand der Maßzahlen aus den Tafeln die Eigenfrequenzen und Schwingungsamplituden bestimmt werden.

Einen wesentlichen Impuls zur Manuskripterarbeitung gab mir R. Zurmühl mit seinem nach dem schematisierten Ritzverfahren aufgestellten ALGOL-Programm zur Berechnung von Rahmenschwingungen. Inzwischen ist ein FORTRAN-Programm für größere Rechenanlagen (Control Data) entwickelt worden, das für individuelle Berechnungen zur Verfügung steht. Die numerische Durchrechnung der Beispiele erfolgte im Rahmen einer Forschungsarbeit des Ministeriums für Verkehrswesen der DDR. Die Ergebnisse wurden geprüft, in Diagrammen ausgewertet, systematisiert und manuell in den vorliegenden Tafeln zusammengestellt. Vom Verlag erhielt ich wertvolle Hinweise für die buchgerechte Reihung des Stoffes, er stattete das Tafelwerk in der vorliegenden Form aus und förderte die Übersetzung in andere Sprachen. Allen Beteiligten, besonders Frau I. Hennig und Herrn F. Grund, danke ich für die Mitarbeit und Begeisterung bei der Bearbeitung und Gestaltung des Manuskriptes und des Buches.

Rudolf Pitloun

Berlin, im November 1970

INHALTSVERZEICHNIS

	Einleitung	9
1.	Theoretische Grundlagen	11
1.1.	Problemstellung und Begriffe	11
1.2.	Zusammenstellung der Rechenannahmen	13
1.3.	Kurzbeschreibung des gewählten Berechnungsverfahrens	13
1.4.	Angaben über Fehler und Anwendungsgrenzen	19
1.4.1.	Eigenwerte	19
1.4.2.	Eigenvektoren	20
1.4.3.	Abszissen der Nullstellen $w = 0$	20
2.	Abstand der höheren Eigenwerte am Beispiel des Durchlaufträgers auf starren Stützen mit gleichen Stützweiten	21
3.	Interpolationsvorschriften zur Berechnung von Verformungsgrößen zwischen den Rechenfeldgrenzen	23
4.	Beispiele zur Anwendung der Tafeln	25
4.1.	Berechnung des Eigenverhaltens eines vorgegebenen Brückentragwerkes (Beispiel I)	25
4.1.1.	Aufgabenbeschreibung	25
4.1.2.	System und Ausgangsgrößen	25
4.1.3.	Die Bestimmung des Eigenfrequenzspektrums aus den Tafelwerten	28
4.1.4.	Dynamische Biegelinien und Momentenlinien	32
4.1.5.	Berechnung von Zwischenwerten der Verformungsgrößen	33
4.1.6.	Auftragung der dynamischen Biegelinien und Momente	34
4.2.	Berechnung des Eigenverhaltens des Deckenträgers eines Maschinenraumes zwecks optimaler Stützenanordnung aus der dynamischen Sicht (Beispiel II)	35
4.2.1.	Aufgabenbeschreibung	35
4.2.2.	System und Ausgangsgrößen	35
4.2.3.	Bestimmung der Eigenfrequenzen aus den Tafelwerten	38
4.2.4.	Auftragung der dynamischen Biegelinien und Momente	38

5.	Literatur 43
5.1.	Literatur, auf die in der vorliegenden Arbeit Bezug genommen wird 43
5.2.	Auswahl weiterer einschlägiger Literatur, alphabetisch nach Verfassern geordnet 43
6.	Tafelteil 45
6.1.	Inhaltsverzeichnis des Tafelteils 45
6.2.	Erklärung der in den Tafeln enthaltenen Zeichen 48
6.3.	Erläuterung des Tabellenaufbaus 49

EINLEITUNG

Die Lehre von sich bewegenden Systemen aus festen Körpern ist weitaus weniger mit bewährten Berechnungsverfahren belegt als z. B. die Statik. Zur Berechnung von Systemen mit kontinuierlicher Massenverteilung ist es im Einzelfall oft aus Aufwandsgründen nicht möglich, numerische Berechnungen für praktische Zwecke vorzunehmen, vorausgesetzt, das Rechenmodell sei begründet und der mathematische Lösungsweg bekannt. Bei Nutzung der Möglichkeiten, die die numerische Mathematik und die Rechentechnik heute bieten, ist aber nicht alles mit der Aufstellung eines Rechenprogramms und einer allgemeinen Bereitstellung getan. Der Interessierte wird erst dann zum aktiven Nutzer, wenn er die zu erwartende Lösung übersehen kann, wenn er vor Beginn der numerischen Berechnung weiß, welche Parameter welchen größenordnungsmäßigen Einfluß auf die Lösung haben und wieweit sich vereinfachende Rechenannahmen auf die Aussagekraft für die Anwendung auf natürliche Systeme auswirken werden.

Eine wesentliche Vereinfachung für den Rechenablauf und zugleich eine gewünschte Verallgemeinerungsmöglichkeit wird durch lineare Rechenansätze erreicht. In der Dynamik starrer Körper setzt man z. B. lineare Beziehungen zwischen Verformungen und Kräften (im Sinne der Newtonschen Gesetze) voraus. Solchen linearen Systemen sind dann systemeigene Konstanten und systemeigene geometrische Formen zugeordnet, die oft gut mit den an natürlichen Systemen beobachteten Erscheinungen übereinstimmen. In der Brückendynamik, wo es sich um "Bewegungen im Kleinen" handelt, wurde von dieser Erfahrung ausgegangen, und man gelangte zu der oben erhobenen Forderung (vergl. /4/), anwendungsfreie Unterlagen für die Berechnung der Eigenwerte und Eigenformen des einfachsten und zugleich häufigsten Grundsystems, des Biegeträgers, aufzustellen.

Zum Erkennen der zu beachtenden Einflüsse wurde eine Aussageform gewählt, in der eine repräsentative Beispielauswahl mit dem Rechenautomaten berechnet wurde, und die Ergebnisse sind in Tafeln dargestellt worden. Da einzelne Beispiele eben nur Beispiele bleiben, indem sie nur einzeln angewendet werden können, ist der Wert gering. Wird ein sinnvoll zusammenhängendes Netz von Einzelbeispielen zusammengestellt, so ergeben sich vielseitige Interpolationsmöglichkeiten, wenn die Maschenweite nicht allzu groß ist. Freilich ist die Parameterauswahl orientiert auf das Anwendungsgebiet des Brückenbaus, das den Impuls zu dieser Arbeit gab, jedoch dürften die vorliegenden Ergebnisse in ihrer Anwendung nicht nur auf dieses Gebiet beschränkt bleiben.

Bei linearen Systemen ist die Maßstabsfrage wesentlich, denn die Systemkonstanten sind praktisch Maßstabsgrößen. Um alle möglichen Größen der Konstanten zu berücksichtigen, wurden Bezugskonstanten eingeführt. Als Grundbezugsgrößen wurden die Größen der Ruhe (Eigenmasse, statische Verformungsgrößen), der Eigenwert und die Erdbeschleunigung gewählt. Zur allseitigen Nutzung der mathematischen Verfahren muß der Ingenieur die mathematischen Gleichungen als Gleichungen in dimensionslosen Variablen mit bezogenen Parametern verstehen lernen. Diese Notwendigkeit wird bei Anwendung elektronischer Rechenautomaten von der rechentechnischen Seite her unterstrichen. Die Umrechnung der dimensionslosen Tabellenwerte in wirkliche Größen mit Dimensionen ist in Beispielen erläutert. Die Beispiele sind gemäß dem Anliegen, den Gebrauch der Tabellen zu erläutern, so gewählt, daß jeweils nur ein oder zwei Parameter beachtet werden. Praktische Aufgaben zeichnen sich jedoch dadurch aus, daß viele Einflüsse ins Auge zu fassen sind.

1. THEORETISCHE GRUNDLAGEN

1.1. Problemstellung und Begriffe

Bei der Berechnung des Eigenwertproblems geht es um die Bestimmung der Eigenfrequenzen und Eigenformen eines störfreien, der Bewegung sich selbst überlassenen Systems. Die Eigenfrequenz gibt an, in welchem Zeitabstand geometrisch ähnliche Schwingungsformen wiederkehren. Jeder Eigenfrequenz ist also eine geometrische Form zugeordnet, es ist die Schwingungsform zu einem bestimmten, festgehaltenen Zeitpunkt. Als Rechenansatz dient die in Kraftgrößen angeschriebene Gleichung (16) in Abschn. 1.3., jedoch eignet sich der Energieansatz

"Kinetische Energie plus potentielle Energie gleich konstant"

für ein reibungsfrei idealisiertes System besser zum schematischen Aufbau der Systemmatrizen. Alle Massen werden in der Systemmassenmatrix **M**, alle Steifigkeiten in der Systemfederungsmatrix **C** zusammengefaßt. Das Eigenwertproblem lösen heißt, jene systemeigenen Werte λ des allgemeinen Eigenwertproblems $Cy = \lambda My$ zu bestimmen. Beim reibungsfrei idealisierten System ist der Eigenwert λ identisch dem Quadrat der Kreisfrequenz des Eigenschwingungszustandes:

$$\lambda = \omega^2 = (2\pi f)^2 = \left(\frac{2\pi}{T}\right)^2$$

f Schwingungsanzahl je Zeiteinheit, T Periodendauer, $\pi = 3{,}14\ldots$

Der Vektor **y** faßt alle Systemkoordinaten zusammen, er wird Eigenvektor genannt. Als Systemkoordinaten wurden je Rechenfeld mit konstanter Massenbelegung und Biegesteifigkeit die Randdurchbiegungen w, Randverdrehungen w' und Randkrümmungen w" verwendet. Die Biegeform innerhalb der Rechenfeldgrenzen wird durch Hermitepolynome approximiert [s. Gln. (9), (10) und (11) in Abschn. 1.3.].

Mit dem Eigenwert ist somit der Zeitmaßstab der freien Schwingungen linearer Systeme bestimmt, wobei seine Existenz hier vorausgesetzt werden soll. Bei dem Studium stark nichtlinearer, einfacher Schwingungsmodelle (Einmassenschwinger) zeigte sich, daß die Periodendauer für Amplitudenbereiche von der Größenordnung der Verformungen infolge Eigenlasten maximal zehn Prozent von der Periodendauer des linearen Vergleichssystems abwich (s. Literatur in /4/). Die Linearisierungsannahme erscheint für viele praktische Aufgaben zur Untersuchung der freien Schwingungen begründet. Eine weitere wesentlich vereinfachende Rechenannahme ist die Annahme einer geringen Dämpfung. Es wird angenommen, daß die Umwandlung der Summe aus kinetischer und potentieller Energie in andere Energieformen vernachlässigbar klein sei. Diese Annahme trifft bei Biegetragwerken sehr gut zu, wenn sich der Werkstoff sehr einem ideal elastischen Verhalten nähert, die Lagerreibung klein ist und die Trägerhöhe beim Biegeträger klein ist gegenüber der Stützlänge. Im allgemeinen weist jedes System ein feststellbares Maß an Umwandlung mechanischer Energie in andere Energieformen, z.B. Wärme, auf. Beobachtungen natürlicher, abklingender Schwingungsamplituden, z.B. von Brückensystemen, lehren jedoch, daß die zu einem festgehaltenen Zeitpunkt registrierte Biegeform sehr gut mit jenen theoretischen Biegeformen übereinstimmt, die bei Vernachlässigung der Dämpfung berechnet wurden. Bei Voraussetzung geschwindigkeitsproportionaler Dämpfung zeigt sich, daß die bei Vernachlässigung der als klein vorausgesetzten Dämpfung berechneten Eigenwerte gute Näherungswerte darstellen, und zwar obere Schranken der Eigenwerte des schwach gedämpften linearen Systems. Während also den Tabellenwerten ein stationärer Eigenschwingungszustand gemäß der Vernachlässigung der Dämpfung zugrunde liegt, kann man die angegebenen Eigenvektoren mit einer Abklingfunktion, z. B. $e^{-D\tau}$, versehen, um näherungsweise die Zeitabhängigkeit der Verformungs- und Schnittkraftamplituden eines schwach gedämpften Systems zu beschreiben. Eine Bezugsverformung w_0 hätte dann die Bedeutung einer Anfangsamplitude zur Zeit $t = t_0$ (Auslösung der Schwingung oder Zeitpunkt, von dem an eine vorhandene Bewegung betrachtet werden soll). Wesentlich hängt mit der Vernachlässigung der Energieumwandlung die Erkenntnis zusammen, daß dann nur die niedrigsten Eigenwerte und -formen einen praktischen Sinn haben. Die Ordnung wurde in Abhängigkeit von der Anzahl der vorgeschriebenen Schwingungsknoten zwischen n = 2 und n = 5 in den Eigenformtabellen gewählt. Bilder 2 und 3 machen deutlich, daß der Abstand des zweiten Eigenwertes vom ersten Eigenwert beim Einfeldträger genau so groß ist wie z. B. der Abstand des 6. Eigenwertes des Fünffeldträgers von seinem ersten Eigenwert oder der Abstand des 11. Eigenwertes des Zehnfeldträgers von seinem ersten Eigenwert. Der rechentechnische Aufwand für die höheren Eigenwerte war nicht der Anlaß zur Beschränkung auf die niedrigsten Ordnungen, zumal bei dem gewählten Näherungsverfahren die Rechenzeit mit Zunahme der Ordnungszahl nur unwesentlich steigt. Schon aus Gründen der Veranschaulichung der dynamischen Biegeformen erschien es wünschenswert, die Lage der Schwingungsknoten mit anzugeben.

Das Zusammenführen von Verformungsgrößen verschiedener Dimensionen (Durchbiegungen in Längendimensionen, Verdrehung ohne Dimension, Krümmungen in der Dimension $[L^{-1}]$) läßt den allgemeinen Wunsch einer dimensionslosen Darstellung aller Parameter und Variablen zur Notwendigkeit werden. Aus Abschn. 6.2. ist die Zuordnung der Ausgangsgrößen zu den bezogenen Größen (Zeichen der Ausgangsgrößen plus Querbalken über dem Zeichen) ersichtlich. Zur Kennzeichnung der Bezugsgrößen wird der Index 0 benutzt. Die Dimensionssymbole stützen sich auf das Internationale System, festgelegt auf der X. Generalkonferenz für Maße und Gewicht 1954. Die hier vorkommenden Symbole sind

Symbol für Längendimension $[L]$
Symbol für Zeitdimension $[T]$
Symbol für Massendimension $[M]$

Bezogene Größen, also Größen, die durch eine Bezugsgröße gleicher Dimension geteilt wurden, sind durch $[1]$ gekennzeichnet. Wurden einmal bestimmte Maßeinheiten für die 3 Dimensionen gewählt, z. B. m, s, t, so wird im Rechenablauf immer auf diese Einheiten bezogen.

Wie oben erläutert wurde, läßt die Eigenwertgleichung die freie Wahl einer Konstanten für die Eigenform offen. Um Werte ausdrucken zu können, wurden alle Eigenvektoren auf den Betrag 1 normiert, d. h., daß

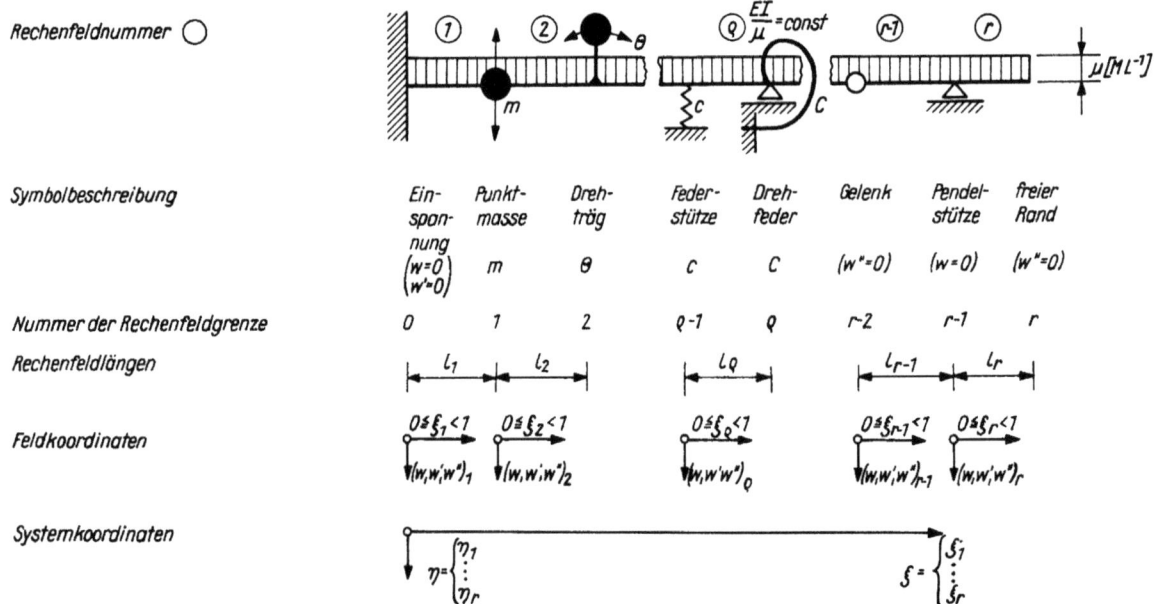

Bild 1. Biegeträgersystem, berücksichtigte Arten der trägen Massen und Stützenbedingungen mit entsprechenden Zeichen

die Summe der Quadrate aller angegebenen Komponenten eines Eigenvektors die Größe 1 hat. Damit ist die größenordnungsmäßige Abstufung der bezogenen Verformungen ersichtlich. Dadurch, daß generell als Bezugslänge eine Stützweite gewählt wurde, sind die Krümmungsgrößen bei den starr gestützten Systemen betont worden (vergl. Bezugsgröße für die Krümmung w_0/l_0^2 in Abschn. 6.2.).

Auf eine rechentechnische Konsequenz zu der in Bild 1 gezeigten Richtungswahl der Koordinaten x (Ortsvariable) und y (Verformungskoordinate) sei abschließend hingewiesen. Danach sind positive Durchbiegungen nach unten gerichtet; für eine nach rechts gerichtete x-Achse erfolgen positive Verdrehungen im Uhrzeigersinn, und positive Krümmungen entsprechen einer Zunahme der Verdrehung im Uhrzeigensinn. Beim Träger erhält man mit der Größe EIw" für eine in den Tabellen als positiv ausgewiesene Krümmung eine Stauchung der Trägerunterseite, was dem herkömmlichen Brauch der Statiker widerspricht. Dem Statiker ist der Zusammenhang zwischen Krümmung und Moment gemäß M = -EIw" geläufig, er wählt dementsprechend eine "Zugzone" und definiert ein positives Moment als ein an der Balkenunterkante Zug erzeugendes Moment. In den Tabellen ist also mit den angebenen Vorzeichen der Krümmungen eine mathematische Vorzeichendefinition verknüpft, die dann mit der herkömmlichen Statikerpraxis übereinstimmt, wenn die Zugzone an der Balkenoberkante gewählt würde. Nach den Tabellen ist z. B. für den Balken auf zwei Stützen in der nach unten ausgelenkten Schwingungslage (w > 0) für die Feldmitte eine negative Krümmung vom Rechner ausgedruckt, und es wird die zu w" proportionale Größe $\tilde{M}$ = EIw" negativ.

1.2. Zusammenstellung der Rechenannahmen

Die wichtigsten Rechenannahmen sind:

- Reibungsfreies System: U + T = const $[L^2MT^{-2}]$
  (U potentielle Energie, T kinetische Energie), bedeutet bei Annahme geschwindigkeitsproportionaler, schwach gedämpfter Systeme D = 0. (D = 0 als Näherung für D $\ll$ 1, wobei die Dämpfungszahl D der Faktor in der natürlichen Abklingfunktion $e^{-D\tau}$ ist; e = 2,7183..., τ bezogene Zeitvariable.)

- System verhält sich im betrachteten Amplitudenbereich linear:
  $F_a = m \frac{\partial^2 w}{\partial t^2}$, m = const ($F_a$ Newtonsche Massenträgheitskraft)
  $F_c = c y$, c = const (F_c Federwirkung, vergl. Hookesche Gesetze)

- Die Durchbiegungen insgesamt sind klein gegenüber den Trägerabmessungen (z.B. w $\ll$ l*, l* Abstand der Schwingungsknoten), und die Querschnitte bleiben im verformten Zustand eben.

In das benutzte Rechenprogramm gingen spezielle Voraussetzungen ein:

- Es liegen reine Biegeschwingungen vor (keine Längs- oder Torsionsschwingungen), die Stützung ist horizontal statisch bestimmt und horizontal starr.
- $\frac{EI}{\mu}$ = const über die gesamte Trägerlänge (EI $[L^3MT^{-2}]$ Biegesteifigkeit, $\mu = \frac{q}{g}$ $[L^{-1}M]$ Massenbelegung je Längeneinheit der Stabachse; q Last je Längeneinheit, g = 9,81 ms^{-2} Erdbeschleunigung).
- $w_{dyn}(x) \cong \sum_1^6 \eta_s H_s(x)$ sei zulässiger Näherungsansatz der dynamischen Biegelinie zur Berechnung der kinetischen Energie (vergl. Abschn. 1.3.).

1.3. Kurzbeschreibung des gewählten Berechnungsverfahrens

Als Näherungsverfahren zur numerischen Berechnung des Biege-Eigenwertproblems wurde das von Prof. Zurmühl in /1/ beschriebene Energieverfahren gewählt, das der Methode nach ein "schematisiertes Ritzverfahren" ist. Entgegen der Abfassung von /1/ wurden drei Verformungskoordinaten (Durchbiegung, Verdrehung, Krümmung) berücksichtigt. In der Formulierung der ingenieurtheoretischen Aufgabenstellung und in der Deutung der Rechenergebnisse wurde vom Autor eine konsequente Trennung der dimensionsbehafteten Ausgangsgrößen von den dimensionslosen Rechengrößen vorgenommen, was sich in der Schreibweise ausdrückt.

Bei praktischen Aufgaben ist gegeben:

- Tragsystem mit allen vorgegebenen bzw. angenommenen Randbedingungen
- Geometrie:
  Stützweiten bzw. Rechenfeldlängen   l [L]

Flächenträgheitsmoment des Biegequerschnitts		I $[L^4]$
Abszissen der Angriffspunkte konzentrierter Massen		x_m $[L]$
Abszissen x, für die Verformungs- oder Schnittgrößen berechnet werden sollen		

- Massengrößen:

  Größe der gleichmäßig verteilten Massen μ $[L^{-1}M]$

  Größe der konzentrierten Massen $m = \sum_1^r m_1$ $[M]$

- Elastizitätskonstanten:

  Elastizitätsmodul des homogenen Materials E $[L^{-1}MT^{-2}]$

  Federkonstanten elastischer Stützen c_i $[MT^{-2}]$

  Drehfederkonstanten bei elastischer Einspannung C_i $[L^2MT^{-2}]$

- Gewünschte Zahl n der Eigenwerte und Eigenformen (n = 1 Grundschwingung)

Danach werden folgende Bezugsgrößen bestimmt:

- Bezugsfeldlänge l_0 $[L]$ Stützfeldlänge, z. B. größte Stützweite

- Bezugsmassengröße $m_0 = \mu l_0$ $[M]$ gesamte, gleichmäßig verteilte Masse im Bezugsfeld der Länge l_0

- Bezugsfederkonstante $c_0 = \dfrac{EI}{l_0^3}$ $[MT^{-2}]$

- Bezugsdrehfederkonstante $C_0 = \dfrac{EI}{l_0}$ $[L^2MT^{-2}]$

- Bezugskreisfrequenz $\omega_0 = \sqrt{\dfrac{EI}{\mu l_0^4}}$ $[T^{-1}]$, $\dfrac{EI}{\mu}$ = const vorausgesetzt

- Bezugsgrößen für Verformungen $y_0 = \begin{Bmatrix} w_0 \\ w_0' \\ w_0'' \end{Bmatrix}$

  Durchbiegung w_0 $[L]$ statische Durchbiegung oder Anfangsdurchbiegung

  Verdrehung $\dfrac{w_0}{l_0}$ $[1]$ $\dfrac{w_0}{l_0}$ = arc tan φ_0 Neigung der Tangente an Biegelinie

  Krümmung $\dfrac{w_0}{l_0^2}$ $[L^{-1}]$ $\dfrac{w_0}{l_0^2} \cong w_0'' \approx \dfrac{1}{R_0}$ R_0 Bezugskrümmungsradius

- Bezugsgrößen für Schnittkräfte, z. B.

  Biegemoment: $M_0 = EI\, w_0'' = \dfrac{EI\, w_0}{l_0^2}$ $[L^2MT^{-2}]$

Aus den dimensionsbehafteten Ausgangsgrößen und den Bezugsgrößen erhält man die folgenden dimensionslosen Problemgrößen für die Benutzung der Bilder und Tabellen.

- Bezogene Feldlängen $\bar{l}_\varrho = \dfrac{l_\varrho}{l_0}$ $[1]$

- bezogene Abszissen $\xi = \dfrac{x}{l_0}$ bzw. $\xi_\varrho = \dfrac{x_\varrho}{l_\varrho}$ $[1]$

- bezogene Größen der konzentrierten Massen $\bar{m} = \dfrac{m}{m_0}$ $[1]$

- bezogene Stützfederkonstante $\bar{c} = \dfrac{c}{c_0}$ $[1]$

- bezogene Drehfederkonstante $\bar{C} = \dfrac{C}{C_0}$ $[1]$

- bezogene Eigenwerte $\quad\bar{\lambda}_n = \dfrac{\lambda_n}{\lambda_0} = \left(\dfrac{\omega_n}{\omega_0}\right)^2 = \left(\dfrac{f_n}{f_0}\right)^2 \quad [1]$

- bezogene Verformungsgrößen $\quad \eta = \dfrac{y}{y_0} = \left\{\begin{array}{l}\bar{w} \\ \bar{w}' = \dfrac{\partial \bar{w}}{\partial \xi} \\ \bar{w}'' = \dfrac{\partial^2 \bar{w}}{\partial \xi^2}\end{array}\right\} \quad [1]$

im einzelnen

bezogene Durchbiegung $\quad \bar{w} = \dfrac{w}{w_0}$

bezogene Verdrehung $\quad \bar{w}' = \dfrac{w'}{w'_0} = \dfrac{l_0}{w_0}\dfrac{\partial w}{\partial x}$

bezogene Krümmung $\quad \bar{w}'' = \dfrac{w''}{w''_0} = \dfrac{l_0^2}{w_0}\dfrac{\partial^2 w}{\partial x^2}$

- bezogene Momentengrößen $\bar{M} = \dfrac{M}{M_0} \quad [1]$

Unter den Voraussetzungen, skizziert in Abschn. 1.2., kann man für einen herausgegriffenen Punkt des Biegeträgers folgende Zeitfunktionen der Verformungsgrößen für eine bestimmte Eigenform anschreiben, wobei der Zählbeginn in den Beginn einer Periode gelegt wird:

$$y = y_0 \sin \omega_n t = \left\{\begin{array}{ll} w_0 \sin \omega_n t & [L] \\ w'_0 \sin \omega_n t & [1] \\ w''_0 \sin \omega_n t & [L^{-1}] \end{array}\right. \qquad (1)$$

Die Geschwindigkeit ergibt sich aus der Ableitung nach der Zeit:

$$y^{\cdot} = \dfrac{\partial y}{\partial t} = y_0 \omega_n \cos \omega_n t = \left\{\begin{array}{ll} w_0 \omega_n \cos \omega_n t & [L\,T^{-1}] \\ w'_0 \omega_n \cos \omega_n t & [T^{-1}] \\ w''_0 \omega_n \cos \omega_n t & [L^{-1}\,T^{-1}] \end{array}\right. \qquad (2)$$

Zeitliche Änderungen höherer Ordnung erhält man entsprechend. Zum Beispiel ergibt sich für die Beschleunigung ausführlich:

$$y^{\cdot\cdot} = \dfrac{\partial^2 y}{\partial t^2} = -y_0 \omega_n^2 \sin \omega_n t = \left\{\begin{array}{ll} -w_0 \omega_n^2 \sin \omega_n t & [L\,T^{-2}] \\ -w'_0 \omega_n^2 \sin \omega_n t & [T^{-2}] \\ -w''_0 \omega_n^2 \sin \omega_n t & [L^{-1}\,T^{-2}] \end{array}\right. \qquad (3)$$

Die Extremwerte der Verformungen y und der Beschleunigungen $y^{\cdot\cdot}$ treten zur Zeit $t = \dfrac{\pi}{2\omega_n}$, $\dfrac{3\pi}{2\omega_n}$, $\dfrac{5\pi}{2\omega_n}$,... auf, während die Geschwindigkeit ihren Extremwert beim Nulldurchgang, also zwischen jeder Extremlage, erreicht. Die maximalen Beträge, die Amplituden, werden herausgeschrieben:

$$\max|y| = \left\{\begin{array}{l}|w_0|\,[L]\\|w'_0|\,[1]\\|w''_0|\,[L^{-1}]\end{array}\right., \quad \max|y^{\cdot}| = \left\{\begin{array}{l}|w_0|\omega_n\,[L\,T^{-1}]\\|w'_0|\omega_n\,[T^{-1}]\\|w''_0|\omega_n\,[L^{-1}\,T^{-1}]\end{array}\right., \quad \max|y^{\cdot\cdot}| = \left\{\begin{array}{l}|w_0|\omega_n^2\,[L\,T^{-2}]\\|w'_0|\omega_n^2\,[T^{-2}]\\|w''_0|\omega_n^2\,[L^{-1}\,T^{-2}]\end{array}\right. \qquad (4)$$

Für den Tragwerkspunkt (herausgegriffenes ξ) ergibt sich das konstant vorausgesetzte Energieniveau des schwingenden Systems bekanntlich aus quadratischen Ausdrücken der Form

$$T + U = \dfrac{m}{2} y^{\cdot\,2} + \dfrac{c}{2} y^2 = \text{const} \quad [L^2 M\,T^{-2}], \qquad (5)$$

wobei mit m symbolisch die am Punkt beteiligte Masse und mit c die Federkonstanten für die linear vorausgesetzten Beziehungen zwischen Verformungs- und Schnittgrößen angedeutet werden sollen. Die quadratischen Ausdrücke erleichtern eine systematische Aufrechnung der beteiligten Komponenten. Zurmühl entwickelte nun ein Verfahren zur systematischen Berechnung der Gesamtenergie des Systems in /1, 2/ und löste das praktische Problem des Aufbaus der Systemmatrizen **C**, **M**. Unter Berücksichtigung der Tatsache, daß es gegenwärtig keine ausreichenden anwendungsreifen Unterlagen für die schnelle, numerische Ermittlung von Eigenwertgrößen für praktische Zwecke gibt, wurde zunächst für den geraden Biegeträger mit $\frac{EI}{\mu}$ = const ein spezielles Rechenprogramm für den kleinen Ziffernrechner ZRA 1 aufgestellt. Der Rechenablauf soll nur kurz so weit angedeutet werden, als es für das Verständnis der Tabellen und zur praktischen Nutzung der dort angegeben Größen notwendig erscheint. Nimmt der Ingenieur die Literatur /1/ und /2/ zur Hand, so wird er feststellen, daß zwischen der Kenntnis des mathematischen Lösungsweges und dem Ausrechnen der gesuchten Eigenwerte und Eigenformgrößen ein großer Aufwand steckt, der bei der praktischen Entwurfs- oder Nachrechnungsarbeit nicht zur Verfügung steht. Wäre z.B. die Brückendynamik so entwickelt und alltägliche Praxis wie die Statik, könnte man die Aufbereitung des Eigenwertproblems für die Anwendung bei der Aufstellung und Bereitstellung eines Rechenprogramms abbrechen.

Die potentielle Energie läßt sich mit den bekannten Regeln der Statik ausrechnen. Das System wird zunächst in Rechenfelder eingeteilt. Mindestens dort, wo eine der berücksichtigten Amplitudenfunktionen $w(\xi)$, $w'(\xi)$, $w''(\xi)$ eine Unstetigkeit aufweist, wird eine Feldgrenze ϱ gelegt (s. Bild 1). Es ergeben sich insgesamt r Felder. Die Feldnummer wird nach der rechten Feldgrenze benannt. Somit wird das Feld durch die Ränder $\varrho-1$ und ϱ berandet, und die Zahl ϱ läuft zwischen 0 und r (r-tes Feld ist letztes Feld). Die sich bei hochgradig statisch unbestimmten Systemen anbietende Deformationsmethode geht aus von den Biegelinien infolge Einheitsverformungen, die aus der mathematischen Sicht Hermitesche Interpolationspolynome H genannt werden. Man erhält für $\eta_k = 1$, $\eta_j = 0$ für $j \neq k$ die Einheitsbiegelinien

$$\begin{aligned}
H_1(\xi) &= 1 - 10\xi^3 + 15\xi^4 - 6\xi^5 & H_4(\xi) &= 10\xi^3 - 15\xi^4 + 6\xi^5 \\
H_2(\xi) &= \xi - 6\xi^3 + 8\xi^4 - 3\xi^5 & H_5(\xi) &= -4\xi^3 + 7\xi^4 - 3\xi^5 \\
H_3(\xi) &= 1/2(\xi^2 - 3\xi^3 + 3\xi^4 - \xi^5) & H_6(\xi) &= 1/2(\xi^3 - 2\xi^4 + \xi^5),
\end{aligned} \quad (6)$$

aus denen die Amplitudenfunktion der Durchbiegung gemäß Gl. (9) zusammengesetzt wird. Dabei läuft ξ im Feld ϱ jeweils von 0 bis 1. Die Funktionswerte der Verdrehung der Querschnitte erhält man aus $H'(\xi) = \frac{\partial H(\xi)}{\partial \xi}$ zu

$$\begin{aligned}
H'_1(\xi) &= 30(-\xi^2 + 2\xi^3 - \xi^4) & H'_4(\xi) &= - H'_1(\xi) \\
H'_2(\xi) &= 1 - 18\xi^2 + 32\xi^3 - 15\xi^4 & H'_5(\xi) &= -12\xi^2 + 28\xi^3 - 15\xi^4 \\
H'_3(\xi) &= 1/2(2\xi - 9\xi^2 + 12\xi^3 - 5\xi^4) & H'_6(\xi) &= 1/2(3\xi^2 - 8\xi^3 + 5\xi^4)
\end{aligned} \quad (7)$$

Und schließlich ergibt sich der Krümmungsverlauf, der dem Momentenverlauf proportional ist, aus $H''(\xi) = \frac{\partial^2 H(\xi)}{\partial \xi^2} = \frac{\partial H'(\xi)}{\partial \xi}$ zu

$$\begin{aligned}
H''_1(\xi) &= 60(-\xi + 3\xi^2 - 2\xi^3) & H''_4(\xi) &= - H''_1(\xi) \\
H''_2(\xi) &= 12(-3\xi + 8\xi^2 - 5\xi^3) & H''_5(\xi) &= 12(-2\xi + 7\xi^2 - 5\xi^3) \\
H''_3(\xi) &= 1 - 9\xi + 18\xi^2 - 10\xi^3 & H''_6(\xi) &= 3\xi - 12\xi^2 + 10\xi^3
\end{aligned} \quad (8)$$

Die wirklich vorhandenen Ordinaten der Verformungsgrößen im Feld ϱ erhält man aus den Verformungen am Rand $\varrho-1$: $(\bar{w}_{\varrho-1}, \bar{w}'_{\varrho-1}, \bar{w}''_{\varrho-1})$, am Rand ϱ: $(\bar{w}_\varrho, \bar{w}'_\varrho, \bar{w}''_\varrho)$ durch Linearkombination:

$$\bar{w}(\xi_\varrho) = \frac{w}{w_0} = \bar{w}_{\varrho-1} H_1 + \bar{l}_\varrho \bar{w}'_{\varrho-1} H_2 + \bar{l}_\varrho^2 \bar{w}''_{\varrho-1} H_3 + \bar{w}_\varrho H_4 + \bar{l}_\varrho \bar{w}'_\varrho H_5 + \bar{l}_\varrho^2 \bar{w}''_\varrho H_6 \quad [1] \quad (9)$$

$$\bar{w}'(\xi_\varrho) = \frac{w'}{w'_0} = \bar{w}_{\varrho-1} H'_1 + \bar{l}_\varrho \bar{w}'_{\varrho-1} H'_2 + \bar{l}_\varrho^2 \bar{w}''_{\varrho-1} H'_3 + \bar{w}_\varrho H'_4 + \bar{l}_\varrho \bar{w}'_\varrho H'_5 + \bar{l}_\varrho^2 \bar{w}''_\varrho H'_6 \quad [1] \quad (10)$$

$$\bar{w}''(\xi_\varrho) = \frac{w''}{w''_0} = \bar{w}_{\varrho-1} H''_1 + \bar{l}_\varrho \bar{w}'_{\varrho-1} H''_2 + \bar{l}_\varrho^2 \bar{w}''_{\varrho-1} H''_3 + \bar{w}_\varrho H''_4 + \bar{l}_\varrho \bar{w}'_\varrho H''_5 + \bar{l}_\varrho^2 \bar{w}''_\varrho H''_6 \quad [1] \quad (11)$$

$\bar{w}''(\xi_\rho) = \frac{w''}{w_0''}$ ist identisch $\bar{M}(\xi_\rho) = \frac{M}{M_0}$ (ξ im Felde ρ durchläuft die Werte 0 bis 1, $\xi_\rho = \frac{x_\rho}{l_\rho}$, vgl. Bild 1).

Sind also aus der Lösung des Eigenwertproblems die 6 "Stützgrößen" eines Feldes für jedes Feld ρ hervorgegangen, dann ist der Verlauf innerhalb des Feldes wie oben angegeben zu interpolieren. Den potentiellen Energieanteil eines Feldes erhält man wie bekannt aus der inneren Arbeit. Dazu muß man die Federkraft F_i infolge Einheitsverformung $y_k = 1$ bei $y_j = 0$ für $j \neq k$ kennen. Das sind aber mit anderen Worten die Federkonstanten $c = \frac{F}{y}$. Allgemein läßt sich schreiben

$$\bar{c}_{ik} = \frac{\overline{EI}_\rho}{\bar{l}_\rho^3} \int_0^1 H_i''(\xi_\rho) H_k''(\xi_\rho) \, d(\xi_\rho), \tag{12}$$

wobei $\overline{EI}_\rho = \frac{\overline{EI}_\rho}{(EI)_0} = 1$ im allgemeinen, jedoch ist die näherungsweise Berücksichtigung von geringen Abweichungen der Biegesteifigkeit im Rahmen der $\frac{EI}{\mu} = $ const über die gesamte Systemlänge (alle r-Felder) möglich.

Beispiel: $\bar{c}_{11} = \frac{\overline{EI}}{\bar{l}_\rho^3} 60^2 \int_0^1 (-\xi_\rho + 3\xi_\rho^2 - 2\xi_\rho^3)^2 \, d(\xi_\rho) = \frac{\overline{EI}}{\bar{l}_\rho^3} \frac{1200}{70} [1]$

Stellt man alle Elemente $\bar{c}_{ik}$ zusammen, so erhält man folgende Steifigkeitsmatrix für das Feld ρ:

$$\bar{C}_\rho = \frac{C_\rho}{c_0} = \frac{\overline{EI}}{70\bar{l}_\rho^3} \left[\begin{array}{ccc|ccc} 1200 & 600\bar{l}_\rho & 30\bar{l}_\rho^2 & -1200 & 600\bar{l}_\rho & -30\bar{l}_\rho^2 \\ 600\bar{l}_\rho & 384\bar{l}_\rho^2 & 22\bar{l}_\rho^3 & -600\bar{l}_\rho & 216\bar{l}_\rho^2 & -8\bar{l}_\rho^3 \\ 30\bar{l}_\rho^2 & 22\bar{l}_\rho^3 & 6\bar{l}_\rho^4 & -30\bar{l}_\rho^2 & 8\bar{l}_\rho^3 & 1\bar{l}_\rho^4 \\ \hline -1200 & -600\bar{l}_\rho & -30\bar{l}_\rho^2 & 1200 & -600\bar{l}_\rho & 30\bar{l}_\rho^2 \\ 600\bar{l}_\rho & 216\bar{l}_\rho^2 & 8\bar{l}_\rho^3 & -600\bar{l}_\rho & 384\bar{l}_\rho^2 & -22\bar{l}_\rho^3 \\ -30\bar{l}_\rho^2 & -8\bar{l}_\rho^3 & 1\bar{l}_\rho^4 & 30\bar{l}_\rho^2 & -22\bar{l}_\rho^3 & 6\bar{l}_\rho^4 \end{array} \right] \tag{13}$$

Zur Berechnung der kinetischen Energie des Systems ist ein Ansatz für die dynamische Biegelinie notwendig (vgl. letztgenannte Annahme in Abschn. 1.2.). Setzt man die für die Federwirkung exakt erhaltenen Polynome (6) hier näherungsweise an, so erhält man für den Trägheitswiderstand je Einheitsbeschleunigung $\ddot{y} = -\omega^2 y$ [LT^{-2}] unter Vernachlässigung der Rotationsträgheit für das Feld ρ

$$\bar{m}_{ik} = \frac{F_a}{\omega^2 y} = \bar{\mu} \bar{l}_\rho \int_0^1 H_i(\xi_\rho) H_k(\xi_\rho) \, d(\xi_\rho), \tag{14}$$

wobei $\bar{\mu} = \frac{\mu}{\mu_0} = 1$ im allgemeinen, jedoch ist die näherungsweise Berücksichtigung von geringen Abweichungen der Massenbelegungen von μ_0 im Rahmen der Voraussetzung $\frac{EI}{\mu} = $ const über die gesamte Trägerlänge möglich.

Beispiel: $\bar{m}_{11} = \bar{\mu} \bar{l}_\rho \int_0^1 (1 - 10\xi^3 + 15\xi^4 - 6\xi^5)^2 \, d(\xi_\rho) = \bar{\mu} \bar{l}_\rho \frac{21\,720}{55\,440} [1]$

Die Elemente $\bar{m}_{ik}$ werden in der Massenmatrix zusammengefaßt:

$$\bar{M}_\rho = \frac{M_\rho}{m_0} = \frac{\bar{\mu}\bar{l}_\rho}{55\,440} \left[\begin{array}{ccc|ccc} 21\,720 & 3732\bar{l}_\rho & 281\bar{l}_\rho^2 & 6000 & -1812\bar{l}_\rho & 181\bar{l}_\rho^2 \\ 3732\bar{l}_\rho & 832\bar{l}_\rho^2 & 69\bar{l}_\rho^3 & 1812\bar{l}_\rho & -532\bar{l}_\rho^2 & 52\bar{l}_\rho^3 \\ 281\bar{l}_\rho^2 & 69\bar{l}_\rho^3 & 6\bar{l}_\rho^4 & 181\bar{l}_\rho^2 & -52\bar{l}_\rho^3 & 5\bar{l}_\rho^4 \\ \hline 6000 & 1812\bar{l}_\rho & 181\bar{l}_\rho^2 & 21\,720 & -3732\bar{l}_\rho & 281\bar{l}_\rho^2 \\ -1812\bar{l}_\rho & -532\bar{l}_\rho^2 & -52\bar{l}_\rho^3 & -3732\bar{l}_\rho & 832\bar{l}_\rho^2 & -69\bar{l}_\rho^3 \\ 181\bar{l}_\rho^2 & 52\bar{l}_\rho^3 & 5\bar{l}_\rho^4 & 281\bar{l}_\rho^2 & -69\bar{l}_\rho^3 & 6\bar{l}_\rho^4 \end{array} \right] \tag{15}$$

Für ein Rechenfeld ϱ kann man nunmehr die Problemgleichung analog zu Gl. (5) aufstellen:

$$\bar{U}_\varrho + \bar{T}_\varrho = \text{const} = \frac{1}{2}(\eta'_\varrho \bar{C}_\varrho \eta_\varrho + \eta''_\varrho \bar{M}_\varrho \dot{\eta}_\varrho), \quad \eta_\varrho \text{ s. Abschn. 6.2.})$$

Differenziert man nach der Zeit unter Beachtung der Symmetrie der Matrizen, so erhält man aus

$$\dot{\eta}'_\varrho (\bar{C}_\varrho \eta_\varrho + \bar{M}_\varrho \ddot{\eta}_\varrho) = 0, \quad \ddot{\eta}_\varrho = -\bar{\lambda} \eta_\varrho$$

die Eigenwertgleichung für das Einzelfeld ϱ:

$$\bar{C}_\varrho \eta_\varrho = \bar{\lambda} \bar{M}_\varrho \eta_\varrho \quad [1] \tag{16}$$

Um nun die r Felder zu berücksichtigen, werden statt der Feldkoordinaten (x_ϱ, y_ϱ) Systemkoordinaten (x, y) eingeführt, derart, daß x die Feldabszissen x_ϱ und y die Verformungskoordinaten der Einzelfelder durchlaufen (vgl. Bild 1). Die Beziehungen zwischen den Feldverformungen und den Systemverformungen werden in einer System-Inzidenzmatrix oder in einer Indextafel übersichtlich dargestellt. Die Elemente können aus der Systemskizze abgelesen werden. Der systematische Aufbau der Systemmatrizen C, M aus den Feldmatrizen C_ϱ, M_ϱ bildet den Kern des von Zurmühl entwickelten schematisierten Ritzverfahrens. Das aus Signumfunktionen zusammengesetzte Bildungsgesetz ist in /1/ angegeben. Man kann damit die Eigenwertgleichung des aus r Feldern zusammengesetzten Systems nunmehr wie folgt anschreiben:

$$\bar{C} \eta = \bar{\lambda} \bar{M} \eta \quad [1], \tag{17}$$

wobei η die bezogenen Systemkoordinaten, $\bar{C}$ die System-Federungsmatrix mit den bezogenen Elementen $\bar{c}_{ik} = \frac{c_{ik}}{c_0}$, $\bar{M}$ die System-Massenmatrix mit den bezogenen Elementen $\bar{m}_{ik} = \frac{m_{ik}}{m_0}$ und $\bar{\lambda} = \left(\frac{\omega_n}{\omega_0}\right)^2$ der bezogene Eigenwert ist, ein Wert, für den Gl. (17) erfüllt wird. Unter bestimmten, mathematisch formulierbaren /1, 2/, jedoch im Einzelfall numerisch kaum übersehbaren Voraussetzungen bezüglich der Systemmatrizen existieren n Eigenwerte, wobei n die Ordnung der Matrix ist. Natürliche Systeme führen auf Matrizen, die diese Bedingungen erfüllen. Die Zahl n gibt die Anzahl der von Null verschiedenen, voneinander linear nicht abhängigen Verformungsgrößen des Systems an. An Stelle der beim Träger mit kontinuierlicher Massenverteilung theoretisch vorhandenen, unendlich vielen Eigenwerte erhält man durch die Wahl einer endlichen Anzahl von Verformungsgrößen w, w', w'' hier nicht unendlich viele, sondern genau n Eigenwerte. Beim Träger auf zwei Stützen ist z. B. bei der Wahl Rechenfeldlänge = Stützweite die Zahl n = 2, denn an beiden Rändern ist jeweils die Durchbiegung w und die Krümmung w'' Null. Es bleiben die beiden Randverdrehungen. Die Indextafel hat die Form:

	$w_{\varrho-1}$	$w'_{\varrho-1}$	$w''_{\varrho-1}$	w_ϱ	w'_ϱ	w''_ϱ
Feld-Nr. ①	0	1	0	0	2	0

Die letztgenannte Indexnummer der Indextafel ist identisch n. Für den Träger auf unverschieblich-gelenkigen Stützen ohne sonstige Zwischenbedingungen ist n = 2r. Die Indextafel sieht z. B. für einen solchen Durchlaufträger mit 4 Feldern so aus (die Werte Null läßt man weg):

Feld-Nr.	Index der Feldverformungsgröße für					
	$w_{\varrho-1}$	$w'_{\varrho-1}$	$w''_{\varrho-1}$	w_ϱ	w'_ϱ	w''_ϱ
①		1			2	3
②		2	3		4	5
③		4	5		6	7
④		6	7		8	

Man kann vom Verfahren her also maximal so viel Eigenwerte theoretisch errechnen, wie es Systemgrößen gibt. Aus Gründen der vereinfachenden Rechenannahmen (s. Abschn. 1.2.) und aus Gründen der Genauigkeit der iterativ errechneten Eigenwerte muß man bei höheren Genauigkeitsansprüchen die natürlich vorgegebenen Felder (zwischen den Unstetigkeitsstellen der Funktionen w, w', w'') weiter unterteilen. Die Lösung der Eigenwertgleichung (17) selbst ist ein Problem der numerischen Mathematik. Es wird der erste Eigenwert iterativ ermittelt, und unter Verwendung dieses niedrigsten Eigenwertes werden die höheren Eigenwerte (n = 2, 3,...) approximiert. (Hinweise auf Lösungsmethoden s. z. B. in /1, 2/.) Folgende Beispiele von durchgerechneten Beispielen mit dem langsamen Automaten ZRA 1 geben ein Bild für den Aufwand.

Beispiel aus Tafel		Anzahl der Iterationsschritte für 1. Eigenwert	ZRA 1, Rechenzeit je Eigenwert etwa	System
Nr.	Parameter	Anzahl	min	-
2	$\bar{m} = 1$	7	8	
27	$\bar{m} = 0,05$ $\bar{m} = 5$	20 9	15 8	
49	$l_2/l_1 = 2$	18	15	
51	$\bar{m} = 0,1$	43	25	

Die Nullstellen der Biegelinien, d.h. die Schwingungsknoten bei den einzelnen Eigenformen, wurden iterativ berechnet. Dazu sind die Durchbiegungen in den Zehntelpunkten der Rechenfelder verwendet worden. An die Genauigkeit wurden keine großen Anforderungen gestellt, die Mitteilung von ξ_ϱ in zwei Stellen hinter dem Komma in den Tabellen erschien zur Vorstellung der Biegelinien ausreichend. Außer den Stellen, an denen w = 0 ist, würden in der Praxis noch die Stellen interessieren, an denen das Biegemoment Extremwerte erreicht, also w''' = 0. Diese Stellen wurden jedoch nicht berechnet.

1.4. Angaben über Fehler und Anwendungsgrenzen

1.4.1. Eigenwerte

Erster Eigenwert (n = 1)

Aus der geschlossenen Lösung der Differentialgleichung des Biegeträger-Eigenwertproblems gelangt man mit den gleichen allgemeinen Rechenannahmen (vgl. Abschn. 1.2., erster Teil) z. B. beim gelenkig gelagerten Balken (Einfeld-, Mehrfeldbalken) zum niedrigsten Eigenwert $\bar{\lambda}_1^* = \pi^4 = 97,4091$. Die ausgedruckten ersten Eigenwerte für den Träger auf gelenkigen Stützen mit l_ϱ = const sind nachfolgend mit den auf $\bar{\lambda}_1^*$ bezogenen Abweichungen zusammengestellt. Die Anzahl der Rechenfelder war dabei gleich der Anzahl der Stützfelder (Mindestteilung).

Trägerbeschreibung	$\bar{\lambda}_1$ ausgedruckt	$\frac{\bar{\lambda}_1^* - \bar{\lambda}_1}{\bar{\lambda}_1^*} \cdot 100 \ [\%]$
Einfeld- bis Sechsfeldträger	97,5484	0,14
Achtfeldträger	97,5812 [1]	0,17
Zehnfeldträger	97,7743 [1]	0,37

Höhere Eigenwerte (n ≥ 2)

Aus verschiedenen Vergleichen der Tabellenwerte zeigen sich in den angegebenen Eigenwerten λ schon merkliche Fehlereinflüsse. Die in der Praxis benötigten Wurzelwerte $\bar{\omega}_n = \sqrt{\bar{\lambda}_n}$ ergeben aber durch das Wurzelziehen geringere Absolutfehler. Gingen z. B. aus verschiedenen Feldteilungen folgende Eigenwerte hervor

$$\left. \begin{array}{l} \bar{\lambda}_2 = 1584, \ \bar{\omega}_2 = \sqrt{1584} = 39,80 \\ \bar{\lambda}_2 = 1560, \ \bar{\omega}_2 = \sqrt{1560} = 39,50 \end{array} \right\} \quad \frac{39,80 - 39,50}{39,50} \ 100 = 0,8\%$$

so entspricht dies einer Abweichung in den Eigenfrequenzen von 0,8%.

Für alle n läßt sich zeigen, daß die mit Hilfe von Energieverfahren ermittelten Eigenwerte sich etwas größer ergeben, als die theoretischen Eigenwerte aus der exakten geschlossenen Lösung der Differentialgleichung betragen. Geschlossene Lösungen aber sind nur für einfache Sonderfälle bekannt.

---
[1] Nach der 43. Iteration ist durch Programmbefehl abgebrochen worden (Vermeidung zu großer Rechenzeiten).

1.4.2. Eigenvektoren

Die beim Eigenwertproblem noch freie Konstante (w_0) wurde durch die Normierung des Eigenvektors η auf den Betrag 1 speziell ausgewählt, um Zahlen ausdrucken zu können. Die Komponenten des Eigenvektors η, die bezogenen Verformungen an den Rechenfeldgrenzen, wurden auf 5 Stellen hinter dem Komma ausgedruckt und im Regelfall in den Tabellen auf 4 Stellen hinter dem Komma wiedergegeben. Allgemein kann man die angegebenen Zahlen auf die letzte Stelle genau im Sinne der Rechenannahmen (vgl. Abschn. 1.2.) und im Sinne des angedeuteten Iterationsverfahrens ansehen. Zeigten sich durch Symmetrievergleiche größere Abweichungen, wurde die angegebene Stellenzahl auf 3 Stellen und in Einzelfällen auf 2 Stellen hinter dem Komma gerundet. In diesen Fällen stimmt dann auch die Normierung auf 1 nicht mehr so genau wie bei den auf 4 Stellen angegebenen Eigenvektorkomponenten (elektronisch berechnet).

1.4.3. Abszissen der Nullstellen w = 0

Die in zwei Stellen hinter dem Komma angegebenen Stellen ξ_ρ, für die w = 0 ist, können in einzelnen Fällen noch in der zweiten Stelle einen Fehler aufweisen; im allgemeinen sind die Werte als bis auf die zweite Stelle genaue Größen anzusehen.

2. ABSTAND DER HÖHEREN EIGENWERTE AM BEISPIEL DES DURCHLAUFTRÄGERS AUF STARREN STÜTZEN MIT GLEICHEN STÜTZWEITEN

Da bei Durchlaufträgern mit starren oder nahezu starren Stützen der Abstand der höheren Eigenwerte relativ klein ist, kann auch für praktische Zwecke die Einschätzung dieses Frequenzabstandes von Interesse sein. Im Tafelanhang werden nur die niedrigsten 2 bis 5 Eigenformen beachtet. Am Beispiel des Durchlauf-

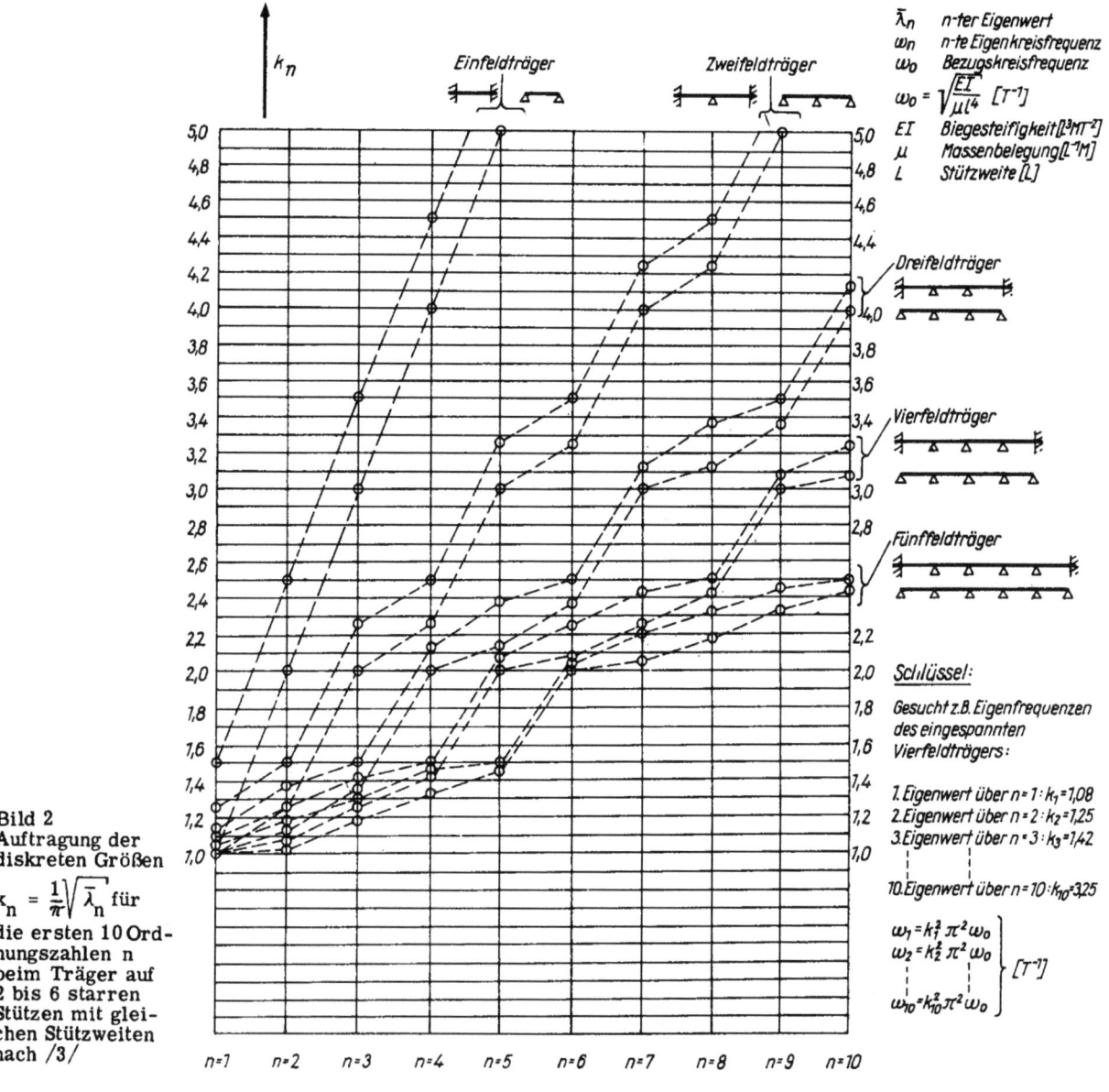

Bild 2
Auftragung der diskreten Größen
$k_n = \frac{1}{\pi}\sqrt{\bar{\lambda}_n}$ für die ersten 10 Ordnungszahlen n beim Träger auf 2 bis 6 starren Stützen mit gleichen Stützweiten nach /3/

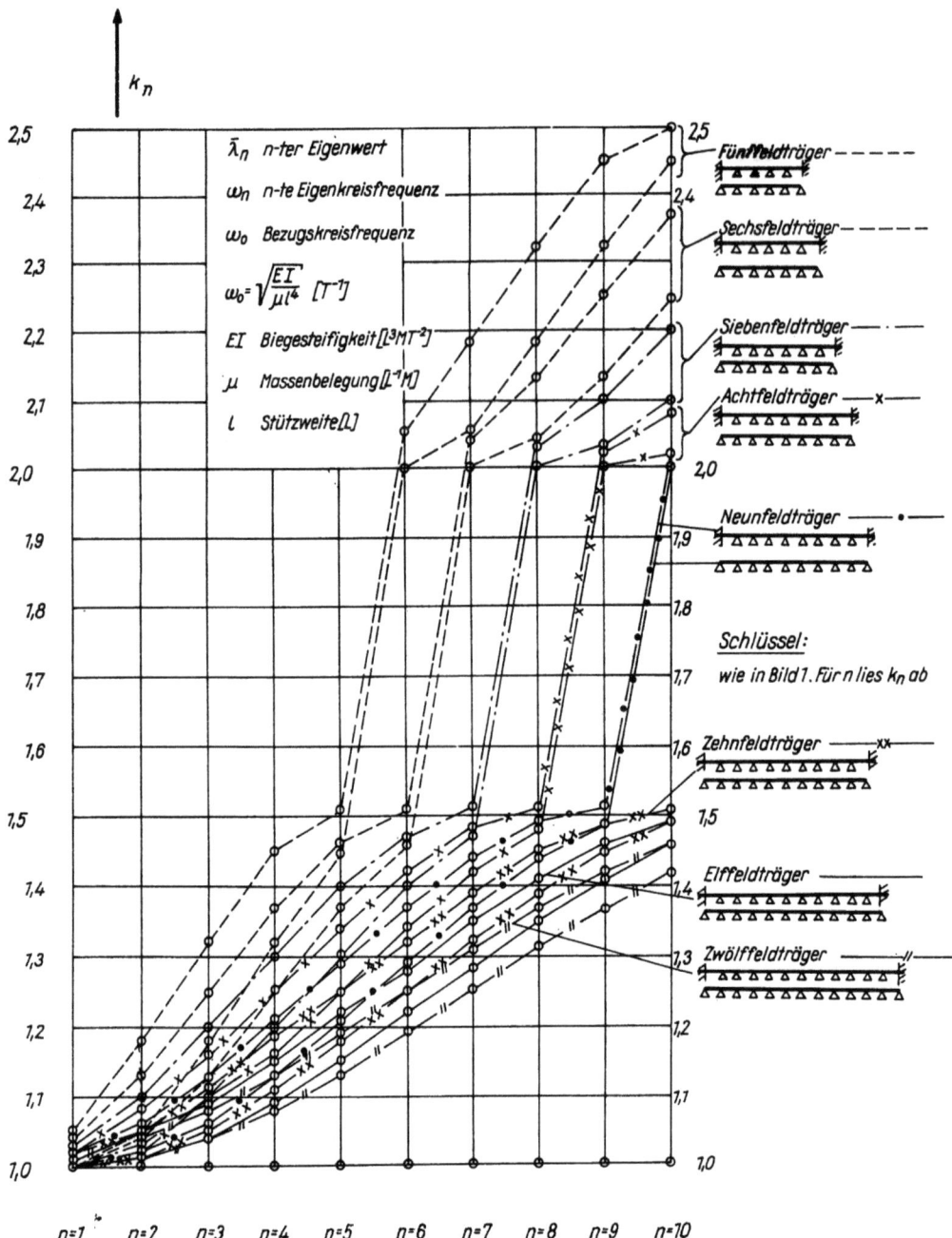

Bild 3. Auftragung der diskreten Größen $k_n = \frac{1}{\pi}\sqrt{\bar{\lambda}_n}$ für die ersten 10 Ordnungszahlen n beim Träger auf 6 bis 13 starren Stützen mit gleichen Stützweiten nach /3/

trägers auf starren Stützen mit gleichen Stützweiten wird mit den Werten der Publikation /3/ die Folge der ersten 10 Eigenwerte grafisch veranschaulicht. Neben der gelenkigen Lagerung wird noch der Fall der starren Einspannung der Trägerenden beachtet. Da die Eigenwerte $\lambda_n = \omega_n^2$ etwa mit der 4. Potenz der Ordnungszahl n zunehmen, wird über der Eigenwertordnungszahl n nicht der Wert λ_n, sondern der Betrag

$$k_n = \frac{1}{\pi}\sqrt[4]{\bar{\lambda}_n} = \frac{1}{\pi}\sqrt{\frac{\omega_n}{\omega_0}} \qquad [1]$$

als Ordinate aufgetragen. Zur besseren visuellen Verfolgung der Ordinatenhöhen mit zunehmendem n werden die Punkte in verschiedener Strichqualität verbunden, obwohl zwischen den Abszissenpunkten n keine Ordinaten zugeordnet werden können (Ordnungszahlen sind ganzzahlig). Die bildhafte Darstellung erfolgt in 2 Teilen:
- Träger über 2 bis 6 Stützen in Bild 2
- Träger über 6 bis 13 Stützen in Bild 3

3. INTERPOLATIONSVORSCHRIFT ZUR BERECHNUNG VON VERFORMUNGSGRÖSSEN ZWISCHEN DEN RECHENFELDGRENZEN

Rechenvorschrift für die Ermittlung der Durchbiegungszwischenwerte ist Gl. (9), der Verdrehungszwischenwerte Gl. (10) und der Krümmungszwischenwerte Gl. (11). Die Zwischenwertberechnung setzt die vorherige Ermittlung der Ordinaten der Hermitepolynome (6), (7) und (8) für die bestimmte Stelle ξ (Feldteilung) voraus.

Für das Anwendungsbeispiel I ist die Ermittlung der Amplitudenfunktionen in Abschn. 4.1.4. vorgeführt. Zwischenwerte sind ausführlich in Abschn. 4.1.5. bestimmt worden.

Zur Erleichterung der Interpolationsarbeit werden in Tabelle 1 und Tabelle 2 die Ordinaten der Hermitepolynome (Einheitsverformungslinien) für die Zehntelpunkte ein für allemal vorgegeben. Die Ordinaten der Einheitsverdrehungsfunktionen werden nicht angegeben, weil sie selten gebraucht werden.

Tabelle 1

Polynom	0	0,1	0,2	0,3	0,4	0,5	0,6	0,7	0,8	0,9	1
H_1	1	0,99144	0,94208	0,83692	0,68256	0,50000	0,31744	0,16308	0,05792	0,00856	0
H_2	0	0,09477	0,16384	0,19551	0,19008	0,15625	0,10752	0,05859	0,02176	0,00333	0
H_3	0	0,00364	0,01024	0,01544	0,01728	0,01562	0,01152	0,00662	0,00256	0,00040	0
H_4	0	0,00856	0,05792	0,16308	0,31744	0,50000	0,68256	0,83692	0,94208	0,99144	1
H_5	0	-0,00333	-0,02176	-0,05859	-0,10752	-0,15625	-0,19008	-0,19551	-0,16384	-0,09477	0
H_6	0	0,00040	0,00256	0,00662	0,01152	0,01562	0,01728	0,01544	0,01024	0,00364	0

Tabelle 2

Polynom	0	0,1	0,2	0,3	0,4	0,5	0,6	0,7	0,8	0,9	1
H_1''	0	-4,32	-5,76	-5,04	-2,88	0	2,88	5,04	5,76	4,32	0
H_2''	0	-2,70	-3,84	-3,78	-2,88	-1,50	0	1,26	1,92	1,62	0
H_3''	1	0,27	-0,16	-0,35	-0,36	-0,25	-0,08	0,09	0,20	0,19	0
H_4''	0	4,32	5,76	5,04	2,88	0	-2,88	-5,04	-5,76	-4,32	0
H_5''	0	-1,62	-1,92	-1,26	0	1,50	2,88	3,78	3,84	2,70	0
H_6''	0	0,19	0,20	0,09	-0,08	-0,25	-0,36	-0,35	-0,16	0,27	1

4. BEISPIELE ZUR ANWENDUNG DER TAFELN

4.1. Berechnung des Eigenverhaltens eines vorgegebenen Brückentragwerkes (Beispiel I)

In diesem Beispiel soll erläutert werden:

- die Bestimmung der dimensionslosen Größen aus den Ausgangsgrößen
- die Anpassung der Aufgabe an die Art der vorliegenden numerischen Unterlagen (Auswahl der Systeme)
- die Berechnung der Eigenfrequenzen aus den Eigenwerten $\bar{\lambda}$ der Tabellen
- die maßstäbliche Auftragung der Eigenformen (Biegelinien, Momentenlinien)

In der Variation der Parameter beschränkt sich das Beispiel I auf folgende Einflüsse:

- Einfluß der Größe von konzentrierten Massen
- Stellung der konzentrierten Massen
- Stützweitenverhältnis

4.1.1. Aufgabenbeschreibung

Zur Beurteilung der Resonanzwahrscheinlichkeit eines Brückenhaupttragwerkes mit und ohne Verkehrsbelastung sollen für eine Konstruktionsvariante eines Vorprojektes die ersten zwei Eigenwerte und Eigenformen bestimmt werden. Über die allgemeine Problematik der Brückendynamik aus dem Stand der heutigen Forschung berichtet der Autor in /4/. Aus Beobachtungen an ähnlichen Systemen ist bekannt, daß Torsionsschwingungen bei dem flachen Haupttragwerksquerschnitt (s. Querschnittskizze über Biegelinien des Systems Ia in Bild 4) eine untergeordnete Rolle spielen. Die Brückenschlankheit in Haupttragrichtung (s. Längsschnittskizze) weist darauf hin, daß mit Längskräften nicht zu rechnen ist. Alle Eigen- und Nutzlasten wirken quer zur Haupttragwerksachse. Die in Abschn. 1.2. aufgeführten Rechenannahmen treffen bei dem Stahltragwerk weitgehendst zu. Die Eigendämpfung (Gußasphaltbelag, Stahllager und Gummitopflager, bewegliche Fahrbahnübergänge) ist für die Betrachtung des Eigenwertproblems als klein anzusehen. Dem natürlichen System "Brücke mit Nutzmassen" wird das Rechenmodell "Biegeträger mit Punktmassen" zugeordnet.

4.1.2. System und Ausgangsgrößen

Je nachdem, ob konzentrierte Verkehrsmassen vorhanden sind und in welcher Stellung, wird das System des Beispiels I in Untersysteme Ia, Ib, Ic unterteilt (s. Tabelle 3).

Geometrie:
Stützweiten $l_1 = 46{,}0$ m $= l_0$, $l_2 = 41{,}0$ m, $l_2/l_1 = 0{,}89$, $\dfrac{l_1 + l_2}{2} = 43{,}5$ m

$l_0^2 = 46{,}0^2 = 2116$ m^2, $l_0^4 = 46{,}0^4 = 4\,476\,456$ m^4

Abszissen für Schnittstellen außerhalb der Feldgrenzen ϱ, für die Verformungs- und Schnittgrößen zu bestimmen sind:

$\xi = 0{,}5; \quad \xi = 0{,}1; \quad \xi = 0{,}9$

Tabelle 3

Systemskizze	Beschreibung des Lastfalls	Systemzeichen	zu beachten Tafelnummer
(Skizze Einfeld-/Zweifeldträger mit gleichmäßig verteilten Massen μ_g, μ_{g+p}; $l_1 = l_0$, $l_2 = \overline{l_2} \cdot l_0$)	Brückenhaupttragwerk mit gleichmäßig verteilten Massen	Ia	23
(Skizze wie oben plus Punktmasse $m = \overline{m}\mu l_0 [M]$ bei $x_m = \xi_m \cdot l_0$; l_0 und $0{,}89\, l_0$)	Wie Ia plus Punktmasse mit veränderlichem x_m	Ib1	29, 30
(Zwei Skizzen: Punktmasse in Feld 2 bei $l_0/2$; Möglichkeiten für Interpolation bezüglich m)	Wie Ib1, jedoch näherungsweise $l_2/l_1 = 1$, Bezugslänge $l_0 = l_1$	Ib2	27
	Wie Ib2: $l_2/l_1 = 1$, jedoch Bezugslänge $l = \dfrac{l_1 + l_2}{2}$	Ib3	
(Zwei Skizzen: zwei Punktmassen, $l_0/2$, $l_0/2$; Möglichkeiten für Interpolation bezüglich m)	Wie Ia und zusätzlich $2 \times m_1$ $l_2/l_1 = 1$, Bezugslänge $l_0 = l_1$	Ic1	28
	Wie Ic1: $l_2/l_1 = 1$, jedoch Bezugslänge $l_0 = \dfrac{l_1 + l_2}{2}$	Ic2	

Flächenträgheitsmomente je Hauptträger (ein Hohlkastenträger von etwa 1,40 m Höhe mit Fahrbahnkonstruktion)

$I_{\text{Feld 1}} = 0{,}0450 \text{ m}^4 = I_0$

$I_{\text{Feld 2}} = 0{,}0495 \text{ m}^4 = \max I$

$\min I = 0{,}0350 \text{ m}^4$ (nur auf 5,0 m Länge)

$\dfrac{\min I}{I_0} = 0{,}78$

$\dfrac{\max I}{I_0} = 1{,}10$

(Bezugsträgheitsmoment im Feld für gesamten Brückenquerschnitt
$2\, I_0 = 2 \cdot 0{,}045 = 0{,}090 \text{ m}^4$)

Massengrößen

Gleichmäßig verteilte Massen:

Eigenmasse der rohen stählernen Tragkonstruktion	2,90 t/m
Geländer, Gußasphalt, Ausrüstungen	1,60 t/m
Eigenmasse gesamt	$\mu_g = 4{,}50$ t/m

Gleichmäßig verteilt anzunehmende Nutzmassen nach den herkömmlichen Lastannahmen für statische Berechnungen (TGL 0-1072, DIN 1072):

außerhalb der Hauptspur $0{,}30\,(7{,}5 + 2 \cdot 2{,}0 - 3{,}0)$	2,55 t/m
Hauptspur von 3 m Breite $0{,}50 \cdot 3{,}0$	1,50 t/m
in der Hauptspur und außerhalb	μ_p 4,05 t/m

Konzentrierte Massen:
Schwerlastwagen SLW 45 $\qquad m_p = 45{,}0$ t
Rechnerisch konzentrierte Massen:
halbe Hauptspur + Nutzmassen als Ersatz für den Lastfall
feldweise Verkehrslast

im Feld 1: $m_{p1} = 0{,}50 \cdot 3{,}0 \cdot \dfrac{46{,}0}{2} = 34{,}5$ t

im Feld 2: $m_{p2} = 0{,}50 \cdot 3{,}0 \cdot \dfrac{41{,}0}{2} = 30{,}7$ t $\qquad$ Mittel: $\quad m_p = 32{,}6$ t

Elastizitätskonstanten:
Elastizitätsmodul für Stahl (Baustähle St 38, St 52)
$E = 2{,}1 \cdot 10^7$ Mp/m^2 = $2{,}1 \cdot 10^7 \cdot 9{,}81$ m^{-1} t s^{-2}

Biegesteifigkeit für Feldquerschnitte
$EI_0 = 0{,}090 \cdot 2{,}1 \cdot 10^7 = 1{,}89 \cdot 10^6$ Mp m^2 = $1{,}89 \cdot 10^6 \cdot 9{,}81$ m^3 t s^{-2}

Gewünschte Zahl der Eigenwerte: n = 2

Bezugsgrößen:

Bezugslänge $\qquad l_0 = 46{,}0$ m

Bezugsmasse $\qquad m_0 = \mu_g l_0 = 4{,}50 \cdot 46{,}0 = 207{,}0$ t

Bezugskreisfrequenz $\quad \omega_0 = 2\pi f_0 = \dfrac{2\pi}{T_0}$ (f_0 in Hertz, T_0 Bezugsperiodendauer)

$$\omega_0^2 = \dfrac{EI_0}{\mu_g l_0^4} = \dfrac{1{,}89 \cdot 10^6 \cdot 9{,}81 \text{ m}^3 \text{ t s}^{-2}}{4{,}50 \text{ m}^{-1} \text{ t} \cdot 46{,}0^4 \text{ m}^4} = 0{,}92 \text{ s}^{-2}$$

$\omega_0 = 0{,}96$ s^{-1}, $f_0 = \dfrac{0{,}96}{6{,}28} = 0{,}153$ Hertz

Bezugsgrößen der Verformungen:
Bezugsdurchbiegung w_0 wurde in den aufgetragenen Biegelinien verschieden gewählt (Maßstäbe sind jeweils links neben den Biegelinien aufgezeichnet). Auftragungsmaßstäbe z.B. $w_0 = l_0$, $w_0 = 2 l_0$ usw.

Bezugsverdrehung:
$\dfrac{w_0}{l_0} = 1$, $\dfrac{w_0}{l_0} = 2 \ldots$ in Skizzen verschieden gewählt

Bezugskrümmung:
$\dfrac{w_0}{l_0^2} = \dfrac{1}{R_0} = \dfrac{1}{l_0}, \dfrac{2}{l_0} \ldots$ verschieden gewählt

Die Krümmungsradien $R \approx \dfrac{R_0}{\overline{w}''}$ wurden in den Skizzen der Biegelinien eingezeichnet.

Bezugsmoment:
$M_0 = \dfrac{EI_0 w_0}{l_0^2}$ ergibt sich aus der Wahl von w_0. Treten beispielsweise dynamische Durchbiegungsordinaten der Größenordnung $0{,}1\, w_{statisch}$ auf, so erhält man die dazugehörige Bezugsgröße für die dynamischen Momente aus

$M_0 = \dfrac{EI_0 \, 0{,}1 \, w_{statisch}}{l_0^2} \; \left[L^2 \, M \, T^{-2}\right].$

Bezogene Größen für Beispiel I:

Bezogene Feldlängen:

System Ia: $\bar{l}_1 = 1, \bar{l}_2 = 0{,}89$

System Ib1: $\bar{l}_1 = \xi_m, \bar{l}_2 = 1 - \xi_m, \bar{l}_3 = 0{,}89$

System Ib2,3: $\bar{l}_1 = 1, \bar{l}_2 = 0{,}5, \bar{l}_3 = 0{,}5$

System Ic: $\bar{l}_1 = \bar{l}_2 = \bar{l}_3 = \bar{l}_4 = 0{,}5$

Bezogene Massen:

Schwerlastwagen $\bar{m} = \dfrac{45{,}0}{207{,}0} = 0{,}22$

halbe Fahrspurmasse $\bar{m} = \dfrac{32{,}6}{207{,}0} = 0{,}16$

4.1.3. Die Bestimmung des Eigenfrequenzspektrums aus den Tafelwerten

Zunächst verschafft man sich anhand der einschlägigen Eigenwert-Diagramme für den Zweifeldträger einen Überblick über den Einfluß der Parameter l_2/l_1, $\bar{m}$, ξ_m auf die Eigenwertgrößen $\bar{\lambda}_1$ und $\bar{\lambda}_2$. Hinsichtlich der Folge der höheren Eigenwerte $\bar{\lambda}_3$, $\bar{\lambda}_4$ usw. erhält man aus Bild 2 einen Einblick. Die aus den Tabellen abgelesenen Größen und die mit Hilfe der Diagramme vorgenommenen Interpolationen sind aus der nachfolgenden tabellarischen Zusammenstellung ersichtlich.

g $\longrightarrow \mu_g$ = 4,50 t/m   (gleichmäßig verteilte Eigenmasse der Brücke)

(g+p) $\longrightarrow \mu_{g+p}$ = 4,50 + 4,05 = 8,55 t/m (gleichmäßig verteilte Eigen- und Nutzmasse)

SLW $\longrightarrow$ P = 45,0 t   (Schwerlastfahrzeugmasse in Feldmitte)

g+p $\longrightarrow \mu_g$ = 4,5 t/m, p · 1/2 = 32,6 t im Mittel (Nutzmassen in beiden Feldern)

Tabelle 4

Unter-system	Belastungsfall für Brücke	Ord-nung n	Abgelesen Tafel	$\bar{\lambda}_n$	Interpoliert Bild in Tafel	$\bar{\lambda}_n$	Parameter für Interpolation
Ia	Eigenlast g	1	[23]	130,5 115,8	[23]	117,3	$l_2/l_1 = 0{,}8$ $l_2/l_1 = 0{,}9$
		2		430,0 305,3		317,8	$l_2/l_1 = 0{,}8$ $l_2/l_1 = 0{,}9$
	(g + p)	1				117,3	$\sqrt{\dfrac{\mu_g}{\mu_{g+p}}} = 0{,}725$
		2				317,8	
Ib2	g + SLW ($\bar{m} = 0{,}22$)	1	[27]	79,6 60,3	[27]	78,2	$\bar{m} = 0{,}2$ $\bar{m} = 0{,}5$
		2		206,6 189,0		205,3	$\bar{m} = 0{,}2$ $\bar{m} = 0{,}5$
Ic1	g + p ($\bar{m} = 0{,}16$)	1	[28]	88,5 48,5	[28]	70,0	$\bar{m} = 0{,}05$ $\bar{m} = 0{,}5$
		2		215,1 115,1		185,0	$\bar{m} = 0{,}05$ $\bar{m} = 0{,}5$

Aus der tabellarischen Zusammenstellung entnimmt man die innerhalb der Rechenannahmen gefundenen kleinsten und größten Eigenfrequenzen:

$$\min f_1 = \frac{0{,}96 \cdot 10{,}8 \cdot 0{,}725}{6{,}28} = 1{,}20 \text{ Hertz } [\text{beim Fall } (g+p)]$$

$$\max f_1 = \frac{0{,}96 \cdot 10{,}8}{6{,}28} = 1{,}66 \text{ Hertz (beim Fall g)}$$

$$\min f_2 = \frac{0{,}96 \cdot 17{,}8 \cdot 0{,}725}{6{,}28} = 1{,}98 \text{ Hertz } [\text{beim Fall } (g+p)]$$

$$\max f_2 = \frac{0{,}96 \cdot 17{,}8}{6{,}28} = 2{,}72 \text{ Hertz (beim Fall } g)$$

Zur Veranschaulichung kann man auf einer Frequenzachse die Randwerte des möglichen Frequenzbandes eintragen und erhält einen Überblick über das Frequenzspektrum:

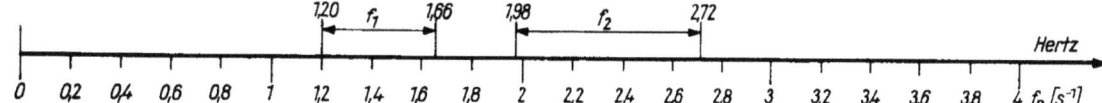

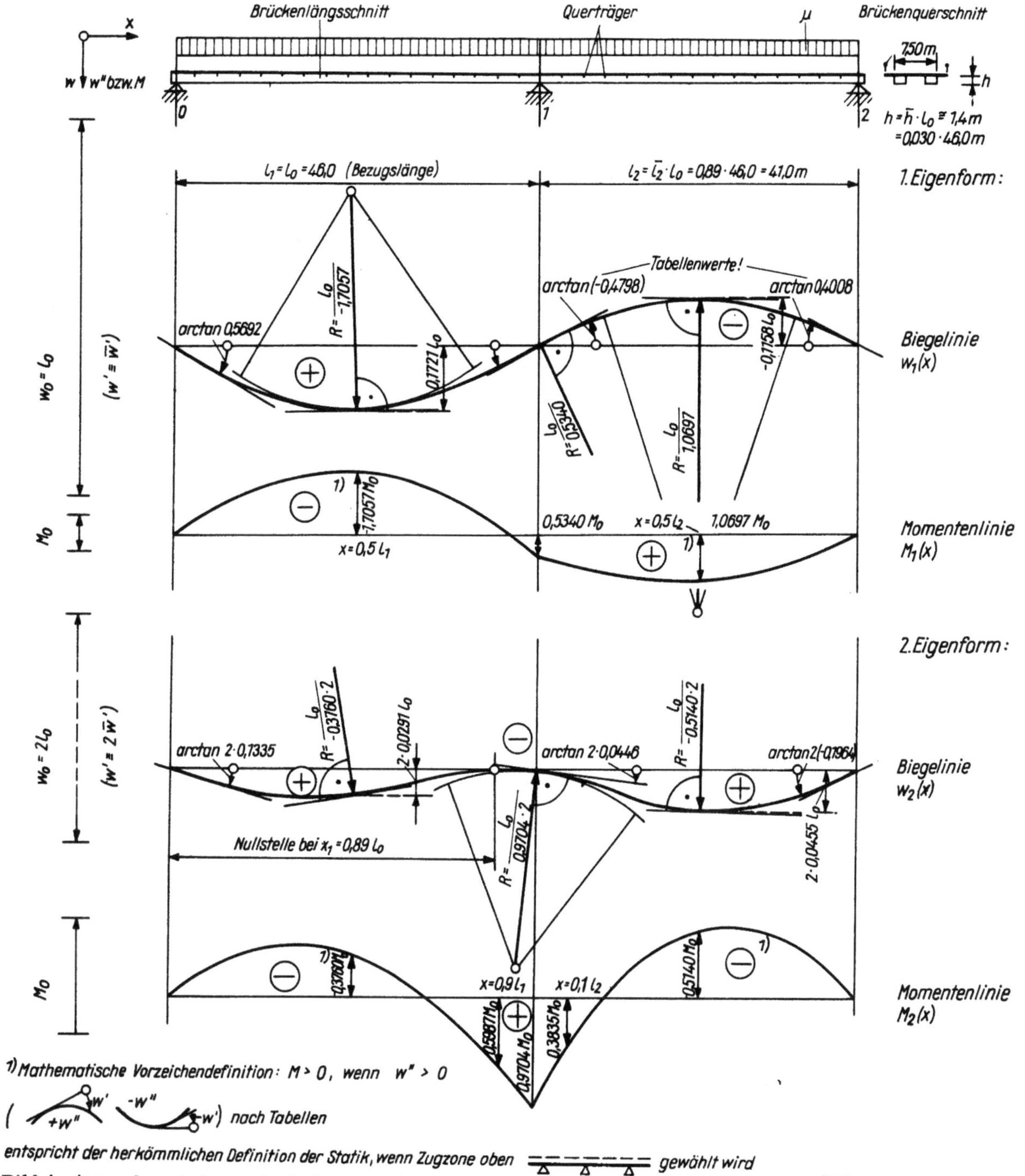

Bild 4. Anwendungsbeispiel I: Auftragung der Eigenformen nach den Werten der Tafel [23] für $l_2/l_1 = 0{,}9$ (Fall gleichmäßig verteilte Massen von konstanter Größe, System Ia)

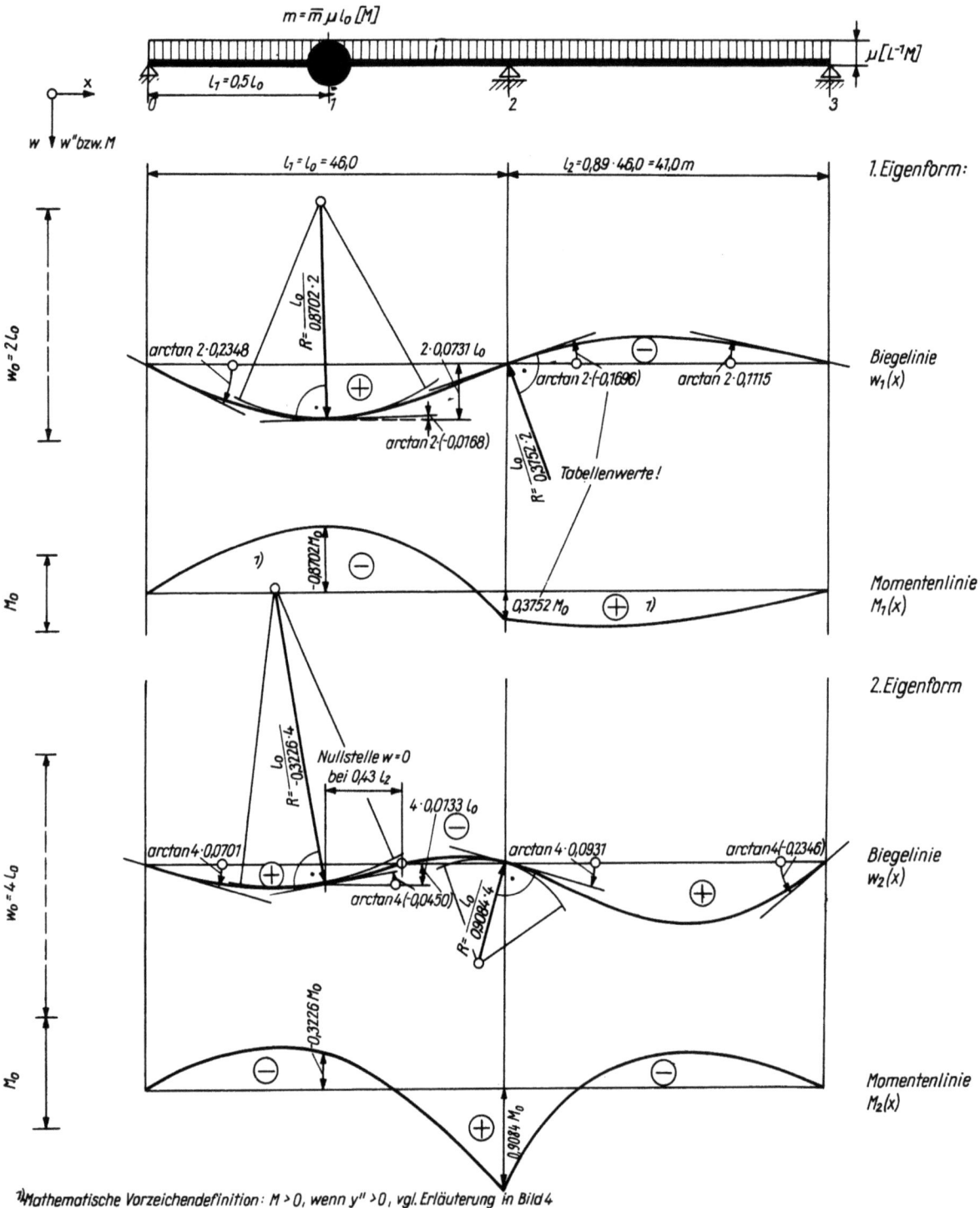

Bild 5. Beispiel I: Auftragung der Eigenformen nach den Werten der Tafel 25 für $l_2/l_1 = 0{,}9$ (Fall konzentrierte Masse in der Mitte des größeren Feldes, System Ib)

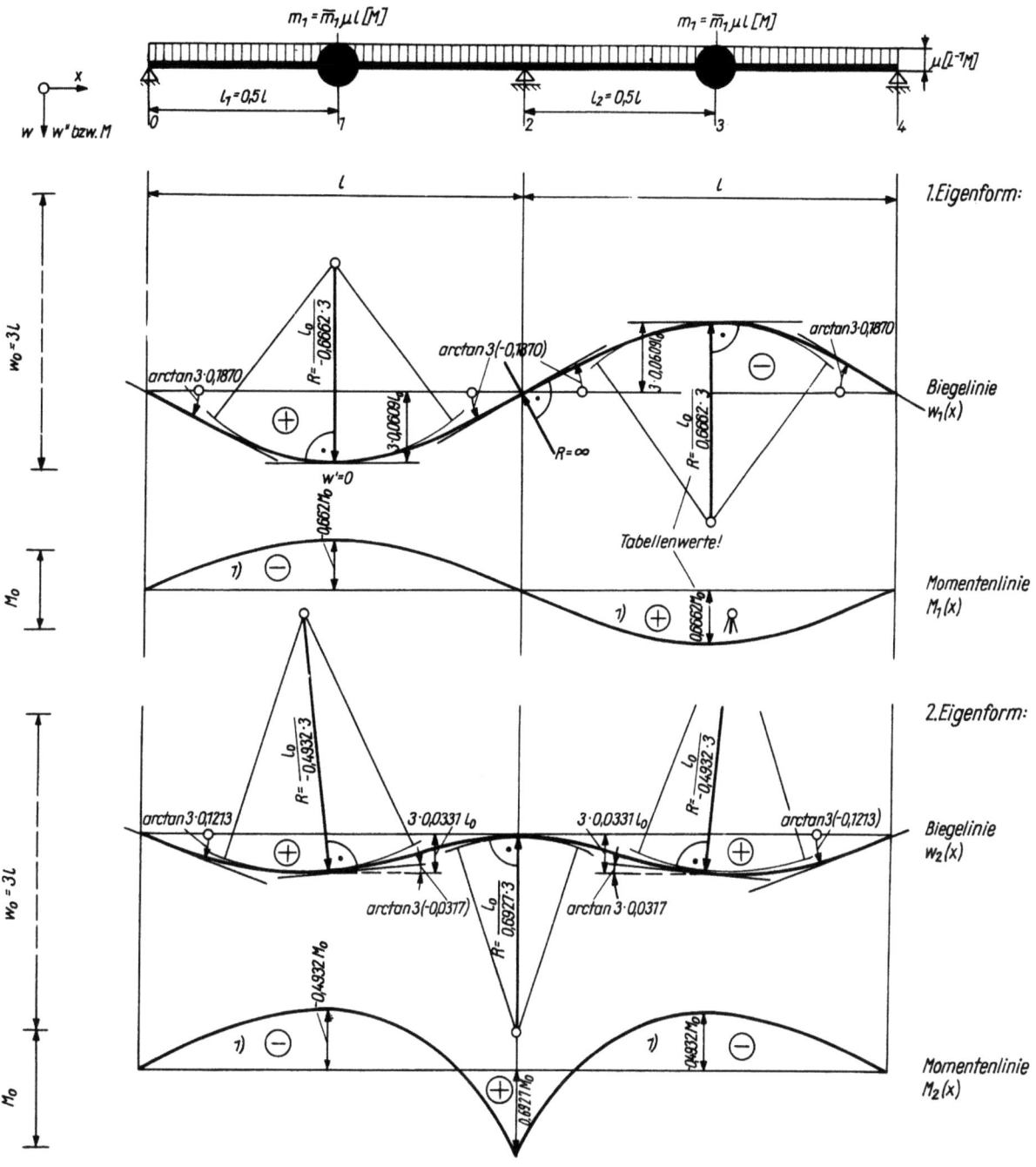

[1] Mathematische Vorzeichendefinition: $M > 0$ für $w'' > 0$, vgl. Erläuterungen in Bild 4

Bild 6. Beispiel I: Auftragung der Eigenformen nach den Werten der Tafel $\boxed{28}$ für $l_2/l_1 = 1$ (Fall konzentrierte Masse in der Mitte beider Felder, System Ic)

4.1.4. Dynamische Biegelinien und Momentenlinien

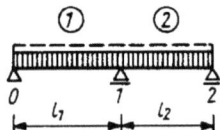

System Ia [Lastfall g und (g+p)]. Die bezogenen Verformungen an den Feldgrenzen $\bar{w}$, $\bar{w}''$, $\bar{w}'''$ liest man aus Tafel $\boxed{23}$ für $l_2/l_1 = 0,9$ ab. Eine Interpolation der Biegelinien zwischen $l_2/l_1 = 0,9$ und $l_2/l_1 = 0,8$ für vorhandenen $l_2/l_1 = 0,89$ erscheint nicht erforderlich.

Biegelinie

1. Eigenform:

$$\bar{w}_1(\xi) = \begin{cases} 0,5692\ H_2(\xi) - 0,4789\ H_5(\xi) + 0,5340\ H_6(\xi) & \text{im Feld ①} \\ -0,4798 \cdot 0,89\ H_2(\xi) + 0,5340 \cdot 0,89^2\ H_3(\xi) + 0,4008 \cdot 0,89\ H_5(\xi) & \text{im Feld ②} \end{cases}$$

Schwingungsknoten $w_1 = 0$ an den Stellen $\xi_1 = 0$, $\xi_2 = 0$, $\xi_2 = 1$ (d.h., die Lagerstellen erfahren bei der Eigenschwingung keine vertikalen Verschiebungen).

2. Eigenform:

$$\bar{w}_2(\xi) = \begin{cases} 0,1335\ H_2(\xi) + 0,0446\ H_5(\xi) + 0,9704\ H_6(\xi) & \text{im Feld ①} \\ 0,0446 \cdot 0,89\ H_2(\xi) + 0,9704 \cdot 0,89^2\ H_3(\xi) - 0,1964 \cdot 0,89\ H_5(\xi) & \text{im Feld ②} \end{cases}$$

Schwingungsknoten: $w_2 = 0$ für $\xi_1 = 0$, $\xi_1 = 0,89$, $\xi_2 = 0$, $\xi_2 = 1$ (d.h. an den Stützen und bei $0,89\ l_1$).

Momentenlinien

Es gelten die bei den Biegelinien zitierten Randverformungen nach Tafel $\boxed{23}$, jedoch statt der Funktionen für die Durchbiegung $H_s(\xi)$ sind die Funktionen für die Krümmung $H_s''(\xi)$ einzusetzen, also ausführlich:

1. Eigenform:

$$\bar{M}_1(\xi) = \begin{cases} 0,5692\ H_2''(\xi) - 0,4789\ H_5''(\xi) + 0,5340\ H_6''(\xi) \\ -0,4798 \cdot 0,89\ H_2''(\xi) + 0,5340 \cdot 0,89^2\ H_3''(\xi) + 0,4008 \cdot 0,89\ H_5''(\xi) \end{cases}$$

2. Eigenform:

$$\bar{M}_2(\xi) = \begin{cases} 0,1335\ H_2''(\xi) + 0,0446\ H_5''(\xi) + 0,9704\ H_6''(\xi) \\ 0,0446 \cdot 0,89\ H_2''(\xi) + 0,9704 \cdot 0,89^2\ H_3''(\xi) - 0,1964 \cdot 0,89\ H_5''(\xi) \end{cases}$$

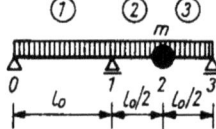

System Ib (Lastfall g und konzentrierte Last in einem Stützfeld). Die Verformungen an den Grenzen der Rechenfelder werden aus Tafel $\boxed{27}$ für $\bar{m} = 0,2$ entnommen. Eine Interpolation der Biegekoordinaten hinsichtlich l_2/l_1 und $\bar{m}$ wird nicht vorgenommen.

Biegelinie

1. Eigenform:

$$\bar{w}_1(\xi) = \begin{cases} -0,2004\ H_2 + 0,2315\ H_5 + 0,1651\ H_6 & \text{im Feld ①} \\ 0,2315 \cdot 0,5\ H_2 + 0,1651 \cdot 0,5^2\ H_3 + 0,0831\ H_4 + 0,0082 \cdot 0,5\ H_5 - 0,8960 \cdot 0,5^2\ H_6 \\ 0,0831\ H_1 + 0,0082 \cdot 0,5\ H_2 - 0,8960 \cdot 0,5^2\ H_3 - 0,2630 \cdot 0,5\ H_5 & \text{im Feld ③} \end{cases}$$

Schwingungsknoten $w_1 = 0$ an den Stellen $\xi_1 = 0$, $\xi_3 = 0$, $\xi_3 = 1$ (also an den Lagerstellen).

2. Eigenform:

$$\bar{w}_2(\xi) = \begin{cases} 0,1903\ H_2 - 0,0367\ H_5 + 0,8697\ H_6 & \text{im Feld ①} \\ -0,0367 \cdot 0,5\ H_2 + 0,8697 \cdot 0,5^2\ H_3 + 0,0283\ H_4 + 0,0410 \cdot 0,5\ H_5 - 0,4361 \cdot 0,5^2\ H_6 \\ 0,0283\ H_1 + 0,0410 \cdot 0,5\ H_2 - 0,4361 \cdot 0,5^2\ H_3 - 0,1158 \cdot 0,5\ H_5 & \text{im Feld ③} \end{cases}$$

Schwingungsknoten $w_2 = 0$ an den Stellen $\xi_1 = 0$, $\xi_2 = 0,19$, $\xi_3 = 0$, $\xi_3 = 1$ (Lagerstellen und bei $0,19\ l_2$).

Momentenlinien:

$M(\zeta) = \dfrac{M}{M_0}$ erhält man mit denselben Randgrößen wie vor, jedoch mit den zweiten Ableitungen H'' (anstelle H zur Berechnung von $\bar{w}$).

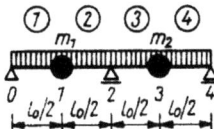

System Ic (Lastfall g und konzentrierte Lasten in beiden Stützfeldern angenommen). Die Verformungen an den Grenzen der Rechenfelder sind Tafel $\boxed{28}$ für $\bar{m} = 0,5$ entnommen. Eine Interpolation hinsichtlich vorhandener l_2/l_1 und vorhandener m_1 wird bei den Biegelinien nicht durchgeführt.

Biegelinie

1. Eigenform:

$$w_1(\zeta) = \begin{cases} 0{,}2050 \cdot 0{,}5\, H_2 + 0{,}0655\, H_4 \quad\quad\quad - 0{,}6578 \cdot 0{,}5^2\, H_6 & \text{im Feld } \text{\textcircled{1}} \\ 0{,}0655\, H_1 \quad\quad\quad - 0{,}6578 \cdot 0{,}5^2\, H_3 - 0{,}2050 \cdot 0{,}5\, H_5 & \text{im Feld } \text{\textcircled{2}} \end{cases}$$

In den Feldern 3 und 4 hat die Durchbiegung wegen Antimetrie gleichen Betrag und umgekehrtes Vorzeichen.

Schwingungsknoten $w_1 = 0$ an den Stellen $\zeta_1 = 0$, $\zeta_3 = 0$, $\zeta_4 = 1$.

2. Eigenform:

$$w_2(\zeta) = \begin{cases} 0{,}1364 \cdot 0{,}5\, H_2 + 0{,}0350\, H_4 - 0{,}0370 \cdot 0{,}5\, H_5 - 0{,}4505 \cdot 0{,}5^2\, H_6 & \text{im Feld } \text{\textcircled{1}} \\ 0{,}0350\, H_1 - 0{,}0370 \cdot 0{,}5\, H_2 - 0{,}4505 \cdot 0{,}5^2\, H_3 + 0{,}7427 \cdot 0{,}5^2\, H_6 & \text{im Feld } \text{\textcircled{2}} \end{cases}$$

In den Feldern 3 und 4 hat die Durchbiegung wegen Symmetrie gleichen Betrag und gleiches Vorzeichen.

Schwingungsknoten $w_2 = 0$ wie bei der 1. Eigenform an den Lagerstellen $\zeta_1 = 0$, $\zeta_3 = 0$, $\zeta_4 = 0$. Außerdem ist für alle t (t = Zeit) die Tangente an die Biegelinie im Symmetriepunkt horizontal, d.h. $w_2'' = 0$ für alle t.

Momentenlinien:

Mit den obengenannten Randverformungen erhält man die der Krümmung proportionale Momentenfunktion $M(\zeta)$, indem man die zweite Ableitung der Einheitsbiegelinien $H''(\zeta)$ einsetzt.

4.1.5. Berechnung von Zwischenwerten der Verformungsgrößen

In den Tafeln sind die Feldgrenzen dort gewählt worden, wo eine Unstetigkeit in einer der Verformungsfunktionen auftritt, also an Lagerstellen und Angriffspunkten von konzentrierten Massen. Die Abstände der Unstetigkeitsstellen werden mit Rechenfeldlängen bezeichnet, die Abstände der Lagerstellen mit Stützfeldlängen. Als Bezugslänge ist in den Tabellen stets eine Stützfeldlänge gewählt worden. Hinsichtlich der praktischen Anwendung ist die Wahl dieser Feldeinteilungen willkürlich, und es wird zuweilen notwendig sein, Zwischenwerte zu berechnen.

Für das vorliegende Beispiel sollen Durchbiegung und Moment in Stützfeldmitte des nutzlastfreien Systems Ia berechnet werden. Dazu sind für die Durchbiegung die Funktionswerte der Einheitsbiegelinien H_s an der Stelle $\zeta = 0{,}5$ und für die Momente die Krümmungen infolge Einheitsrandverformung an der Stelle $\zeta = 0{,}5$ zu bestimmen.

$H_1 = 1 - 10 \cdot 0{,}5^3 + 15 \cdot 0{,}5^4 - 6 \cdot 0{,}5^5 = 0{,}5$ $\quad\quad H_1'' = 60(-0{,}5 + 3 \cdot 0{,}5^2 - 2 \cdot 0{,}5^3) = 0$

$H_2 = 0{,}5 - 6 \cdot 0{,}5^3 + 8 \cdot 0{,}5^4 - 3 \cdot 0{,}5^5 = 0{,}15625$ $\quad\quad H_2'' = 12(-3 \cdot 0{,}5 + 8 \cdot 0{,}5^2 - 5 \cdot 0{,}5^3) = -1{,}5$

$H_3 = \dfrac{1}{2}(0{,}5^2 - 3 \cdot 0{,}5^3 + 3 \cdot 0{,}5^4 - 0{,}5^5) = 0{,}015625$ $\quad\quad H_3'' = 1 - 9 \cdot 0{,}5 + 18 \cdot 0{,}5^2 - 10 \cdot 0{,}5^3 = -0{,}25$

$H_4 = 10 \cdot 0{,}5^3 - 15 \cdot 0{,}5^4 + 6 \cdot 0{,}5^5 = 0{,}5$ $\quad\quad H_4'' = -H_1'' = 0$

$H_5 = -4 \cdot 0{,}5^3 + 7 \cdot 0{,}5^4 - 3 \cdot 0{,}5^5 = -0{,}15625$ $\quad\quad H_5'' = 12(-2 \cdot 0{,}5 + 7 \cdot 0{,}5^2 - 5 \cdot 0{,}5^3) = 1{,}5$

$H_6 = \dfrac{1}{2}(0{,}5^3 - 2 \cdot 0{,}5^4 + 0{,}5^5) = 0{,}015625$ $\quad\quad H_6'' = 3 \cdot 0{,}5 - 12 \cdot 0{,}5^2 + 10 \cdot 0{,}5^3 = -0{,}25$

(Vergleiche mit den fertig gegebenen Werten in Tabelle 1 und 2.)

Zur Auftragung des Momentenverlaufs der zweiten Eigenform sind weitere Zwischenwerte erforderlich. Es wird das Moment an den Zwischenstellen $\xi_2 = 0,1$ und $\xi_1 = 0,9$ gesucht. Die Interpolationspolynome der für dieses Beispiel benötigten Krümmungsglieder haben folgende Größe:

$\xi_1 = 0,9$: $H_2'' = 1,62$, $H_3'' = 0,19$, $H_5'' = 2,70$, $H_6'' = 0,27$

$\xi_2 = 0,1$: $H_2'' = -2,70$, $H_3'' = 0,27$, $H_5'' = -1,62$, $H_6'' = 0,19$

Durchbiegung in den Feldmitten des Systems Ia

1. Eigenform:
    Feld 1: $\bar{w}_1 = 0,5692 \cdot 0,15625 - 0,4789 \cdot (-0,15625) + 0,5340 \cdot 0,015625 = 0,1721$
    Feld 2: $\bar{w}_1 = -0,4270 \cdot 0,15625 + 0,4230 \cdot 0,015625 \cdot 0,3567 \cdot (-0,15625) = -0,1158$

2. Eigenform:
    Feld 1: $\bar{w}_2 = 0,1335 \cdot 0,15625 + 0,0446 \cdot (0,15625) + 0,9704 \cdot 0,015625 = 0,0291$
    Feld 2: $\bar{w}_2 = 0,0397 \cdot 0,15625 + 0,7687 \cdot 0,015625 - 0,1748 \cdot (-0,15625) = 0,0455$

Biegemomente in den Feldmitten des Systems Ia

1. Eigenform:
    Feld 1: $\overline{M}_1 = 0,5692 \cdot (-1,5) - 0,4789 \cdot 1,5 + 0,5340 \cdot (-0,25) = -1,7057$
    Feld 2: $\overline{M}_2 = 0,4270 \cdot (-1,5) + 0,4230 \cdot (-0,25) + 0,3567 \cdot 1,5 = 1,0697$

2. Eigenform:
    Feld 1: $\overline{M}_1 = 0,1335 \cdot (-1,5) + 0,0446 \cdot 1,5 + 0,9704 \cdot (-0,25) = -0,3760$
    Feld 2: $\overline{M}_2 = 0,0397 \cdot (-1,5) + 0,7687 \cdot (-0,25) - 0,1748 \cdot 1,5 = -0.5140$

Biegemomente der zweiten Eigenform im Stützenbereich an den Stellen

$\xi_1 = 0,9$: $\overline{M}_2 = 0,1335 \cdot 1,62 + 0,0446 \cdot 2,70 + 0,9704 \cdot 0,27 = 0,5987$

$\xi_2 = 0,1$: $\overline{M}_2 = 0,0397 \cdot (-2,7) + 0,7687 \cdot 0,27 - 0,1748 \cdot (-1,62) = 0,3335$

4.1.6. Auftragung der dynamischen Biegelinien und Momente

Für die Systeme des Anwendungsbeispiels I (Systeme Ia, Ib, Ic) sind die Biegelinien und Momentenlinien der Grundschwingung und der nächsten Oberschwingung auf 3 Seiten gemäß den Tafelwerten aufgetragen worden. Zur graphischen Darstellung der Biegelinien vergrößert man die Durchbiegungsordinaten so, daß die Biegeform für das Auge gut erkenntlich ist und daß man möglichst ganzzahlige Auftragungsmaßstäbe gegenüber den Tafelwerten erhält.

Zum Beispiel wurde in der Skizze zu System Ia die Auftragseinheit der Durchbiegungen der Grundschwingung zu $w_0 = l_0$ gewählt. Die Durchbiegungen in den Feldmitten wurden in Abschn. 4.1.5. zu $w = 0,1721 w_0$ bzw. $w = 0,1293 w_0$ als Zwischenwerte berechnet. Somit ist die Durchbiegung als das 0,1721fache bzw. 0,1293fache der Bezugsstützweite l_0 (Länge des größeren Stützfeldes) aufzutragen. Mit der Wahl $w_0 = l_0$ ist die Bezugsverdrehung $\frac{w_0}{l_0} = 1$. Um den Drehwinkel im Punkt 0 des Systems Ia für die Grundschwingung $\varphi = \arctan 0,5692\, w_0/l_0$ ($\bar{w}' = 0,5692$ ist ein Wert der Tafel $\boxed{23}$) aufzutragen, geht man z. B. 0,5692 Längeneinheiten in Richtung $+w$ (nach unten) und eine Längeneinheit in Richtung $+x$ (nach rechts) und verbindet den Endpunkt mit dem Punkt 0, um die Neigung der Tangente an die Biegelinie im Punkt 0 zu finden. Zum Einzeichnen der Krümmung bestimmt man aus den in den Tafeln angegebenen oder aus Tabellenwerten interpolierten Größen $\bar{w}'' = \frac{w''}{w_0} = w'' \frac{l_0^2}{w_0}$ den Krümmungsradius, der sich bei kleinen Verformungen berechnen läßt aus $R \approx \frac{1}{w''}$. Bei der Wahl $w_0 = l_0$ zur Auftragung der Grundschwingungsform des Systems Ia erhält man z. B. den Krümmungsradius in der Mitte des großen Stützfeldes aus der in Abschn. 4.1.5. durch Interpolation aus Tafelwerten bestimmten bezogenen Krümmung $\bar{w}'' = -1,7057$ wie folgt:

$$R \approx \frac{1}{w''} = \frac{1}{\bar{w}''\, w_0''} = \frac{l_0}{-1,7057} \quad \text{(für spezielle Wahl } w_0 = l_0\text{)}$$

Der Betrag von R ist der Krümmungsradius. Man nimmt also das $\frac{1}{1,7057}$-fache, d. h. das 0,586fache der Bezugsstützweite l_0 in den Zirkel, sucht den Krümmungsmittelpunkt auf der Senkrechten zur Tangantenneigung im Punkt $x = \frac{l_0}{2}$, $w = 0,1721 \, l_0$ und zeichnet den Kreis. Hat man die Tangentenneigung und die Krümmungen eingezeichnet, kann man die Biegelinie einzeichnen; sie schmiegt sich den Tangenten und Kreisen an. Ansonsten müßten weitere Zwischenwerte, wie in Abschn. 4.1.5. vorgeführt, berechnet werden. Das Vorzeichen von $\bar{w}''$ gibt an, ob die Biegelinie konvex oder konkav in bezug auf die x-Achse ist. Eine positive Krümmung bedeutet, daß die Zunahme des Drehwinkels im Uhrzeigensinn (Folge $x \rightarrow w$) erfolgt, d.h. Biegedruckspannung an der Balkenunterkante. In der herkömmlichen Stabstatik ist nach Bestimmung der Krümmungsbeträge eine zusätzliche Vorzeichendefinition für die Momente üblich.

4.2. Berechnung des Eigenverhaltens des Deckenträgers eines Maschinenraumes zwecks optimaler Stützenanordnung aus der dynamischen Sicht (Beispiel II)

Bei der konstruktiven Durchbildung im Rahmen von Variantenuntersuchungen der Vorprojekte ist oft noch eine gewisse freie Wahl der Anzahl der Stützen und der Stützweitenverhältnisse möglich. In dem vorliegenden Beispiel werden daher diese Einflüsse variiert. Über Endstützen frei überkragende Enden werden nachfolgend zwar nicht beachtet, jedoch üben Kragträger einen beachtlichen dynamischen Einfluß auf Eigenfrequenz und Eigenform aus, wie aus den Tafeln erkannt werden kann.

4.2.1. Aufgabenbeschreibung

In einer Halle soll ein Aggregat mit nicht ganz ausgewuchteten, rotierenden Massen aufgestellt werden. Das Aggregat soll in Hallenmitte über einen Unterzug zu stehen kommen. Außer dem Aggregat trägt der Unterzug eine Rippendecke. Die Rippenträger der Decke sind über dem Unterzug gestoßen (Fuge), und es ergibt sich somit eine vernachlässigbare Biegesteifigkeit senkrecht zur Unterzugachse. Es sind die Eigenfrequenzen des Unterzuges und die dazugehörigen Eigenformen zu bestimmen, um die Lage der Resonanzpunkte zum Frequenzregelbereich des Aggregates einschätzen und die dynamischen Schnittgrößen berechnen zu können.

4.2.2. System und Ausgangsgrößen

Die Querschnittsabmessungen des Unterzuges wurden zunächst in einer Vorbemessung abgeschätzt. Es werden zum Studium der dynamischen Einflußparameter zwar alle Eigenwerte, die sich auf die vorgewählten Querschnittsgrößen beziehen, angeschrieben, jedoch sind einige Kombinationen von System- und Querschnittsgrößen bemessungsseitig nicht zulässig. Für den feststehenden Abstand der Endstützen von 21 m werden folgende Feldteilungen untersucht:

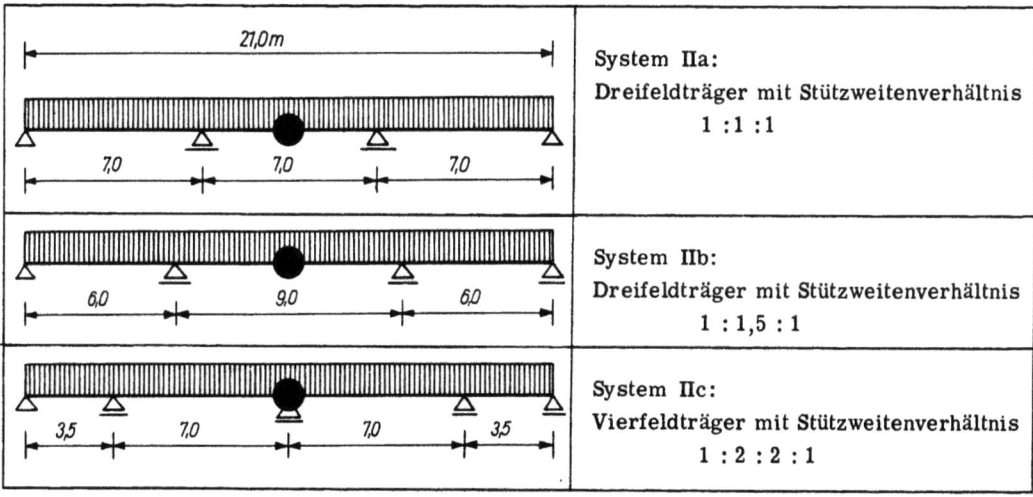

Geometrie:

Stützweiten - System IIa: $l_1 = l_2 = l_3 = 7,0$ m

System IIb: $l_1 = l_3 = 6,0$ m $= l_0$, $l_2 = 1,5\, l_0$

System IIc: $l_1 = l_4 = 3,5$ m $= l_0$, $l_2 = l_3 = 2\, l_0$

Flächenträgheitsmomente (I = const über 21,0 m angenommen)

Querschnitt I (geringe Trägerhöhe) I_I ⎫
Querschnitt II (größere Trägerhöhe) I_{II} ⎬ Flächenträgheitsmomente $[m^4]$

Massengrößen - Gleichmäßig verteilte Eigenmassen

bei Querschnitt I: $\mu_g = \mu_{Decke} + \mu_I = 3,26$ t/m

bei Querschnitt II: $\mu_g = \mu_{Decke} + \mu_{II} = 3,50$ t/m

gleichmäßig verteilte Nutzmassen $\mu_p = 1,75$ t/m

Konzentriert anzunehmende Masse in Systemmitte m = 10 t.

Elastizitätskonstanten:

Der wirksame Elastizitätsmodul E des bewehrten Betons hängt von Betongüte und technologischen Einflüssen, vom Rissegrad bei schlaff bewehrten Stahlbetonträgern und von der Größe der Schwingungsamplituden ab (mittlere Neigung der Spannungs-Dehnungslinie des Betons). Mit den Flächenträgheitsmomenten I_I, I_{II} werden die folgenden Minimal- und Maximalwerte für die Steifigkeitsgrößen EI in die Konstantenermittlung einbezogen:

Biegesteifigkeit

Querschnitt I: $\min EI_I \approx 2,7 \cdot 10^6 \cdot 9,81 \cdot 0,015 = 397\,000$ m^3 t s^{-2}

$\max EI_I \approx 3,5 \cdot 10^6 \cdot 9,81 \cdot 0,015 = 515\,000$ m^3 t s^{-2}

Querschnitt II: $\min EI_{II} \approx 2,7 \cdot 10^6 \cdot 9,81 \cdot 0,040 = 1\,060\,000$ m^3 t s^{-2}

$\max EI_{II} \approx 3,5 \cdot 10^6 \cdot 9,81 \cdot 0,040 = 1\,373\,000$ m^3 t s^{-2}

Gewünschte Zahl der Eigenwerte: n = 3

Bezugsgrößen:

Bezugslänge ist jeweils l_0 (Länge des Randfeldes)

Bezugsmasse ist jeweils $m_0 = \mu_g\, l_0$

Bezugskreisfrequenzen $\omega_0 = 2\pi f_0$

Querschnitt I, $\min EI$, $l_0^2 \cdot \omega_0 = \dfrac{397\,000}{3,26} = 349,0$ m^2 s^{-1}

$\max EI$, $l_0^2 \cdot \omega_0 = \dfrac{515\,000}{3,26} = 398,0$ m^2 s^{-1}

Querschnitt II, $\min EI$, $l_0^2 \cdot \omega_0 = \dfrac{1\,060\,000}{3,50} = 551,0$ m^2 s^{-1}

$\max EI$, $l_0^2 \cdot \omega_0 = \dfrac{1\,373\,000}{3,50} = 627,0$ m^2 s^{-1}

Die Bezugsgrößen und die bezogene Massengröße der Punktmasse sind für die Systeme IIa, IIb, IIc tabellarisch zusammengestellt.

Tabelle 5

System	Bezugslängen-dimensionen		Quer-schnitt	Bezugsmasse	$\omega_0 = \sqrt{\dfrac{EI_0}{l_0^4 \mu_0}}$ Bezugsfrequenz	
	l_0	l_0^2		$m_0 = \mu_0 l_0$	für min EI	für max EI
-	[m]	[m²]	-	[t]	[s⁻¹]	[s⁻¹]
IIa	7,0	49,0	I	3,26·7,0 = 22,82	$\dfrac{349,0}{49,0} = 7,12$	$\dfrac{398,0}{49,0} = 8,12$
			II	3,50·7,0 = 24,50	$\dfrac{551,0}{49,0} = 11,23$	$\dfrac{627,0}{49,0} = 12,80$
IIb	6,0	36,0	I	3,26·6,0 = 19,56	$\dfrac{349,0}{36,0} = 9,70$	$\dfrac{398,0}{36,0} = 11,06$
			II	3,50·6,0 = 21,00	$\dfrac{551,0}{36,0} = 15,31$	$\dfrac{627,0}{36,0} = 17,43$
IIc	3,5	12,25	I	3,26·3,5 = 11,41	$\dfrac{349,0}{12,25} = 28,5$	$\dfrac{398,0}{12,25} = 32,5$
			II	3,50·3,5 = 12,25	$\dfrac{551,0}{12,25} = 44,9$	$\dfrac{627,0}{12,25} = 51,2$

Tabelle 6

System	Querschnitt	$\overline{m} = \dfrac{m}{\mu_0 l_0} = \dfrac{10,0\,t}{\mu_0 l_0}$
IIa	I	0,438
	II	0,408
IIb	I	0,511
	II	0,476
IIc	I	0,876
	II	0,816

Tabelle 7

Sy-stem	Quer-schnitt	Abgelesen				Interpoliert				Eigenfrequenzen $\omega_n = 2\pi f_n = \sqrt{\overline{\lambda}_n}\,\omega_0$	
		Tafel	Para-meter	n	$\overline{\lambda}_n$	Bild in Tafel	vorh $\overline{m}$	n	$\overline{\lambda}_n$	n	für min EI	für max EI
-	-	-	[1]	-	[1]	-	[1]	-	[1]	-	[T⁻¹]	[T⁻¹]
IIa	I	[43]	$\overline{m}=0,5$ $\dfrac{l_2}{l_1}=1$	1	68,9	[43]	0,438	1	72,3	1	8,50·7,12 = 60,5	8,50·8,12 = 69,0
								2	160,3	2	12,66·7,12 = 90,1	12,66·8,12 = 102,8
								3	242,3	3	15,57·7,12 = 110,8	15,57·8,12 = 126,5
	II			2	160,3		0,408	1	74,0	1	8,60·11,23 = 96,6	8,60·12,80 = 110,0
								2	160,3	2	12,66·11,23 = 142,0	12,66·12,80 = 162,0
				3	231,5			3	247,6	3	15,73·11,23 = 176,7	15,73·12,80 = 201,5
IIb	I	[40]	$\overline{m}=0,5$ $\dfrac{l_2}{l_1}=1,5$	1	23,7	[36]	0,511	1	≈23	1	4,80·9,70 = 46,6	4,30·11,06 = 53,1
				2	136,6	[37]		2	136,6	2	11,69·9,70 = 113,4	11,69·11,06 = 129,1
								3	≈171	3	13,1·9,70 = 127,0	13,1·11,06 = 145,0
	II			3	171,3	[45]	0,476	1	≈24	1	4,90·15,31 = 75,0	4,90·17,43 = 85,4
								2	136,6	2	11,69·15,31 = 178,9	11,69·17,43 = 203,5
								3	≈172	3	13,1·15,31 = 200,5	13,1·17,43 = 228,0
IIc	I	[49]	$\dfrac{l_2}{l_1}=2$	1	10,02	[49]	belie-big	1	10,02	1	3,16·28,5 = 90,0	3,16·32,5 = 102,7
				2	21,4	[50]		2	21,4	2	4,63·28,5 = 132,0	4,63·32,5 = 150,5
										3	9,92·28,5 = 283,0	9,92·32,5 = 322,5
	II			3	98,4			3	98,4	1	3,16·44,9 = 142,0	3,16·51,2 = 162,0
										2	4,63·44,9 = 208,0	4,63·51,2 = 237,0
										3	9,92·44,9 = 446,0	9,92·51,2 = 508,0

4.2.3. Bestimmung der Eigenfrequenzen aus den Tafelwerten

Die Eigenfrequenzbestimmung mit den gegebenen dimensionslosen Eigenwerten $\bar{\lambda}$ der Tafeln ist aus Tabelle 7 ersichtlich. Danach erhält man z. B. für System IIb, Querschnitt I, die niedrigste Kreisfrequenz von $\omega_1 = 2\pi f_1 = 46,4 \text{ s}^{-1}$, und die höchste Grundfrequenz erhält man beim System IIc mit dem Querschnitt II zu $\omega_1 = 2\pi f_1 = 162,0 \text{ s}^{-1}$

4.2.4. Auftragung der dynamischen Biegelinien und Momente

Die ersten drei Eigenformen (n = 1, 2, 3) sind für die Systeme IIa, IIb, IIc auf je einem Blatt in Gestalt der Biegelinien und Momentenlinien skizziert. (Hinsichtlich der Auftragungsmethodik vgl. Abschn. 4.1.6.).

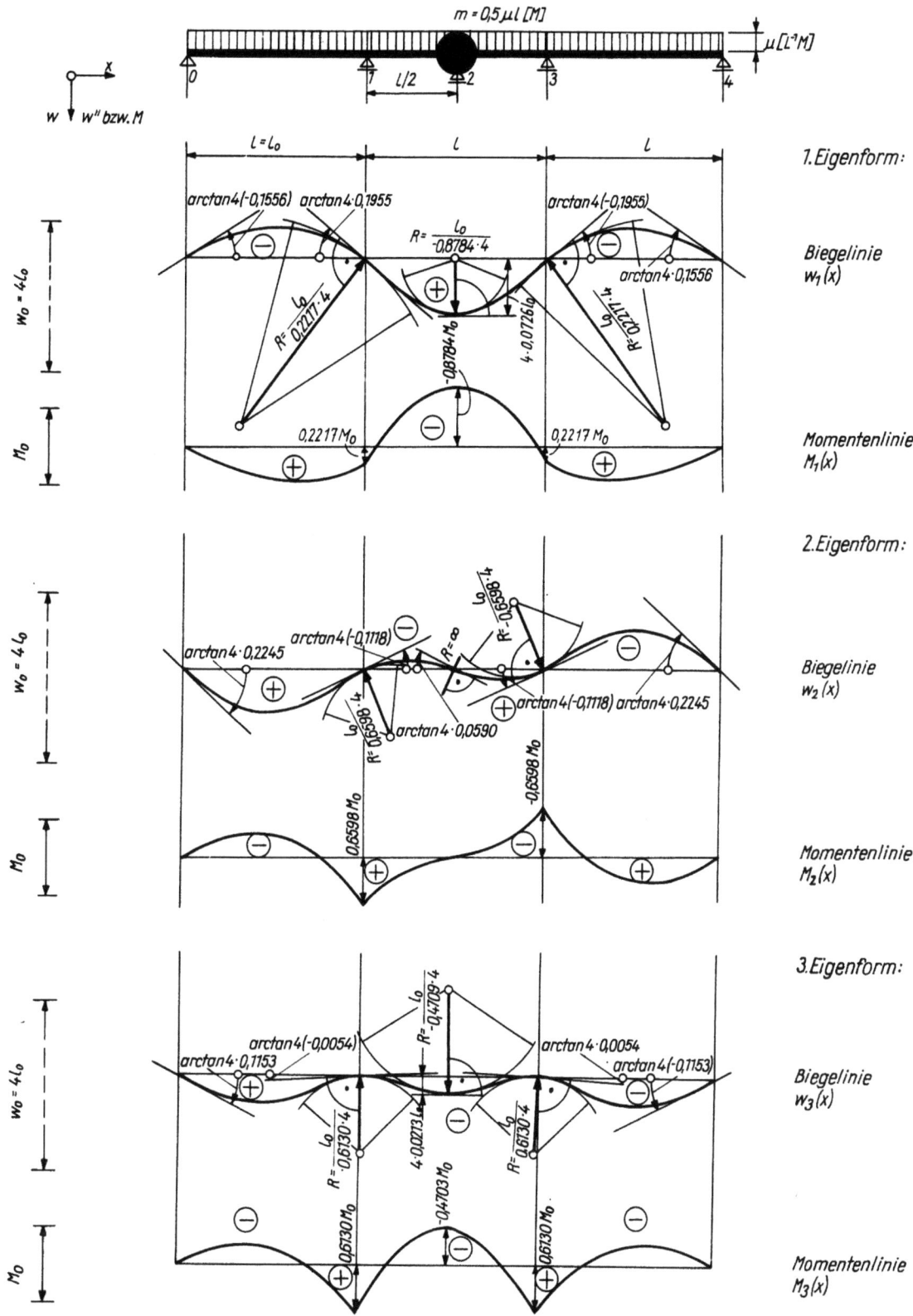

Bild 7. Beispiel II: Auftragung der Eigenformen nach den Werten der Tafel 43 (Fall Träger auf 4 Stützen mit gleichen Stützweiten, System IIa)

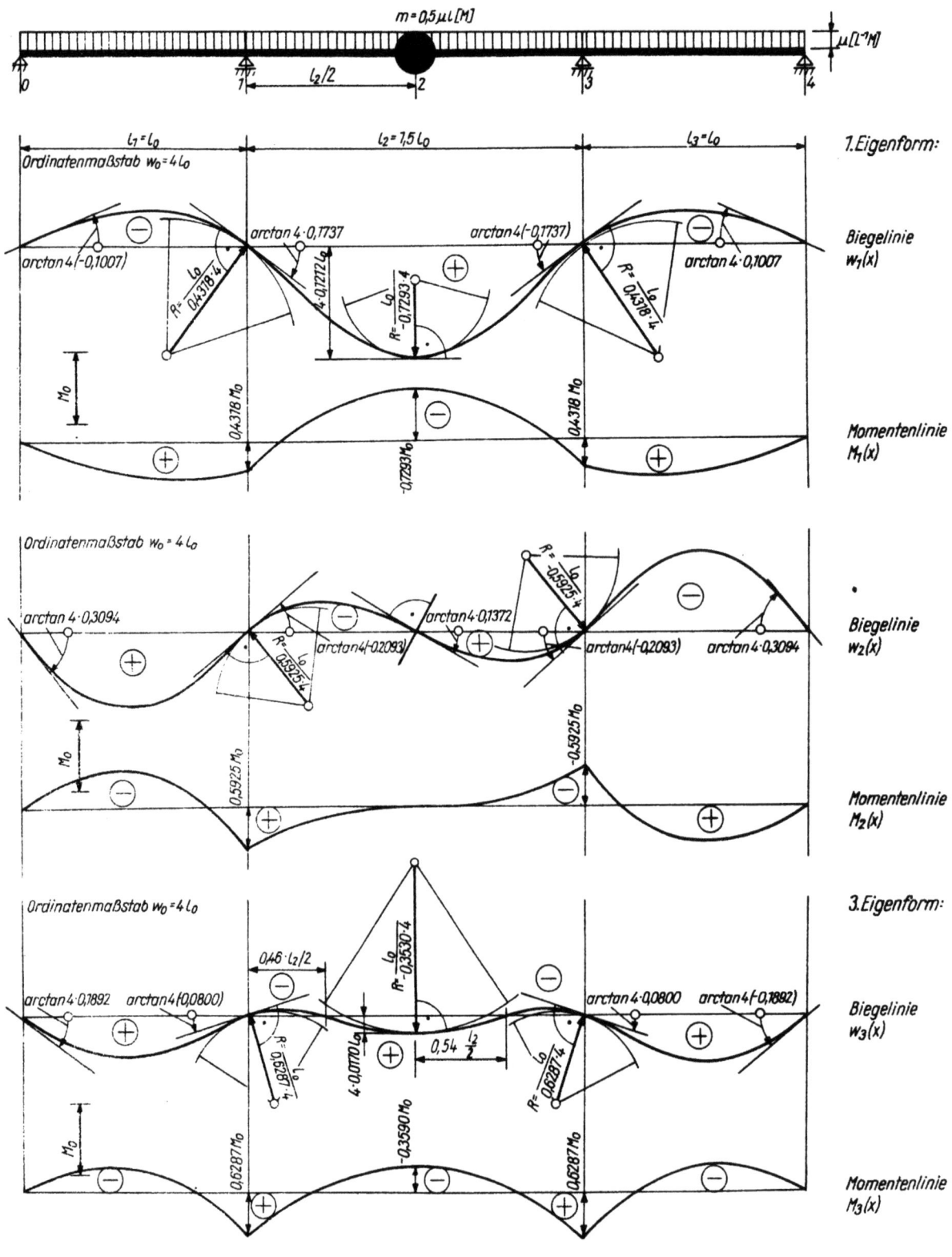

Bild 8. Beispiel II: Auftragung der Eigenformen nach den Werten der Tafel 39
(Fall Träger auf 4 Stützen mit dem Stützweitenverhältnis 1:1, 5:1, System IIb)

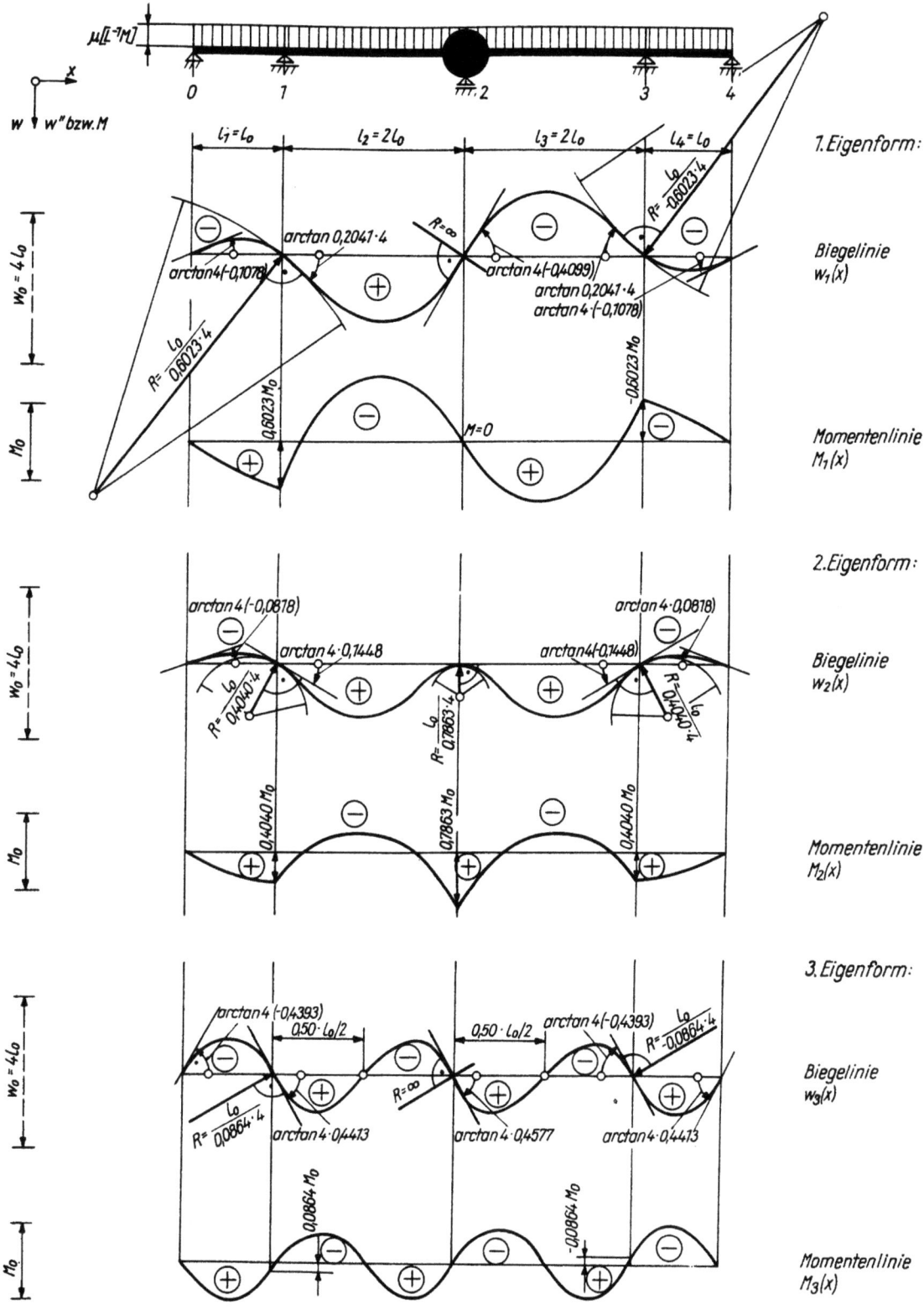

Bild 9. Beispiel II: Auftragung der Eigenformen nach den Werten der Tafel 49
(Träger auf 5 Stützen mit dem Stützweitenverhältnis 1:2:2:1, System IIc)

5. LITERATUR

5.1. Literatur, auf die in der vorliegenden Arbeit Bezug genommen wird

/1/ Zurmühl, R.: Ein Matrizenverfahren zur Behandlung von Biegeschwingungen nach der Deformationsmethode. Ingenieur-Archiv 32 (1963), S. 201 - 213.

/2/ Zurmühl, R.: Matrizen und ihre technischen Anwendungen. 4. Auflage. Berlin: Springer-Verlag 1964.

/3/ Ayre, R. S., und Jacobsen, L. S.: Natural Frequencies of Continuous Beams of Uniform Span Length. Journal of Applied Mechanics, Dec. 1950, pp. 391 - 395.

/4/ Pitloun, R.: Entwurf und Nachrechnung schwingungsempfindlicher Straßenbrückensysteme. Die Straße 8 (1968) 7, S. 327 - 334.

5.2. Auswahl weiterer einschlägiger Literatur, alphabetisch nach Verfassern geordnet

/5/ Ananjew, I. W.: Sprawotschnik po rastschetu sobstwennich kolebanij uprugich sistem (Handbuch für die Berechnung der Eigenschwingungen elastischer Systeme). Moskwa: Gostrojisdat 1946.

/6/ Bishop, R. E., und Johnson, D. G.: Schwingungstechnische Tabellen. Tabellen zur Berechnung von Schwingungen. Aus dem Englischen übersetzt von Menges, H. J. Baden-Baden: Verlag für Angewandte Wissenschaften 1958.

/7/ Collatz, L.: Eigenwertprobleme und ihre numerische Behandlung. Leipzig: Akademische Verlagsbuchhandlung Becker & Erler 1945.

/8/ Ehrmann, H.: Schranken für Schwingungsdauer und Lösung bei der freien ungedämpften Schwingung. Zeitschrift für angewandte Mathematik und Mechanik 4 (1961) 9, S. 364 - 369.

/9/ Federhofer, K.: Grundschwingzahlen der elastischen Querschwingungen dreifach gelagerter Träger. Die Bautechnik 11 (1933), S. 647 - 648.

/10/ Federhofer, K.: Die Frequenzgleichung der Biegungsschwingungen des dreifach gestützten Trägers mit einer Punktmasse und gleichförmiger Auflast. Österr. Ingenieur-Archiv (1953), S. 26 - 32.

/11/ Fettis, H. E.: Note on the Determination of Higher Modes of Vibration by the Stodola- or Matrix-Iteration Method. Journal of the Aeronautical Sciences 26 (1959) 5, pp. 317 - 318.

/12/ Fuhrke, H.: Bestimmung von Balkenschwingungen mit Hilfe des Matrizenkalküls. Dissertation, TH Darmstadt 1953.

/13/ Goldenblat, I. I., und Sisow, A. M.: Die Berechnung von Baukonstruktionen auf Stabilität und Schwingungen (übersetzt aus dem Russischen). Berlin: VEB Verlag Technik 1955.

/14/ Hohenemser, K., und Prager, W.: Über die Anzahl der Knotenpunkte bei erzwungenen und freien Stabschwingungen. Zeitschrift für angewandte Mathematik und Mechanik 11 (1931) 2, S. 92 - 97.

/15/ Koloušek, V.: Baudynamik der Durchlaufträger und Rahmen. Leipzig: Fachbuchverlag 1953.

/16/ Lee, W. F., und Saibel, E.: Free Vibrations of Constrained Beams. Journal of Applied Mechanics, Dec. 1952, pp. 471 - 477 (Discussion: June 1953, pp. 310).

/17/ Miles, J. W.: Vibrations of Beams on Many Supports. Proc. Amer. Soc. of Civil Eng. 82 (1956) No. EM 1, Paper 863 (9 Seiten).

/18/ Mudrak, W.: Ermittlung der Eigenschwingzahlen von durchlaufenden Trägern mit feldweise veränderlicher Längskraft. Ingenieur-Archiv 7 (1936), S. 293 - 297. (Vergleiche auch Aufsatz im selben Band, jedoch S. 51 - 55.)

/19/ Richter, R.: Eigenfrequenzen von gedämpften Biegeschwingungen eines elastisch gelagerten Trägers. Wissensch. Zeitschrift der Hochschule für Verkehrswesen (Dresden) 6 (1958/59) 3, S. 511-517.

/20/ Saibel, E.: Vibration Frequencies of Continuous Beams. Journal of the Aeronautical Sciences, Jan. 1944, pp. 88-90.

/21/ Stüssi, F.: Entwurf und Berechnung von Stahlbauten. Berlin/Göttingen/Heidelberg: Springer-Verlag 1958 (I. Band, VII.: Schwingungen von Trägern).

/22/ Uderman, E.G.: Priblishenoje isledowanie awtokolebanij metodom kornewogo gorografa (Die näherungsweise Berechnung der Eigenschwingungen mit Hilfe der Methode des Wurzel-Hodographen). Moskwa 1967.

/23/ Wittmeyer, H.: Einfache angenäherte Berechnung der Biegeeigenfrequenzen eines einseitig eingespannten Stabes ungleichförmigen Querschnitts sowie der Eigenwerte ähnlicher Vibrationsprobleme. Zeitschr. für Angewandte Mathematik und Mechanik 36 (1956), S. 355.

/24/ Wittmeyer, H.: Biegeeigenfrequenzen eines gelenkig gelagerten Balkens. Ingenieur-Arvhiv 27 (1959), S. 117-136.

/25/ Wittmeyer, H.: A new method for developing simple formular for the eigenvalues of linear ordinary, self adjoint differential equations. Journal of Soc. Industr. Appl. Math. 6 (1958), pp. 111.

6. TAFELTEIL

6.1. Inhaltsverzeichnis des Tafelteils
(Vergleiche auch Übersicht über die behandelten Systeme in Tabelle 8 und 9)

| 1 | Kragträger, starr und elastisch eingespannt | A 1 |

| 2 | Träger auf 2 Stützen mit einer konzentrierten Masse in Feldmitte | A 3 |

| 3 | Träger, auf der einen Seite gelenkig gestützt, auf der anderen eingespannt, ohne und mit einer konzentrierten Masse in Feldmitte | A 5 |

| 4 | Beiderseitig eingespannter Träger ohne und mit einer konzentrierten Masse in Feldmitte | A 7 |

| 5 | Träger auf 2 Stützen mit 2 symmetrisch angeordneten, konzentrierten Massen verschiedenen Abstandes, Größe einer Masse gleich dem 0,25fachen der Trägermasse | A 9 |

| 6 | Wie Tafel 5, jedoch Größe der Einzelmasse gleich dem 2,5fachen der Trägermasse | A 11 |

| 7 | Träger auf 2 Stützen mit äquidistanter, unsymmetrisch angeordneter Gruppe konzentrierter Massen. 2 Einzelmassen und 3 Einzelmassen. Größe einer Masse gleich dem 0,0625- bzw. dem 0,625fachen der Trägermasse | A 13 |

| 8 | Träger auf 2 Stützen mit äquidistanter Gruppe konzentrierter Massen:
- unsymmetrisch 4 und 6 Massen angeordnet, Größe einer Masse gleich dem 0,0625- bzw. 0,625fachen der Trägermasse
- symmetrisch 4 Massen angeordnet, Größe einer Einzelmasse gleich dem 0,1- bzw. 1,0fachen der Trägermasse | A 15 |

| 9 | Träger auf 2 Stützen mit konzentrierter Masse von veränderter Massenabszisse. Größe der Einzelmasse gleich dem 0,05fachen der Trägermasse | A 17 |

| 10 | Wie Tafel 9, jedoch Einzelmassengröße gleich dem 0,5- bzw. 5,0fachen der Trägermasse | A 19 |

| 11 | Träger auf 2 Stützen mit überkragenden Enden gleicher Länge sowie überkragenden Enden gleicher Länge mit konzentrierten Massen an beiden Endquerschnitten. Jede Masse ist gleich dem 0,05fachen der Bezugsfeldmasse | A 21 |

| 12 | Träger auf 2 Stützen mit überkragenden Enden gleicher Länge und konzentrierten Massen an beiden Endquerschnitten. Jede Masse ist gleich dem 0,5- bzw. 5,0fachen der Bezugsfeldmasse | A 23 |

| 13 | Träger auf 2 Stützen mit überkragenden Enden gleicher Länge und einer konzentrierten Masse an einem Endquerschnitt. Größe der Masse gleich dem 0,05fachen der Bezugsfeldmasse | A 25 |

| 14 | Wie Tafel 13, jedoch ist die Einzelmassengröße gleich dem 0,5- bzw. 5,0fachen der Bezugsfeldmasse | A 27 |

15	Träger auf 2 Stützen, eine Stütze ist elastisch verschieblich	A 29
16	Träger auf 2 Stützen, eine Stütze ist elastisch verschieblich. In Feldmitte ist eine konzentrierte Masse angeordnet von einer Größe gleich dem 0,5- bzw. 5,0fachen der Trägermasse	A 31
17	Träger auf 2 elastisch verschieblichen Stützen gleicher Steifigkeit	A 33
18	Träger auf 2 elastisch verschieblichen Stützen gleicher Steifigkeit. In Feldmitte befindet sich eine konzentrierte Masse von einer Größe gleich dem 0,5- bzw. 5,0fachen der Trägermasse	A 35
19	Träger auf 2 Stützen mit einer elastischen Einspannung an einem Endquerschnitt	A 37
20	Träger auf 2 Stützen mit einer elastischen Einspannung an einem Endquerschnitt. In Feldmitte befindet sich eine konzentrierte Masse von einer Größe gleich dem 0,5- bzw. 5,0fachen der Trägermasse	A 39
21	Träger auf 2 Stützen mit beiderseitiger elastischer Einspannung gleicher Steifigkeit	A 41
22	Träger auf 2 Stützen mit beiderseitiger elastischer Einspannung gleicher Steifigkeit. In Feldmitte befindet sich eine konzentrierte Masse von einer Größe gleich dem 0,5- bzw. 5,0fachen der Trägermasse	A 43
23	Durchlaufträger auf 3 Stützen mit Stützweitenverhältnissen von 1:1 bis 0,6:1	A 45
24	Wie Tafel 23, jedoch Stützweitenverhältnisse von 0,5:1 bis 0,1:1	A 47
25	Durchlaufträger auf 3 Stützen. In der Mitte des Bezugsfeldes befindet sich eine konzentrierte Masse von einer Größe gleich dem 0,5fachen der Bezugsfeldmasse	A 49
26	Wie Tafel 25, jedoch Größe der konzentrierten Masse gleich dem 5,0fachen der Bezugsfeldmasse	A 51
27	Durchlaufträger auf 3 Stützen mit gleichen Stützweiten. In der Mitte eines Feldes befindet sich eine konzentrierte Masse	A 53
28	Durchlaufträger auf 3 Stützen mit gleichen Stützweiten. In den Mitten beider Felder befindet sich je eine konzentrierte Masse von untereinander gleicher Größe	A 55
29	Durchlaufträger auf 3 Stützen mit gleichen Stützweiten und einer konzentrierten Masse mit veränderter Massenabszisse. Die Größe der Masse ist gleich dem 0,05fachen der Bezugsfeldmasse	A 57
30	Wie Tafel 29, jedoch ist die Größe der Masse gleich dem 0,5- bzw. 5,0fachen der Bezugsfeldmasse	A 59
31	Durchlaufträger auf 3 Stützen mit gleichen Stützweiten und überkragenden Enden gleicher Länge. An einem Ende befindet sich auch eine konzentrierte Masse von einer Größe gleich dem 0,05fachen der Bezugsfeldmasse	A 61
32	Wie Tafel 31, jedoch ist die Massengröße gleich dem 0,5- bzw. 5,0fachen der Bezugsfeldmasse	A 63
33	Durchlaufträger auf 3 Stützen und überkragenden Enden gleicher Länge. An beiden Endquerschnitten befindet sich je eine konzentrierte Masse in einer Größe gleich dem 0,05fachen der Bezugsfeldmasse	A 65
34	Wie Tafel 33, jedoch ist die Massengröße gleich dem 0,5- bzw. 5,0fachen der Bezugsfeldmasse	A 67

35	Durchlaufträger auf 3 elastisch verschieblichen Stützen gleicher Steifigkeit. Die Stützweiten sind gleich	A 69
36	Durchlaufträger auf 4 Stützen. Verhältnis Mittelstützweite zu Randstützweite 2:1 bis 1,4:1	A 71
37	Wie Tafel 36, jedoch Stützweitenverhältnis 1,2:1 bis 0,5:1	A 73
38	Symmetrischer Durchlaufträger auf 4 Stützen. In der Mitte eines Randfeldes befindet sich eine konzentrierte Masse von einer Größe gleich dem 0,5fachen der Bezugsfeldmasse	A 75
39	Wie Tafel 38, jedoch ist die Größe der Masse gleich dem 5,0fachen der Bezugsfeldmasse	A 77
40	Symmetrischer Durchlaufträger auf 4 Stützen. In der Mitte des Mittelfeldes befindet sich eine konzentrierte Masse von einer Größe gleich dem 0,5fachen der Bezugsfeldmasse	A 79
41	Wie Tafel 40, jedoch Massengröße gleich dem 5,0fachen der Bezugsfeldmasse	A 81
42	Durchlaufträger auf 4 Stützen mit gleichen Stützweiten und einer konzentrierten Masse in der Mitte eines Randfeldes	A 83
43	Durchlaufträger auf 4 Stützen mit gleichen Stützweiten und einer konzentrierten Masse in der Mitte des Mittelfeldes	A 85
44	Durchlaufträger auf 4 Stützen mit gleichen Stützweiten und je einer konzentrierten Masse in Randfeld- und Mittelfeldmitte	A 87
45	Durchlaufträger auf 4 Stützen mit gleichen Stützweiten. Im Randfeld befindet sich eine konzentrierte Masse mit veränderter Massenabszisse. Die Massengröße ist gleich dem 0,1fachen der Bezugsfeldmasse	A 89
46	Wie Tafel 45, jedoch Massengröße gleich dem 0,5- und 5,0fachen der Bezugsfeldmasse	A 91
47	Durchlaufträger auf 4 Stützen mit gleichen Stützweiten. Im Mittelfeld befindet sich eine konzentrierte Masse mit veränderter Massenabszisse	A 93
48	Durchlaufträger auf 4 elastisch verschieblichen Stützen gleicher Steifigkeit. Die Stützweiten sind gleich	A 95
49	Symmetrischer Durchlaufträger auf 5 Stützen. Verhältnis Innenfeldstützweite zu Randfeldstützweite 2:1 bis 1,4:1	A 97
50	Wie Tafel 49, jedoch Stützweitenverhältnis 1,2:1 bis 0,5:1	A 99
51	Durchlaufträger auf 5 Stützen mit gleichen Stützweiten. In der Mitte eines Randfeldes befindet sich eine konzentrierte Masse	A 101
52	Durchlaufträger auf 5 Stützen mit gleichen Stützweiten. In der Mitte eines Innenfeldes befindet sich eine konzentrierte Masse	A 103
53	Durchlaufträger auf 9 Stützen mit gleichen Stützweiten: - In der Mitte eines Randfeldes befindet sich eine konzentrierte Masse - In der Mitte eines Innenfeldes befindet sich eine konzentrierte Masse	A 105
54	Durchlaufträger auf 6 Stützen mit gleichen Stützweiten	A 106
55	Durchlaufträger auf 7 Stützen mit gleichen Stützweiten	A 106

| 56 | Durchlaufträger auf 9 Stützen mit gleichen Stützweiten | A 106 |
| 57 | Durchlaufträger auf 11 Stützen mit gleichen Stützweiten | A 106 |

6.2. Erklärung der in den Tafeln enthaltenen Zeichen

Eigenwert $\bar{\lambda}_n = \left(\dfrac{\omega_n}{\omega_0}\right)^2 = \left(\dfrac{f_n}{f_0}\right)^2$

ω_n n-te Eigenkreisfrequenz, $f_n = \dfrac{\omega_n}{2\pi}$ [Hertz]

$\omega_0 = 2\pi f_0 = \sqrt{\dfrac{EI_0}{\mu_0 l_0^4}}$ = Bezugskreisfrequenz $[T^{-1}]$

Eigenvektor $\eta = \begin{Bmatrix} \eta_1 \\ \eta_2 \\ . \\ . \\ \eta_r \end{Bmatrix}$ Vektor, gebildet aus den dimensionslosen Systemkoordinaten η_ϱ ($\varrho = 1 \ldots r$), z.B.

$\eta_\varrho = \begin{cases} \bar{w}_{\varrho-1} = \dfrac{w_{\varrho-1}}{w_0} & \text{bezogene Durchbiegung am linken Rand} \\[4pt] \bar{w}'_{\varrho-1} = \dfrac{w'_{\varrho-1}}{w'_0} = \dfrac{l_0}{w_0}\dfrac{\partial w_{\varrho-1}}{\partial x} & \text{Verdrehung am linken Feldrand} \\[4pt] \bar{w}''_{\varrho-1} = \dfrac{w''_{\varrho-1}}{w''_0} = \dfrac{l_0^2}{w_0}\dfrac{\partial^2 w_{\varrho-1}}{\partial x^2} & \text{bezogene Durchbiegung am rechten Rand} \\[4pt] \bar{w}_\varrho = \dfrac{w_\varrho}{w_0} & \text{bezogene Durchbiegung am linken Rand} \\[4pt] \bar{w}'_\varrho = \dfrac{w'_\varrho}{w'_0} = \dfrac{l_0}{w_0}\dfrac{\partial w_\varrho}{\partial x} & \text{Verdrehung am rechten Feldrand} \\[4pt] \bar{w}''_\varrho = \dfrac{w''_\varrho}{w''_0} = \dfrac{l_0^2}{w_0}\dfrac{\partial^2 w_\varrho}{\partial x^2} & \text{bezogene Krümmung an rechten Rand} \end{cases}$

In den Tabellen ist der auf die Größe 1 normierte Eigenvektor angegeben. (Die Vektorkomponenten für die auf die andere Trägerseite umgeschlagene Schwingungsform erhält man dadurch, daß man alle in der Tabelle angegebenen Komponenten eines Vektors mit -1 multipliziert.)

6.3. Erläuterung des Tabellenaufbaus

Die Tafeln bestehen aus den Zahlenzusammenstellungen und Diagrammen zur Veranschaulichung der Abhängigkeit der Eigenwerte von den in der Zahlenzusammenstellung variierten Parametern. Die Diagramme werden als zusätzliche optische Erläuterung angesehen, sie sollen die Interpolation von Eigenwerten für Parameterzwischenwerte erleichtern. Alle in den Diagrammen enthaltenen Informationen sind auch als Daten in den Zahlenzusammenstellungen enthalten, so daß nur jeweils auf eine Tafelnummer verwiesen zu werden braucht. Als zusätzliches Organisationsmittel ist bei Bedarf die Seitenzahl vorhanden. Der Tafelanhang wird, wieder von 1 beginnend, seitenmäßig durchnumeriert. Zur Unterscheidung der Seitenzahlen des Textteils von den Seitenzahlen des Tafelteils wird im Tafelanhang ein A vor die Seitenzahl gesetzt. Der Tafelteil beginnt mit der Seite A 1 und endet mit Seite A 106.

Auf jeder Tafelseite ist eine Skizze des behandelten Systems vorhanden. Die Zahlentafeln sind horizontal in verschiedene Systemarten (Parametervariation) und Eigenwertordnungen und vertikal in 4 Blocks gegliedert:

1. Block ganz links mit den Spalten der Parametergrößen
2. Block neben dem 1. Block mit den Eigenwerten
3. Block mit Systemskizze in der Kopfzeile gibt die Eigenvektorkomponenten an
4. Block ganz rechts enthält die Informationen über die Lage der Schwingungsknoten

Die Systemskizzen über den Amplitudendaten sind gerade so gezeichnet worden, daß die Rechenfeldgrenzen mit der von links beginnenden laufenden Numerierung 0, 1, 2,... gerade über den Spalten liegen, in denen die Amplitudenwerte für diese Grenze angegeben sind. Durchbiegung, Verdrehung und Krümmung für diesen Feldrand sind untereinander, also in derselben Spalte, angeschrieben. Damit ist über jeder Spalte des Amplitudenteils der Feldrand mit den Stützenbedingungen in der Kopfzeile grafisch symbolisiert. Am linken Rand des Amplitudenteils sind die Zeichen für die bezogene Durchbiegung $\bar{w}$, für die bezogene Verdrehung $\bar{w}'$ und die bezogene Krümmung $\bar{w}''$ zum sicheren Auffinden der richtigen Maßzahlen eingetragen. Der 4. Block ganz rechts besteht immer aus 2 Spalten. In der vorgesetzten Spalte sind die Nummern jener Felder angegeben, für die die Berechnung Schwingungsknoten ergab. Sind z.B. 4 Nummern eingetragen, hat die dynamische Biegelinie 4 Schwingungsknoten. Die Anzahl der eingetragenen Nummern ist also gleich der Anzahl der Schwingungsknoten. Die Feldnummer ϱ ist identisch mit der Nummer der rechten Feldberandung (s. Bild 1, Seite 12), die über dem 3. Block an der Skizze fortlaufend angeschrieben ist. Wo sich der Schwingungsknoten in dem bezeichneten Feld ϱ befindet, ist daneben in der Spalte am rechten Rand der Zahlentafel angegeben, und zwar in Form der bezogenen Abszisse $\xi_\varrho = x_\varrho / l_\varrho$ (Feldteilung). Ist z.B. im Feld mit der Nummer $\varrho = 2$ die Feldteilung $\xi_2 = 0{,}5$ eingetragen, so befindet sich der Schwingungsknoten in der Mitte dieses Rechenfeldes der Länge l_2. Man beachte den Unterschied zwischen Rechenfeldlängen und Stützfeldlängen.

Der linke Rand des Rechenfeldes wird jeweils zum Feld mit der gleichen Nummer gehörig angesehen ($\xi_\varrho = 0$), der Wert 1 wird nur zur Bezeichnung des rechten Systemendes benötigt ($0 \leq \xi_\varrho < 1$, nur für das letzte Feld mit der Nummer r gilt $0 \leq \xi_r = 1$, vgl. Bild 1).

Tabelle 8

System	n	Parameter	Tafel
	2	C/C_0 = 0,01; 0,05; 0,1; 0,5; 1; 10; ∞	1
	2	m/m_0 = 0; 0,05; 0,1; 0,25; 0,5; 2,5; 5	2
	2	m/m_0 = 0; 0,05; 0,5; 1; 5; 10	3
	2	m/m_0 = 0; 0,05; 0,5; 1; 5; 10	4
	3	a/l_0 = 0; 0,25; 0,5; 0,75; 0,875; 1	5
	3	a/l_0 = 0; 0,25; 0,5; 0,75; 0,875; 1	6
	3	m_1/m_0 = 0,0625: x/l_0 = 2 · 0,125; 3 · 0,125 m_1/m_0 = 0,625: x/l_0 = 2 · 0,125; 3 · 0,125	7
	3	m_1/m_0 = 0,0625: x/l_0 = 4 · 0,125; 6 · 0,125 m_1/m_0 = 0,625: x/l_0 = 4 · 0,125; 6 · 0,125 m_1/m_0 = 0,1; 1: x/l_0 = 4 · 0,2	8
	3	m/m_0 = 0,05: x_m/l_0 = 0; 0,125; 0,25; 0,375; 0,5	9
	3	m/m_0 = 0,5; 5: x_m/l_0 = 0; 0,0625; 0,125; 0,25; 0,375; 0,5	10
	3	m_1 = 0: $ü/l_0$ = 0,25; 0,5 m_1/m_0 = 0,05: $ü/l_0$ = 0,125; 0,25; 0,375; 0,5	11
	3	m_1/m_0 = 0,5; 5: $ü/l_0$ = 0,0625; 0,125; 0,25; 0,375; 0,5	12
	3	m/m_0 = 0,05: $ü/l_0$ = 0,0625; 0,125; 0,25; 0,375; 0,5	13
	3	m/m_0 = 0,5; 5: $ü/l_0$ = 0,0625; 0,125; 0,25; 0,375; 0,5	14
	2	c/c_0 = 0,01; 0,1; 1; 10; 100; 1000; ∞	15
	3	m/m_0 = 0,5; 5: c/c_0 = 0,1; 1; 10; 100; 1000; ∞	16
	2	c/c_0 = 0,01; 0,1; 1; 10; 100; 1000; ∞	17
	3	m/m_0 = 0,5; 5: c/c_0 = 0,1; 1; 10; 100; 1000; ∞	18
	2	C/C_0 = 0; 0,1; 1; 10; 100; 1000; ∞	19
	3	m/m_0 = 0,5; 5: C/C_0 = 0; 0,1; 1; 10; 100; ∞	20
	2	C/C_0 = 0; 0,1; 1; 10; 100; 1000; ∞	21
	3	m/m_0 = 0,5; 5: C/C_0 = 0; 0,1; 1; 10; 100; ∞	22

Tabelle 9

System	n	Parameter	Tafel
	4	$l_2/l_1 = 1;\ 0,9;\ 0,8;\ 0,7;\ 0,6$	23
	4	$l_2/l_1 = 0,5;\ 0,4;\ 0,3;\ 0,2;\ 0,1$	24
	4	$m/m_0 = 0,5:\ l_2/l_1 = 1;\ 0,9;\ 0,8;\ 0,7;\ 0,6;\ 0,5;\ 0,4;\ 0,3;\ 0,2;\ 0,1$	25
	4	$m/m_0 = 5:\ \ l_2/l_1 = 1;\ 0,9;\ 0,8;\ 0,7;\ 0,6;\ 0,5;\ 0,4;\ 0,3;\ 0,2;\ 0,1$	26
	3	$m/m_0 = 0;\ 0,1;\ 0,2;\ 0,5;\ 1;\ 5$	27
	3	$m_1/m_0 = 0;\ 0,05;\ 0,5;\ 1;\ 2,5;\ 5$	28
	3	$m/m_0 = 0,05:\ x_m/l_0 = 0;\ 0,25;\ 0,5;\ 0,75;\ 1$	29
	3	$m/m_0 = 0,5;\ 5:\ x_m/l_0 = 0,125;\ 0,25;\ 0,5;\ 0,75;\ 0,875$	30
	3	$m = 0:\quad\quad ü/l_0 = 0,5$ $m/m_0 = 0,05:\ ü/l_0 = 0,125;\ 0,25;\ 0,375;\ 0,5$	31
	3	$m/m_0 = 0,5;\ 5:\ ü/l_0 = 0,125;\ 0,25;\ 0,375;\ 0,5$	32
	3	$m/m_0 = 0,05:\ ü/l_0 = 0,125;\ 0,25;\ 0,375;\ 0,5$	33
	3	$m_1/m_0 = 0,5;\ 5:\ ü/l_0 = 0,125;\ 0,25;\ 0,375;\ 0,5$	34
	3	$c/c_0 = 0,1;\ 1;\ 10;\ 100;\ 1000;\ \infty$	35
	4	$l_2/l_1 = 2;\ 1,8;\ 1,6;\ 1,5;\ 1,4$	36
	4	$l_2/l_1 = 1,2;\ 1;\ 0,8;\ 0,6;\ 0,5$	37
	4	$m/m_0 = 0,5:\ l_2/l_1 = 2;\ 1,5;\ 1,2;\ 1;\ 0,8;\ 0,6;\ 0,5$	38
	4	$m/m_0 = 5:\ \ l_2/l_1 = 2;\ 1,5;\ 1,2;\ 1;\ 0,8;\ 0,6;\ 0,5$	39
	4	$m/m_0 = 0,5:\ l_2/l_1 = 2;\ 1,5;\ 1,2;\ 1;\ 0,8;\ 0,6;\ 0,5$	40
	4	$m/m_0 = 5:\ \ l_2/l_1 = 2;\ 1,5;\ 1,2;\ 1;\ 0,8;\ 0,6;\ 0,5$	41
	3	$m/m_0 = 0;\ 0,1;\ 0,5;\ 1;\ 5;\ 10$	42
	3	$m/m_0 = 0;\ 0,1;\ 0,5;\ 1;\ 5;\ 10$	43
	3	$m_1/m_0 = 0;\ 0,05;\ 0,5;\ 1;\ 2,5;\ 5$	44
	3	$m/m_0 = 0,1:\ x_m/l_0 = 0;\ 0,25;\ 0,5;\ 0,75;\ 1$	45
	3	$m/m_0 = 0,5;\ 5:\ x_m/l_0 = 0,125;\ 0,25;\ 0,5;\ 0,75;\ 0,875$	46
	3	$m/m_0 = 0,1;\ 0,5;\ 5:\ x_m/l_0 = 0,125;\ 0,25$	47

Tabelle 9 (Fortsetzung)

System	n	Parameter	Tafel
(Federn: c, c, c, c)	3	c/c_0 = 0,1; 1; 10; 100; 1000; ∞	48
Balken mit $l_1, l_2, l_3=l_2, l_4=l_1$	5	l_2/l_1 = 2; 1,8; 1,6; 1,4	49
	5	l_2/l_1 = 1,2; 1; 0,8; 0,5	50
Balken mit Masse m	3	m/m_0 = 0; 0,1; 0,5; 1; 5; 10	51
Balken mit Masse m	3	m/m_0 = 0; 0,1; 0,5; 1; 5; 10	52
Balken mit m und $\overline{m}$ (1 2 3 4 5 6 7 8)	3	m/m_0 = 1; 5; 10 m/m_0 = 1; 5; 10	53
Balken mit 5, 6, 7, 8, 9, 10 Stützen			54 ... 57

TAFELTEIL

$\frac{c}{c_0}$	n	$\bar{\lambda}_n$		0	1	\multicolumn{2}{c}{$w=0$:}
						ϱ	ξ_ϱ
0,01	1	0,0299	$\bar{w}$ $\bar{w}'$ $\bar{w}''$	0 0,5761 0,0058	0,5777 0,5783 0	1	0
	2	239,2	$\bar{w}$ $\bar{w}'$ $\bar{w}''$	0 -0,5169 -0,3298	0,1912 0,7665 0	1 1	0 0,74
0,05	1	0,148	$\bar{w}$ $\bar{w}'$ $\bar{w}''$	0 0,5709 0,0285	0,5788 0,5816 0	1	0
	2	240,4	w w' w''	0 -0,5111 -0,3497	0,1898 0,7619 0	1 1	0 0,74
0,1	1	0,293	$\bar{w}$ $\bar{w}'$ $\bar{w}''$	0 0,5641 0,0564	0,5797 0,5853 0	1	0
	2	241,9	$\bar{w}$ $\bar{w}'$ $\bar{w}''$	0 -0,5038 -0,3738	0,1879 0,7557 0	1 1	0 0,74
0,5	1	1,341	$\bar{w}$ $\bar{w}'$ $\bar{w}''$	0 0,5027 0,2513	0,5721 0,5974 0	1	0
	2	253,0	$\bar{w}$ $\bar{w}'$ $\bar{w}''$	0 -0,4432 -0,5338	0,1714 0,6995 0	1 1	0 0,74
1,0	1	2,43	$\bar{w}$ $\bar{w}'$ $\bar{w}''$	0 0,4253 0,4250	0,5430 0,5861 0	1	0
	2	265,7	$\bar{w}$ $\bar{w}'$ $\bar{w}''$	0 -0,3737 -0,6666	0,1513 0,6270 0	1 1	0 0,75
10,0	1	8,81	$\bar{w}$ $\bar{w}'$ $\bar{w}''$	0 0,0849 0,8468	0,3240 0,4132 0	1	0
	2	378,7	$\bar{w}$ $\bar{w}'$ $\bar{w}''$	0 -0,0777 -0,9550	0,0606 0,2799 0	1 1	0 0,77
100,0	1	11,89	$\bar{w}$ $\bar{w}'$ $\bar{w}''$	0 0,0090 0,8948	0,2640 0,3600 0	1	0
	2	475,0	$\bar{w}$ $\bar{w}'$ $\bar{w}''$	0 -0,0083 -0,9795	0,0400 0,1973 0	1 1	0 0,78
∞	1	12,36	$\bar{w}$ $\bar{w}'$ $\bar{w}''$	0 0,0000 0,8995	0,2568 0,3535 0	1	0
	2	494,0	$\bar{w}$ $\bar{w}'$ $\bar{w}''$	0 -0,0000 -0,9815	0,0376 0,1878 0	1 1	0 0,79

A 1

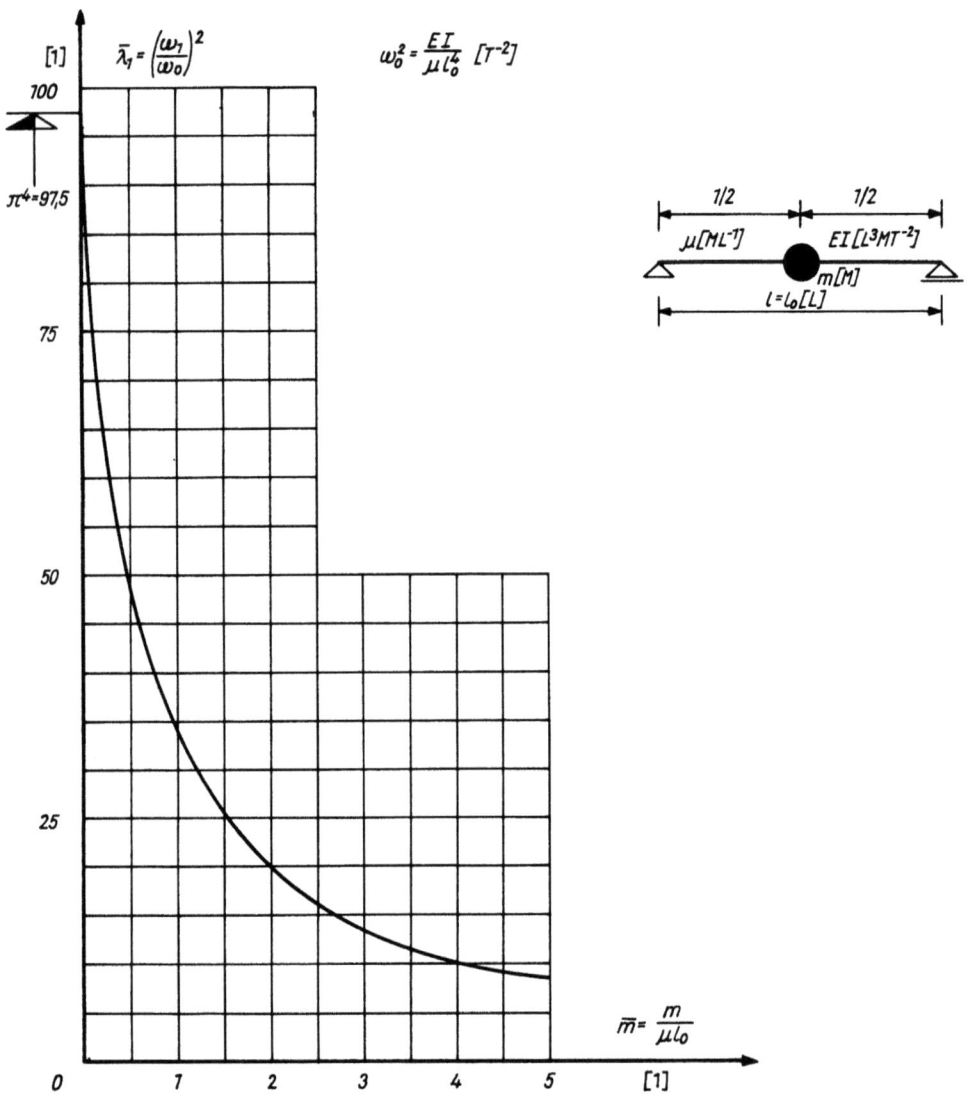

2

$\frac{m}{m_0}$	n	$\bar{\lambda}_n$		0	1	2	\multicolumn{2}{c}{w = 0:}
							ϱ	ξ_ϱ
0	1	97,5	$\bar{w}$ $\bar{w}'$ $\bar{w}''$	0 0,7071 0	– – –	0 −0,7071 0	1 2	0 1
	2	1560	$\bar{w}$ $\bar{w}'$ $\bar{w}''$	0 0,7071 0	– – –	0 0,7071 0	1 2 2	0 0 1
0,05	1	88,5	$\bar{w}$ $\bar{w}'$ $\bar{w}''$	0 0,2840 0	0,0908 0 −0,9113	0 −0,2840 0	1 2	0 1
	2	1560	$\bar{w}$ $\bar{w}'$ $\bar{w}''$	0 0,5774 0	0 −0,5774 0	0 0,5774 0	1 2 2	0 0 1
0,1	1	81,1	$\bar{w}$ $\bar{w}'$ $\bar{w}''$	0 0,2793 0	0,0896 0 −0,9143	0 −0,2793 0	1 2	0 1
	2	1560	$\bar{w}$ $\bar{w}'$ $\bar{w}''$	0 0,5774 0	0 −0,5774 0	0 0,5774 0	1 2 2	0 0 1
0,25	1	64,8	$\bar{w}$ $\bar{w}'$ $\bar{w}''$	0 0,2694 0	0,0871 0 −0,9205	0 −0,2694 0	1 2	0 1
	2	1560	$\bar{w}$ $\bar{w}'$ $\bar{w}''$	0 0,5774 0	0 −0,5774 0	0 0,5774 0	1 2 2	0 0 1
0,5	1	48,5	$\bar{w}$ $\bar{w}'$ $\bar{w}''$	0 0,2600 0	0,0847 0 −0,9261	0 −0,2600 0	1 2	0 1
	2	1560	$\bar{w}$ $\bar{w}'$ $\bar{w}''$	0 0,5774 0	0 −0,5774 0	0 0,5774 0	1 2 2	0 0 1
2,5	1	16,07	$\bar{w}$ $\bar{w}'$ $\bar{w}''$	0 0,2428 0	0,0803 0 −0,9358	0 −0,2428 0	1 2	0 1
	2	1560	$\bar{w}$ $\bar{w}'$ $\bar{w}''$	0 0,5774 0	0 −0,5774 0	0 0,5774 0	1 2 2	0 0 1
5,0	1	8,75	$\bar{w}$ $\bar{w}'$ $\bar{w}''$	0 0,2392 0	0,0794 0 −0,9377	0 −0,2392 0	1 2	0 1
	2	1560	$\bar{w}$ $\bar{w}'$ $\bar{w}''$	0 0,5774 0	0 −0,5774 0	0 0,5774 0	1 2 2	0 0 1

A 3

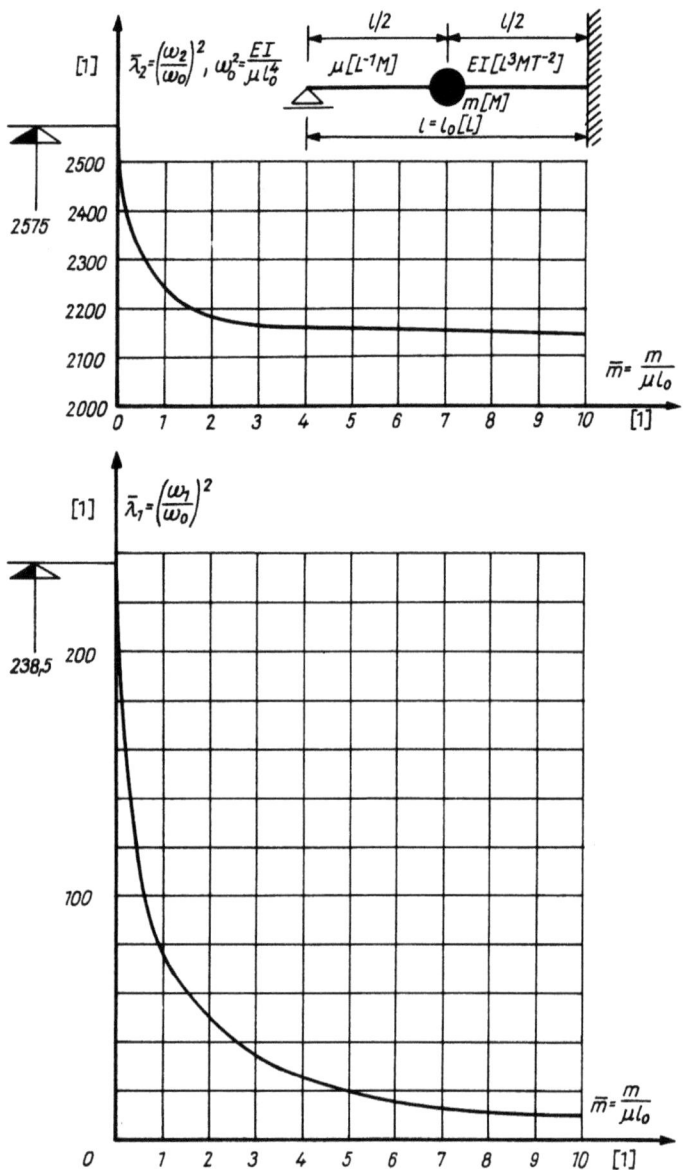

3

$\dfrac{m}{m_0}$	n	$\bar{\lambda}_n$		0	1	2	ϱ	ξ_ϱ
0	1	238,5	$\bar{w}$ / $\bar{w}'$ / $\bar{w}''$	0 / 0,1745 / 0	-	0 / 0 / 0,9847	1 / 2	0 / 1
0	2	2575	$\bar{w}$ / $\bar{w}'$ / $\bar{w}''$	0 / 0,0761 / 0	-	0 / 0 / -0,9971	1 / 1 / 2	0 / 0,89 / 1
0,05	1	215,2	$\bar{w}$ / $\bar{w}'$ / $\bar{w}''$	0 / 0,1549 / 0	0,0397 / -0,0420 / -0,5115	0 / 0 / 0,8432	1 / 2	0 / 1
0,05	2	2465	$\bar{w}$ / $\bar{w}'$ / $\bar{w}''$	0 / -0,0997 / 0	0,0050 / 0,0911 / -0,2751	0 / 0 / 0,9519	1 / 1 / 2	0 / 0,90 / 1
0,5	1	115,1	$\bar{w}$ / $\bar{w}'$ / $\bar{w}''$	0 / 0,1410 / 0	0,0384 / -0,0368 / -0,5734	0 / 0 / 0,8053	1 / 2	0 / 1
0,5	2	2303	$\bar{w}$ / $\bar{w}'$ / $\bar{w}''$	0 / -0,1275 / 0	0,0032 / 0,1025 / -0,4072	0 / 0 / 0,8986	1 / 1 / 2	0 / 0,94 / 1
1,0	1	75,6	$\bar{w}$ / $\bar{w}'$ / $\bar{w}''$	0 / 0,1360 / 0	0,0379 / -0,0350 / -0,5954	0 / 0 / 0,7902	1 / 2	0 / 1
1,0	2	2240	$\bar{w}$ / $\bar{w}'$ / $\bar{w}''$	0 / -0,1398 / 0	0,0022 / 0,1073 / -0,4615	0 / 0 / 0,8695	1 / 1 / 2	0 / 0,96 / 1
5,0	1	20,14	$\bar{w}$ / $\bar{w}'$ / $\bar{w}''$	0 / 0,1292 / 0	0,0373 / -0,0326 / -0,6243	0 / 0 / 0,7688	1 / 2	0 / 1
5,0	2	2155	$\bar{w}$ / $\bar{w}'$ / $\bar{w}''$	0 / -0,1581 / 0	0,0007 / 0,1142 / -0,5380	0 / 0 / 0,8201	1 / 1 / 2	0 / 0,99 / 1
10,0	1	10,50	w / w' / w''	0 / 0,1281 / 0	0,0371 / -0,0322 / -0,6291	0 / 0 / 0,7651	1 / 2	0 / 1
10,0	2	2141	w / w' / w''	0 / -0,1614 / 0	0,0003 / 0,1154 / -0,5512	0 / 0 / 0,8105	1 / 1 / 2	0 / 0,99 / 1

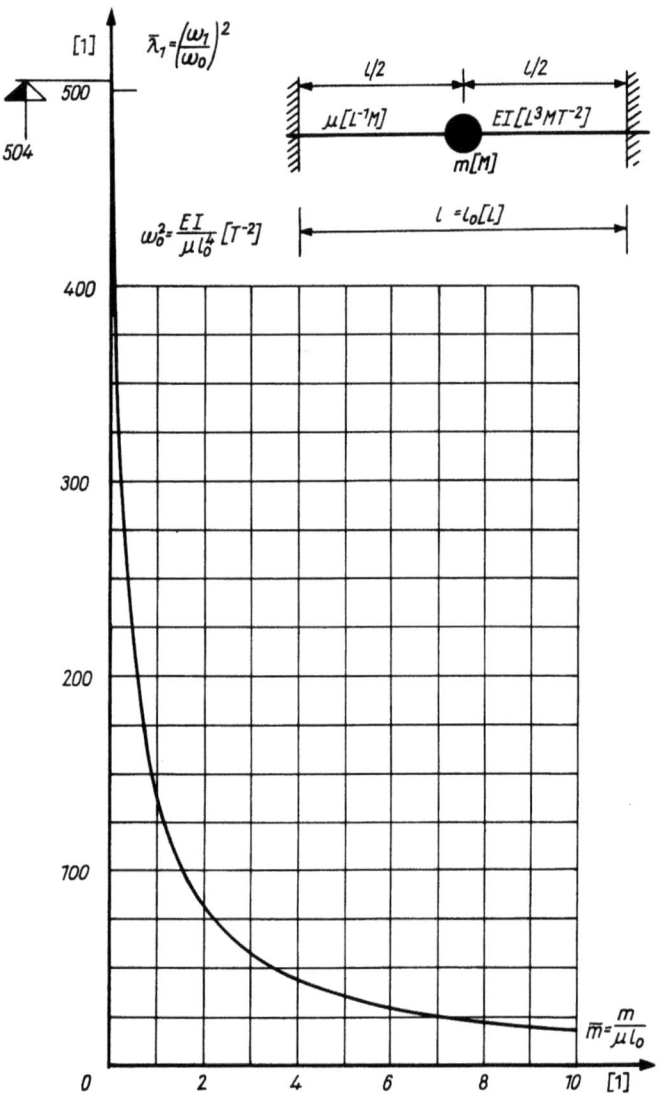

4

$\frac{m}{m_0}$	n	$\bar{\lambda}_n$		0	1	2	ϱ	ξ_ϱ
					$l = l_0$, $l/2$, m		w = 0:	
0	1	504,0	$\bar{w}$ $\bar{w}'$ $\bar{w}''$	0 0 0,7071	– – –	0 0 0,7071	1 2	0 1
	2	3960	$\bar{w}$ $\bar{w}'$ $\bar{w}''$	0 0 -0,7071	– – –	0 0 0,7071	1 2 2	0 0 1
0,05	1	444,3	$\bar{w}$ $\bar{w}'$ $\bar{w}''$	0 0 0,6431	0,0233 0 -0,4153	0 0 0,6431	1 2	0 1
	2	3816	$\bar{w}$ $\bar{w}'$ $\bar{w}''$	0 0 -0,7057	0 0,0625 0	0 0 0,7057	1 2 2	0 0 1
0,5	1	219,0	$\bar{w}$ $\bar{w}'$ $\bar{w}''$	0 0 0,6120	0,0238 0 -0,5004	0 0 0,6120	1 2	0 1
	2	3816	$\bar{w}$ $\bar{w}'$ $\bar{w}''$	0 0 -0,7057	0 0,0625 0	0 0 0,7057	1 2 2	0 0 1
1,0	1	139,7	$\bar{w}$ $\bar{w}'$ $\bar{w}''$	0 0 0,5998	0,0239 0 -0,5290	0 0 0,5998	1 2	0 1
	2	3816	$\bar{w}$ $\bar{w}'$ $\bar{w}''$	0 0 -0,7057	0 0,0625 0	0 0 0,7057	1 2 2	0 0 1
5,0	1	35,7	$\bar{w}$ $\bar{w}'$ $\bar{w}''$	0 0 0,5831	0,0240 0 -0,5651	0 0 0,5831	1 2	0 1
	2	3816	$\bar{w}$ $\bar{w}'$ $\bar{w}''$	0 0 -0,7057	0 0,0625 0	0 0 0,7057	1 2 2	0 0 1
10,0	1	18,51	$\bar{w}$ $\bar{w}'$ $\bar{w}''$	0 0 0,5803	0,0240 0 -0,5710	0 0 0,5803	1 2	0 1
	2	3816	$\bar{w}$ $\bar{w}'$ $\bar{w}''$	0 0 -0,7057	0 0,0625 0	0 0 0,7057	1 2 2	0 0 1

A 7

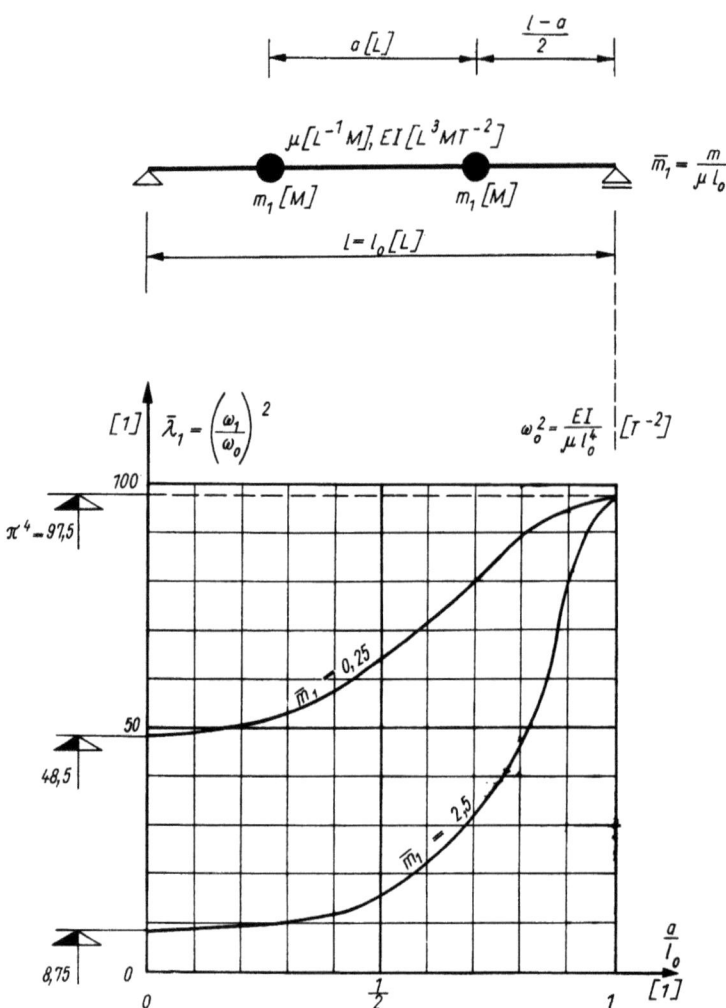

$m_1 = 0.25 \mu l$

5

$\frac{a}{l_0}$	n	$\bar{\lambda}_n$		0	1	2	3	\multicolumn{2}{c}{w = 0:}
								ϱ	ξ_ϱ
0	1	48,5	$\bar{w}$ / $\bar{w}'$ / $\bar{w}''$	0 / 0,2600 / 0	0,0847 / 0 / −0,9261		0 / −0,2600 / 0	1 / 3	0 / 1
	2	1560	$\bar{w}$ / $\bar{w}'$ / $\bar{w}''$	0 / 0,5774 / 0	0 / −0,5774 / 0		0 / 0,5774 / 0	1 / 2 / 3	0 / 0,50 / 1
0,250	1	52,5	$\bar{w}$ / $\bar{w}'$ / $\bar{w}''$	0 / 0,2186 / 0	0,0649 / 0,0854 / −0,6639	0,0649 / −0,0854 / −0,6639	0 / −0,2186 / 0	1 / 3	0 / 1
	2	1022	$\bar{w}$ / $\bar{w}'$ / $\bar{w}''$	0 / 0,1148 / 0	0,0143 / −0,0847 / −0,6924	−0,0143 / −0,0847 / 0,6924	0 / 0,1148 / 0	1 / 2 / 3	0 / 0,50 / 1
	3	7312	$\bar{w}$ / $\bar{w}'$ / $\bar{w}''$	0 / −0,1562 / 0	0,0032 / 0,1270 / −0,6778	0,0032 / −0,1270 / −0,6778	0 / 0,1562 / 0	1 / 1 / 3 / 3	0 / 0,94 / 0,06 / 1
0,500	1	64,8	$\bar{w}$ / $\bar{w}'$ / $\bar{w}''$	0 / 0,2646 / 0	0,0593 / 0,1835 / −0,6267	0,0593 / −0,1835 / −0,6267	0 / −0,2646 / 0	1 / 3	0 / 1
	2	776,4	$\bar{w}$ / $\bar{w}'$ / $\bar{w}''$	0 / 0,0984 / 0	0,0160 / 0,0000 / −0,7000	−0,0160 / 0,0000 / 0,7000	0 / 0,0984 / 0	1 / 2 / 3	0 / 0,50 / 1
	3	5880	$\bar{w}$ / $\bar{w}'$ / $\bar{w}''$	0 / 0,0605 / 0	0,0039 / −0,0577 / −0,7021	0,0039 / 0,0577 / −0,7021	0 / −0,0605 / 0	1 / 2 / 2 / 3	0 / 0,11 / 0,89 / 1
0,750	1	84,9	$\bar{w}$ / $\bar{w}'$ / $\bar{w}''$	0 / 0,3735 / 0	0,0454 / 0,3417 / −0,4916	0,0454 / −0,3417 / −0,4916	0 / −0,3735 / 0	1 / 3	0 / 1
	2	1022	$\bar{w}$ / $\bar{w}'$ / $\bar{w}''$	0 / 0,1318 / 0	0,0146 / 0,0863 / −0,6892	−0,0146 / 0,0863 / 0,6892	0 / 0,1318 / 0	1 / 2 / 3	0 / 0,50 / 1
	3	4564	$\bar{w}$ / $\bar{w}'$ / $\bar{w}''$	0 / 0,0475 / 0	0,0043 / 0,0094 / −0,7054	0,0043 / −0,0094 / −0,7054	0 / −0,0475 / 0	1 / 2 / 2 / 3	0 / 0,22 / 0,78 / 1
0,875	1	93,8	$\bar{w}$ / $\bar{w}'$ / $\bar{w}''$	0 / 0,4650 / 0	0,0289 / 0,4553 / −0,2752	0,0289 / −0,4553 / −0,2752	0 / −0,4650 / 0	1 / 3	0 / 1
	2	1354	$\bar{w}$ / $\bar{w}'$ / $\bar{w}''$	0 / 0,2414 / 0	0,0146 / 0,2183 / −0,6276	−0,0146 / 0,2183 / 0,6276	0 / 0,2414 / 0	1 / 2 / 3	0 / 0,50 / 1
	3	6925	$\bar{w}$ / $\bar{w}'$ / $\bar{w}''$	0 / 0,0519 / 0	0,0029 / 0,0369 / −0,7042	0,0029 / −0,0369 / −0,7042	0 / −0,0519 / 0	1 / 2 / 2 / 3	0 / 0,27 / 0,73 / 1
1,000	1	97,5	$\bar{w}$ / $\bar{w}'$ / $\bar{w}''$	0 / 0,7071 / 0	−	−	0 / −0,7071 / 0	1 / 3	0 / 1
	2	1560	$\bar{w}$ / $\bar{w}'$ / $\bar{w}''$	0 / 0,7071 / 0	−	−	0 / 0,7071 / 0	1 / 2 / 3	0 / 0,50 / 1

A 9

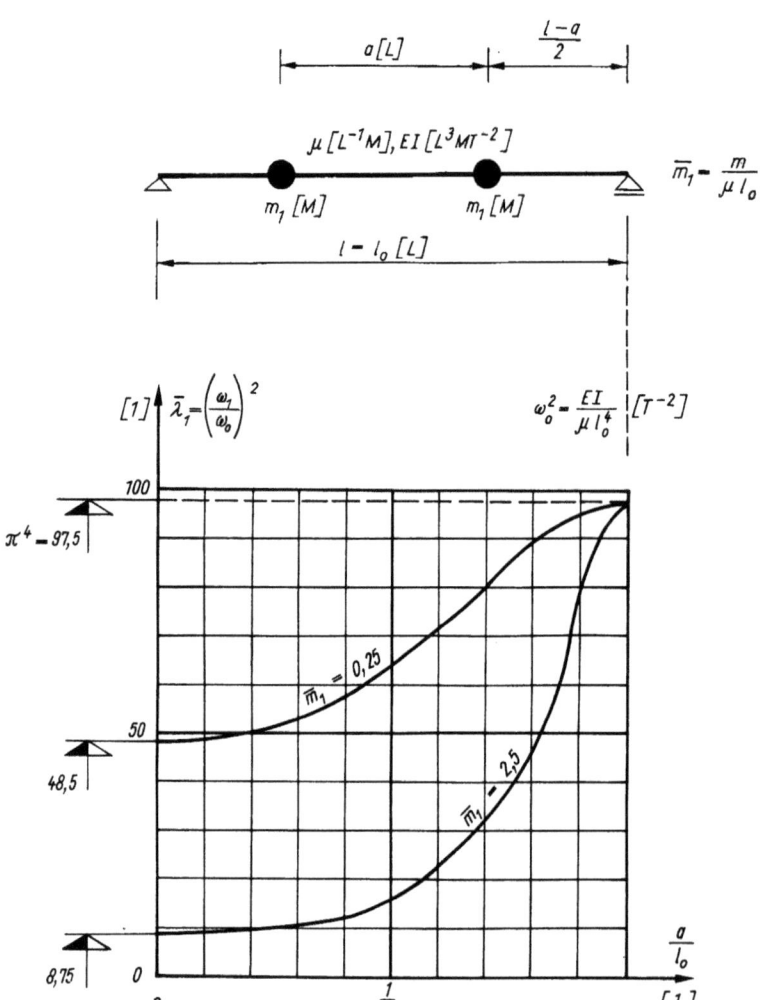

$m_1 = 2{,}5\,\mu l$

6

$\dfrac{a}{l_0}$	n	$\bar{\lambda}_n$		0	1	2	3	\multicolumn{2}{c}{w = 0:}
								ϱ	ξ_ϱ
0	1	8,75	$\bar{w}$ $\bar{w}'$ $\bar{w}''$	0 0,2392 0	0,0794 0 −0,9377		0 −0,2392 0	1 3	0 1
	2	1560	$\bar{w}$ $\bar{w}'$ $\bar{w}''$	0 0,5773 0	0 −0,5773 0		0 0,5773 0	1 2 3	0 0,50 1
0,250	1	10,19	$\bar{w}$ $\bar{w}'$ $\bar{w}''$	0 0,2105 0	0,0630 0,0838 −0,6669	0,0630 −0,0838 −0,6669	0 −0,2105 0	1 3	0 1
	2	235,9	$\bar{w}$ $\bar{w}'$ $\bar{w}''$	0 0,0801 0	0,0115 −0,0629 −0,6996	−0,0115 −0,0629 0,6996	0 0,0801 0	1 2 3	0 0,50 1
	3	6807	$\bar{w}$ $\bar{w}'$ $\bar{w}''$	0 −0,1488 0	0,0006 0,1082 −0,6829	0,0006 −0,1082 −0,6826	0 0,1488 0	1 1 3 3	0 0,99 0,01 1
0,500	1	16,07	$\bar{w}$ $\bar{w}'$ $\bar{w}''$	0 0,2465 0	0,0549 0,1659 −0,6393	0,0549 −0,1659 −0,6393	0 −0,2465 0	1 3	0 1
	2	140,0	$\bar{w}$ $\bar{w}'$ $\bar{w}''$	0 0,0895 0	0,0149 0 −0,7013	−0,0149 0 0,7013	0 0,0895 0	1 2 3	0 0,50 1
	3	4179	$\bar{w}$ $\bar{w}'$ $\bar{w}''$	0 0,0386 0	0,0009 −0,0593 −0,7036	0,0009 0,0593 −0,7036	0 −0,0386 0	1 2 2 3	0 0,03 0,97 1
0,750	1	38,4	$\bar{w}$ $\bar{w}'$ $\bar{w}''$	0 0,3074 0	0,0369 0,2711 −0,5751	0,0369 −0,2711 −0,5751	0 −0,3074 0	1 3	0 1
	2	235,9	$\bar{w}$ $\bar{w}'$ $\bar{w}''$	0 0,1067 0	0,0115 0,0628 −0,6961	−0,0115 0,0628 0,6961	0 0,1067 0	1 2 3	0 0,50 1
	3	1677	$\bar{w}$ $\bar{w}'$ $\bar{w}''$	0 0,0301 0	0,0021 −0,0105 −0,7064	0,0021 0,0105 −0,7064	0 −0,0301 0	1 2 2 3	0 0,09 0,91 1
0,875	1	69,8	$\bar{w}$ $\bar{w}'$ $\bar{w}''$	0 0,4078 0	0,0252 0,3939 −0,4218	0,0252 −0,3939 −0,4218	0 −0,4078 0	1 3	0 1
	2	561,8	$\bar{w}$ $\bar{w}'$ $\bar{w}''$	0 0,1343 0	0,0079 0,1123 −0,6851	−0,0079 0,1123 0,6851	0 0,1343 0	1 2 3	0 0,50 1
	3	2027	$\bar{w}$ $\bar{w}'$ $\bar{w}''$	0 0,0432 0	0,0023 0,0239 −0,7054	0,0023 −0,0239 −0,7054	0 −0,0432 0	1 2 2 3	0 0,18 0,82 1
1,000	1	97,5	$\bar{w}$ $\bar{w}'$ $\bar{w}''$	0 0,7071 0	− − −		0 −0,7071 0	1 3	0 1
	2	1560	$\bar{w}$ $\bar{w}'$ $\bar{w}''$	0 0,7071 0	− − −		0 0,7071 0	1 2 3	0 0,50 1

A 11

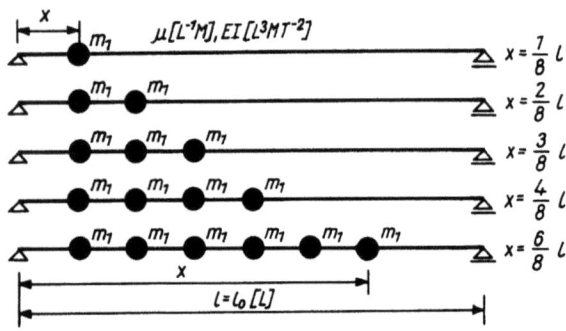

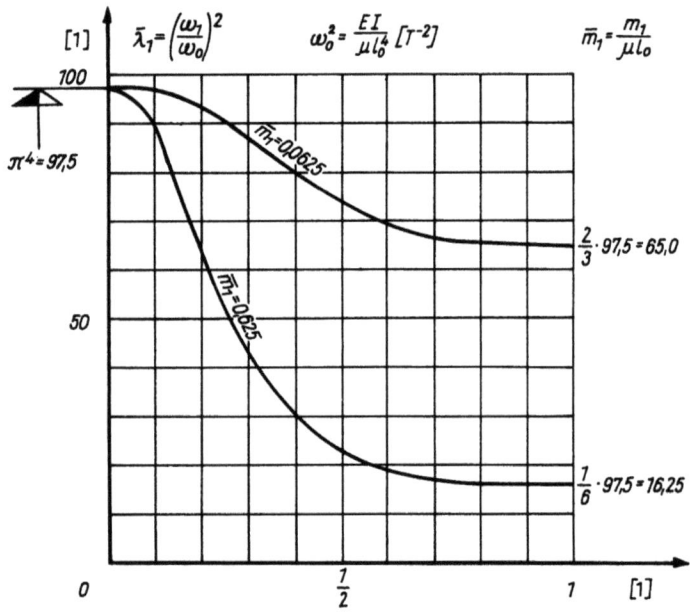

$m_1 = 0{,}0625\,\mu\,l$ | **7**

n	$\bar{\lambda}_n$		0	1	2		3	ϱ	ξ_ϱ
1	90,0	$\bar{w}$ $\bar{w}'$ $\bar{w}''$	0 0,3137 0	0,0381 0,2881 -0,4057	0,0701 0,2167 -0,7126		0 -0,3047 0	1 3	0 1
2	1331	$\bar{w}$ $\bar{w}'$ $\bar{w}''$	0 0,1097 0	0,0122 0,0739 -0,5406	0,0164 -0,0107 -0,8219		0 0,1189 0	1 3 3	0 0,30 1
3	7087	$\bar{w}$ $\bar{w}'$ $\bar{w}''$	0 0,0714 0	0,0067 0,0209 -0,7072	0,0038 -0,0631 -0,6955		0 -0,0814 0	1 3 3 3	0 0,07 0,54 1

n	$\bar{\lambda}_n$		0	1	2	3	4	ϱ	ξ_ϱ
1	81,9	$\bar{w}$ $\bar{w}'$ $\bar{w}''$	0 0,2277 0	0,0277 0,2092 -0,2921	0,0509 0,1572 -0,5323	0,0660 0,0811 -0,6702	0 -0,2180 0	1 4	0 1
2	1285	$\bar{w}$ $\bar{w}'$ $\bar{w}''$	0 0,1005 0	0,0112 0,0677 -0,5068	0,0150 -0,0099 -0,6805	0,0089 -0,0833 -0,4946	0 0,1151 0	1 4 4	0 0,14 1
3	6734	$\bar{w}$ $\bar{w}'$ $\bar{w}''$	0 0,0740 0	0,0070 0,0229 -0,7427	0,0043 -0,0604 -0,4725	-0,0046 -0,0626 0,4526	0 -0,0818 0	1 3 4 4	0 0,49 0,45 1

$m_1 = 0{,}625\,\mu\,l$

n	$\bar{\lambda}_n$		0	1	2		3	ϱ	ξ_ϱ
1	52,0	$\bar{w}$ $\bar{w}'$ $\bar{w}''$	0 0,2744 0	0,0331 0,2455 -0,4609	0,0594 0,1689 -0,7529		0 -0,2283 0	1 3	0 1
2	745,1	$\bar{w}$ $\bar{w}'$ $\bar{w}''$	0 0,0803 0	0,0083 0,0400 -0,6284	0,0081 -0,0451 -0,7601		0 0,1314 0	1 3 3	0 0,14 1
3	4723	$\bar{w}$ $\bar{w}'$ $\bar{w}''$	0 0,0599 0	0,0047 -0,0049 -0,9920	-0,0012 -0,0686 -0,0378		0 -0,0784 0	1 2 3	0 0,86 0,50

n	$\bar{\lambda}_n$		0	1	2	3	4	ϱ	ξ_ϱ
1	32,8	$\bar{w}$ $\bar{w}'$ $\bar{w}''$	0 0,2120 0	0,0257 0,1919 -0,3209	0,0465 0,1365 -0,5634	0,0589 0,0595 -0,6617	0 -0,1775 0	1 4	0 1
2	740,7	$\bar{w}$ $\bar{w}'$ $\bar{w}''$	0 0,0830 0	0,0087 0,0418 -0,6504	0,0086 -0,0441 -0,7031	-0,0011 -0,1005 -0,2154	0 0,1242 0	1 3 4	0 0,91 1
3	2935	$\bar{w}$ $\bar{w}'$ $\bar{w}''$	0 0,0514 0	0,0045 0,0065 -0,6952	0,0011 -0,0500 -0,1867	-0,0043 -0,0200 0,6871	0 -0,0636 0	1 3 4 4	0 0,18 0,29 1

$m_1 = 0.0625\,\mu\,l_0$

n	$\bar{\lambda}_n$		0	1	2	3	4	5	\multicolumn{2}{c}{w = 0:}
									ϱ	ξ_Q
1	74,1	$\bar{w}$	0	0,0226	0,0416	0,0540	0,0580	0	1	0
		$\bar{w}'$	0,1855	0,1708	0,1291	0,0674	-0,0039	-0,1783	5	1
		$\bar{w}''$	0	-0,2331	-0,4274	-0,5503	-0,5789	0		
2	1277	$\bar{w}$	0	0,0115	0,0155	0,0093	-0,0033	0	1	0
		$\bar{w}'$	0,1030	0,0695	-0,0096	-0,0837	-0,1070	0,1122	4	0,75
		$\bar{w}''$	0	-0,5154	-0,7014	-0,4383	0,0561	0	5	1
3	6107	$\bar{w}$	0	0,0057	0,0039	-0,0030	-0,0059	0	1	0
		$\bar{w}'$	0,0586	0,0200	-0,0450	-0,0506	0,0113	-0,0657	3	0,57
		$\bar{w}''$	0	-0,5651	-0,3838	0,2955	0,6581	0	5	0,28
									5	1

Beam: $l = l_0$, spans $l/8$ with masses m_1 at stations 1–4; supports at 0 and 5.

n	$\bar{\lambda}_n$		0	1	2	3	4	5	6	7	\multicolumn{2}{c}{w = 0:}
											ϱ	ξ_Q
1	65,7	$\bar{w}$	0	0,0186	0,0344	0,0449	0,0486	0,0448	0,0343	0	1	0
		$\bar{w}'$	0,1529	0,1412	0,1079	0,0582	-0,0004	-0,0588	-0,1081	-0,1518	7	1
		$\bar{w}''$	0	-0,1853	-0,3423	-0,4466	-0,4824	-0,4440	-0,3371	0		
2	1083	$\bar{w}$	0	0,0092	0,0129	0,0089	-0,0005	-0,0096	-0,0131	0	1	0
		$\bar{w}'$	0,0816	0,0572	-0,0014	-0,0593	-0,0819	-0,0559	0,0027	0,0796	4	0,95
		$\bar{w}''$	0	-0,3764	-0,5280	-0,3646	0,0157	0,3846	0,5179	0	7	1
3	5663	$\bar{w}$	0	0,0054	0,0039	-0,0026	-0,0058	-0,0016	0,0048	0	1	0
		$\bar{w}'$	0,0554	0,0201	-0,0409	-0,0497	0,0050	0,0537	0,0351	-0,0540	3	0,62
		$\bar{w}''$	0	-0,5188	-0,3757	0,2469	0,5557	0,1585	-0,4244	0	6	0,23
											7	1

Beam: $l = l_0$, spans $l/8$ with masses m_1 at stations 1–6; supports at 0 and 7.

$m_1 = 0.1\,\mu\,l_0$

n	$\bar{\lambda}_n$		0	1	2	3	4	5	\multicolumn{2}{c}{w = 0:}
									ϱ	ξ_Q
1	64,9	$\bar{w}$	0	0,0348	0,0562	0,0562	0,0348	0	1	0
		$\bar{w}'$	0,1857	0,1502	0,0574	-0,0574	-0,1502	-0,1857	5	1
		$\bar{w}''$	0	-0,3468	-0,5612	-0,5612	-0,3468	0		
2	1038	$\bar{w}$	0	0,0144	0,0089	-0,0089	-0,0144	0	1	0
		$\bar{w}'$	0,0943	0,0291	-0,0763	-0,0763	0,0291	0,0943	3	0,50
		$\bar{w}''$	0	-0,5919	-0,3658	0,3658	0,5919	0	5	1
3	5237	$\bar{w}$	0	0,0061	-0,0038	-0,0038	0,0061	0	1	0
		$\bar{w}'$	0,0582	-0,0180	-0,0471	0,0471	0,0180	-0,0582	2	0,67
		$\bar{w}''$	0	-0,5979	0,3695	0,3695	-0,5979	0	4	0,33
									5	1

Beam: $l = l_0$, spans $l/5$ with masses m_1 at stations 1–4; supports at 0 and 5.

$m_1 = 0{,}625\,\mu\,l_0$

8

n	$\bar{\lambda}_n$		0	1	2	3	4		5	\multicolumn{2}{c}{w = 0:}
										ϱ	ξ_Q
1	23,2	$\bar{w}$	0	0,0220	0,0402	0,0516	0,0546		0	1	0
		$\bar{w}'$	0,1810	0,1655	0,1219	0,0588	-0,0114		-0,1599	5	1
		$\bar{w}''$	0	-0,2476	-0,4474	-0,5598	-0,5597		0		
2	565,9	$\bar{w}$	0	0,0092	0,0105	0,0024	-0,0089		0	1	0
		$\bar{w}'$	0,0859	0,0491	-0,0308	-0,0884	-0,0812		0,0861	4	0,21
		$\bar{w}''$	0	-0,5812	-0,6808	-0,2305	0,3358		0	5	1
3	2760	$\bar{w}$	0	0,0042	0,0013	-0,0037	-0,0018		0	1	0
		$\bar{w}'$	0,0475	0,0072	-0,0449	-0,0191	0,0466		-0,0811	3	0,22
		$\bar{w}''$	0	-0,6256	-0,1832	0,5820	0,4721		0	5	0,07
											1

n	$\bar{\lambda}_n$		0	1	2	3	4	5	6	7	\multicolumn{2}{c}{w = 0:}
												ϱ	ξ_Q
1	16,74	$\bar{w}$	0	0,0185	0,0342	0,0447	0,0482	0,0444	0,0339	0	1	0
		$\bar{w}'$	0,1522	0,1405	0,1072	0,0574	-0,0010	-0,0590	-0,1076	-0,1495	7	1
		$\bar{w}''$	0	-0,1870	-0,3449	-0,4493	-0,4837	-0,4427	-0,3320	0		
2	288,5	$\bar{w}$	0	0,0088	0,0122	0,0080	-0,0011	-0,0097	-0,0126	0	1	0
		$\bar{w}'$	0,0784	0,0542	-0,0034	-0,0591	-0,0788	-0,0508	0,0066	0,0729	4	0,89
		$\bar{w}''$	0	-0,3831	-0,5306	-0,3524	0,0405	0,4033	0,5059	0	7	1
3	1588	$\bar{w}$	0	0,0048	0,0032	-0,0027	-0,0049	-0,0004	0,0049	0	1	0
		$\bar{w}'$	0,0495	0,0163	-0,0388	-0,0417	0,0116	0,0501	0,0241	-0,0434	3	0,54
		$\bar{w}''$	0	-0,5198	-0,3415	0,2961	0,5381	0,0647	-0,4697	0	6	0,07
												7	1

$m_1 = 1\,\mu\,l_0$

n	$\bar{\lambda}_n$		0	1	2	3	4	5	\multicolumn{2}{c}{w = 0:}
									ϱ	ξ_Q
1	16,23	$\bar{w}$	0	0,0343	0,0554	0,0554	0,0343	0	1	0
		$\bar{w}'$	0,1830	0,1481	0,0566	-0,0566	-0,1481	-0,1830	5	1
		$\bar{w}''$	0	-0,3476	-0,5624	-0,5624	-0,3476	0		
2	256,9	$\bar{w}$	0	0,0135	0,0083	-0,0083	-0,0135	0	1	0
		$\bar{w}'$	0,0878	0,0272	-0,0711	-0,0711	0,0272	0,0878	3	0,50
		$\bar{w}''$	0	-0,5932	-0,3666	0,3666	0,5932	0	5	1
3	1281	$\bar{w}$	0	0,0054	-0,0033	-0,0033	0,0054	0	1	0
		$\bar{w}'$	0,0484	-0,0150	-0,0391	0,0391	0,0150	-0,0484	2	0,67
		$\bar{w}''$	0	-0,5990	0,3702	0,3702	-0,5990	0	4	0,33
										5	1

A 15

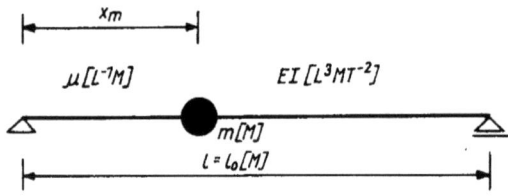

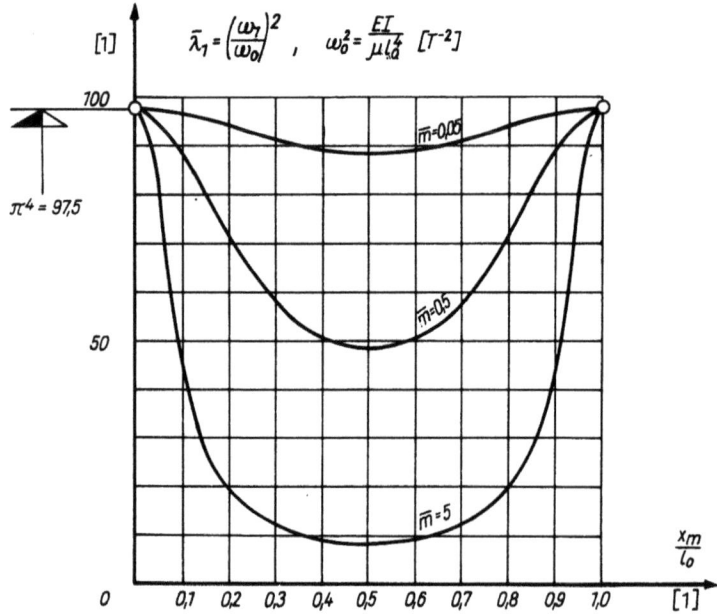

A 16

$m = 0{,}05\,\mu\,l_0$

9

$\dfrac{x_m}{l_0}$	n	$\overline{\lambda}_n$		0	1	2	\multicolumn{2}{c}{$w=0$:}
							ϱ	ξ_ϱ
0 / 1,000	1	97,5	$\overline{w}$ $\overline{w}'$ $\overline{w}''$	0 0,7071 0	–	0 −0,7071 0	1 2	0 1
	2	1560	$\overline{w}$ $\overline{w}'$ $\overline{w}''$	0 0,7071 0	–	0 0,7071 0	1 2 2	0 0 1
	3	7900	$\overline{w}$ $\overline{w}'$ $\overline{w}''$	0 0,7071 0	–	0 −0,7071 0	1 1 2 2	0 0,67 0,33 1
0,125	1	96,0	$\overline{w}$ $\overline{w}'$ $\overline{w}''$	0 0,4902 0	0,0597 0,4521 −0,5595	0 −0,4886 0	1 2	0 1
	2	1500	$\overline{w}$ $\overline{w}'$ $\overline{w}''$	0 0,1811 0	0,0202 0,1229 −0,9562	0 0,1933 0	1 2 2	0 0,42 1
	3	8769	$\overline{w}$ $\overline{w}'$ $\overline{w}''$	0 0,0571 0	0,0053 0,0120 −0,9976	0 −0,0366 0	1 2 2 2	0 0,19 0,60 1
0,250	1	92,7	$\overline{w}$ $\overline{w}'$ $\overline{w}''$	0 0,3636 0	0,0816 0,2544 −0,8174	0 −0,3581 0	1 2	0 1
	2	1432	$\overline{w}$ $\overline{w}'$ $\overline{w}''$	0 0,1317 0	0,0205 −0,0071 −0,9805	0 0,1444 0	1 2 2	0 0,31 1
	3	7805	$\overline{w}$ $\overline{w}'$ $\overline{w}''$	0 −0,0924 0	−0,0063 0,0766 0,9879	0 0,0982 0	1 2 2 2	0 0,09 0,55 1
0,375	1	89,7	$\overline{w}$ $\overline{w}'$ $\overline{w}''$	0 0,3026 0	0,0888 0,1139 −0,8935	0 −0,2987 0	1 2	0 1
	2	1494	$\overline{w}$ $\overline{w}'$ $\overline{w}''$	0 0,1802 0	0,0196 −0,1368 −0,9530	0 0,2074 0	1 2 2	0 0,18 1
	3	7854	$\overline{w}$ $\overline{w}'$ $\overline{w}''$	0 −0,2280 0	0,0080 0,2011 −0,9254	0 0,2263 0	1 1 2 2	0 0,90 0,47 1
0,500	1	88,5	$\overline{w}$ $\overline{w}'$ $\overline{w}''$	0 0,2841 0	0,0908 0 −0,9113	0 −0,2841 0	1 2	0 1
	2	1560	$\overline{w}$ $\overline{w}'$ $\overline{w}''$	0 0,5774 0	0 −0,5774 0	0 0,5774 0	1 2 2	0 0 1
	3	7288	$\overline{w}$ $\overline{w}'$ $\overline{w}''$	0 −0,0913 0	0,0084 0 −0,9916	0 0,0913 0	1 1 2 2	0 0,69 0,31 1

$m = 0{,}5\mu l$

$\dfrac{x_m}{l_0}$	n	$\bar{\lambda}_n$		0	1	2	ϱ	ξ_ϱ
0 1,0000	1	9??	$\bar{w}$ $\bar{w}'$ $\bar{w}''$	0 0,7071 0		0 −0,7071 0	1 2	0 1
	2	1560	$\bar{w}$ $\bar{w}'$ $\bar{w}''$	0 0,7071 0	−	0 0,7071 0	1 2 2	0 0 1
	3	7900	$\bar{w}$ $\bar{w}'$ $\bar{w}''$	0 0,?0?? 0	−	0 −0,7071 0	1 1 2 2	0 0,67 0,33 1
0,0625	1	93,8	$\bar{w}$ $\bar{w}'$ $\bar{w}''$	0 0,5507 0	0,0342 0,5381 −0,3381	0 −0,5401 0	1 2	0 1
	2	1357	$\bar{w}$ $\bar{w}'$ $\bar{w}''$	0 0,2261 0	0,0135 0,1976 −0,9279	0 0,2207 0	1 2 2	0 0,45 1
	3	7009	$\bar{w}$ $\bar{w}'$ $\bar{w}''$	0 0,0549 0	0,0030 0,0331 −0,9974	0 −0,0322 0	1 2 2	0 0,19 0,60 1
0,1250	1	84,5	$\bar{w}$ $\bar{w}'$ $\bar{w}''$	0 0,4532 0	0,0548 0,4091 −0,6680	0 −0,4220 0	1 2	0 1
	2	1036	$\bar{w}$ $\bar{w}'$ $\bar{w}''$	0 0,1284 0	0,0136 0,0697 −0,9805	0 0,1311 0	1 2 2	0 0,35 1
	3	5318	$\bar{w}$ $\bar{w}'$ $\bar{w}''$	0 0,0442 0	0,0035 −0,0057 −0,9973	0 −0,0581 0	1 2 2	0 0,11 0,57 1
0,2500	1	63,9	$\bar{w}$ $\bar{w}'$ $\bar{w}''$	0 0,3263 0	0,0720 0,2132 −0,8713	0 −0,2892 0	1 2	0 1
	2	932	$\bar{w}$ $\bar{w}'$ $\bar{w}''$	0 0,0961 0	0,0130 −0,0313 −0,9837	0 0,1479 0	1 2 2	0 0,20 1
	3	6791	$\bar{w}$ $\bar{w}'$ $\bar{w}''$	0 −0,0648 0	−0,0028 0,0775 0,9880	0 0,1168 0	1 2 2	0 0,04 0,54 1
0,3750	1	52,0	$\bar{w}$ $\bar{w}'$ $\bar{w}''$	0 0,2796 0	0,0814 0,0965 −0,9161	0 −0,2582 0	1 2	0 1
	2	1228	$\bar{w}$ $\bar{w}'$ $\bar{w}''$	0 0,1241 0	0,0104 −0,1284 −0,9615	0 0,2084 0	1 2 2	0 0,11 1
	3	7395	$\bar{w}$ $\bar{w}'$ $\bar{w}''$	0 −0,2000 0	0,0032 0,1518 −0,9573	0 0,1435 0	1 1 2 2	0 0,95 0,46 1
0,5000	1	48,5	$\bar{w}$ $\bar{w}'$ $\bar{w}''$	0 0,2600 0	0,0847 0 −0,9261	0 −0,2600 0	1 2	0 1
	2	1560	$\bar{w}$ $\bar{w}'$ $\bar{w}''$	0 0,5774 0	0 −0,5774 0	0 0,5774 0	1 2 2	0 0 1
	3	5185	$\bar{w}$ $\bar{w}'$ $\bar{w}''$	0 −0,0837 0	0,0041 0 −0,9930	0 0,0837 0	1 1 2 2	0 0,79 0,21 1

$m = 5\,\mu\,l_0$ **10**

$\dfrac{x_m}{l_0}$	n	$\bar{\lambda}$		0	1	2	$w=0:$ ϱ	ξ_ϱ
0 1,0000	1	97,5	$\bar{w}$ $\bar{w}'$ $\bar{w}''$	0 0,7071 0	– – –	0 -0,7071 0	1 2	0 1
	2	1560	$\bar{w}$ $\bar{w}'$ $\bar{w}''$	0 0,7071 0	– – –	0 0,7071 0	1 2 2	0 0 1
	3	7900	$\bar{w}$ $\bar{w}'$ $\bar{w}''$	0 0,7071 0	– – –	0 -0,7071 0	1 1 2 2	0 0,67 0,33 1
0,0625	1	67,9	$\bar{w}$ $\bar{w}'$ $\bar{w}''$	0 0,4529 0	0,0278 0,4305 -0,6862	0 -0,3714 0	1 2	0 1
	2	600,0	$\bar{w}$ $\bar{w}'$ $\bar{w}''$	0 0,1002 0	0,0057 0,0709 -0,9857	0 0,1153 0	1 2 2	0 0,27 1
	3	3510	$\bar{w}$ $\bar{w}'$ $\bar{w}''$	0 0,0243 0	0,0010 -0,0008 -0,9974	0 -0,0683 0	1 2 2 2	0 0,05 0,56 1
0,1250	1	35,1	$\bar{w}$ $\bar{w}'$ $\bar{w}''$	0 0,3352 0	0,0394 0,2787 -0,8678	0 -0,2376 0	1 2	0 1
	2	456,1	$\bar{w}$ $\bar{w}'$ $\bar{w}''$	0 0,0584 0	0,0049 -0,0003 -0,9870	0 0,1498 0	1 2 2	0 0,13 1
	3	3961	$\bar{w}$ $\bar{w}'$ $\bar{w}''$	0 0,0223 0	0,0007 -0,0289 -0,9952	0 -0,0907 0	1 2 2 2	0 0,02 0,55 1
0,2500	1	14,75	$\bar{w}$ $\bar{w}'$ $\bar{w}''$	0 0,2811 0	0,0606 0,1654 -0,9196	0 -0,2107 0	1 2	0 1
	2	610,0	$\bar{w}$ $\bar{w}'$ $\bar{w}''$	0 0,0521 0	0,0030 -0,0672 -0,9783	0 0,1889 0	1 2 2	0 0,05 1
	3	6296	$\bar{w}$ $\bar{w}'$ $\bar{w}''$	0 -0,0486 0	-0,0004 0,0803 0,9869	0 0,1315 0	1 2 2 2	0 0,01 0,53 1
0,3750	1	9,86	$\bar{w}$ $\bar{w}'$ $\bar{w}''$	0 0,2582 0	0,0746 0,0812 -0,9337	0 -0,2221 0	1 2	0 1
	2	1029	$\bar{w}$ $\bar{w}'$ $\bar{w}''$	0 0,0822 0	0,0019 -0,1303 -0,9613	0 0,2282 0	1 2 2	0 0,02 1
	3	7015	$\bar{w}$ $\bar{w}'$ $\bar{w}''$	0 -0,1906 0	0,0005 0,1305 -0,9674	0 0,1039 0	1 1 2 2	0 0,99 0,44 1
0,5000	1	8,75	$\bar{w}$ $\bar{w}'$ $\bar{w}''$	0 0,2392 0	0,0794 0 -0,9377	0 -0,2392 0	1 2	0 1
	2	1560	$\bar{w}$ $\bar{w}'$ $\bar{w}''$	0 0,5773 0	0 -0,5773 0	0 0,5773 0	1 2 2	0 0 1
	3	4007	$\bar{w}$ $\bar{w}'$ $\bar{w}''$	0 -0,0867 0	0,0007 0 -0,9925	0 0,0867 0	1 1 2 2	0 0,92 0,08 1

A 19

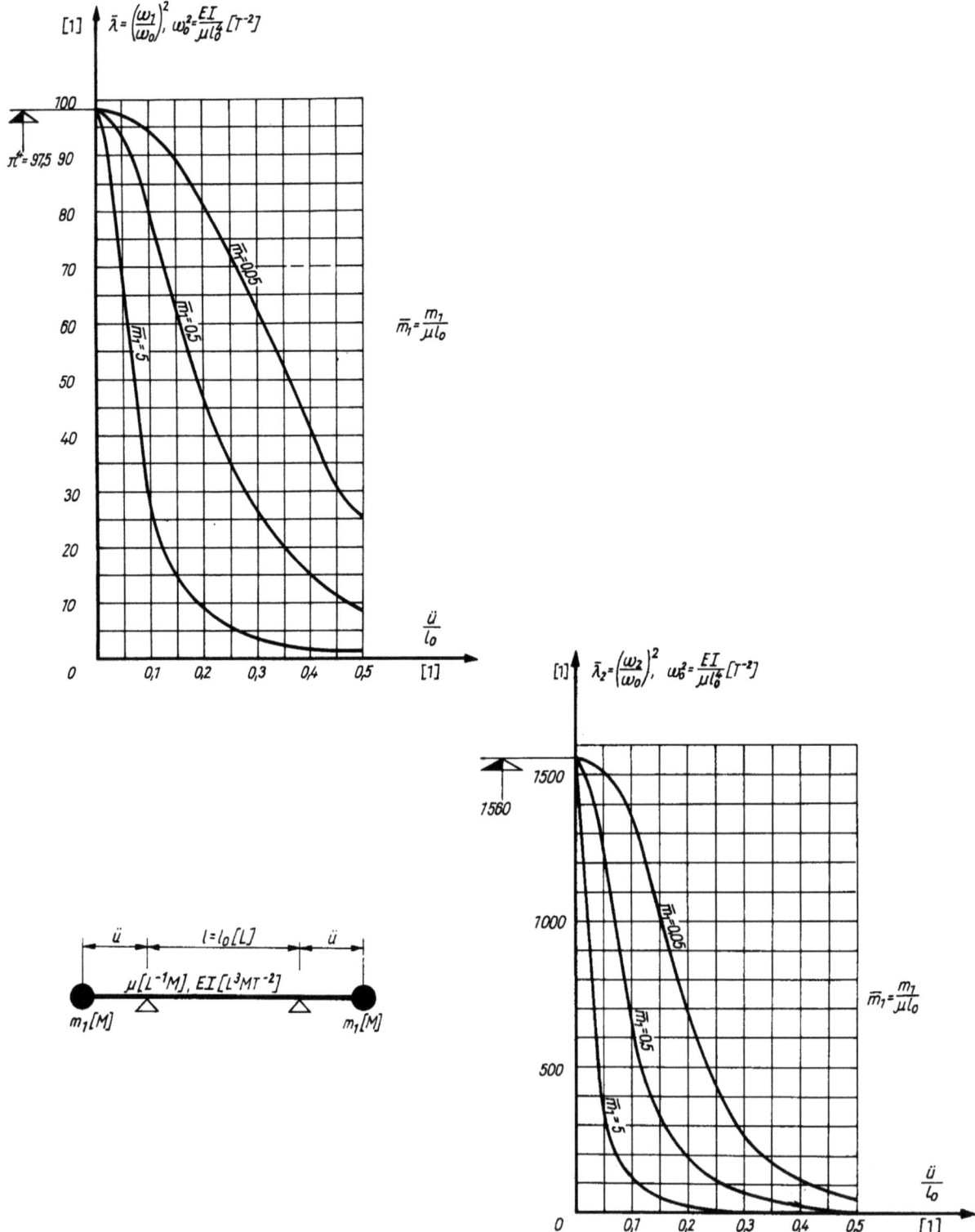

$m_1 = 0$, $ü/l_0 = 0{,}25 \cdots 0{,}50$
$m_1 = 0{,}05\,\mu\,l_0$, $ü/l_0 = 0{,}125 \cdots 0{,}500$

11

$\dfrac{m_1}{m_0}$	$\dfrac{ü}{l_0}$	n	$\bar{\lambda}_n$		0	1	2	3	\multicolumn{2}{c}{w = 0:}
									ϱ	ξ_ϱ
0	0,250	1	79,9	$\bar{w}$ $\bar{w}'$ $\bar{w}''$	0,1212 -0,4894 0	0 -0,4716 0,1530	0 0,4716 0,1530	0,1212 0,4894 0	2 3	0 0
		2	644,8	$\bar{w}$ $\bar{w}'$ $\bar{w}''$	0,0529 -0,2287 0	0 -0,1645 0,6464	0 -0,1645 -0,6464	-0,0529 -0,2287 0	2 2 3	0 0,50 0
		3	1444	$\bar{w}$ $\bar{w}'$ $\bar{w}''$	0,0220 -0,1041 0	0 -0,0436 0,6977	0 0,0436 0,6977	0,0220 0,1041 0	2 2 2 3	0 0,17 0,83 0
	0,500	1	30,0	$\bar{w}$ $\bar{w}'$ $\bar{w}''$	0,1889 -0,4010 0	0 -0,3143 0,4525	0 0,3143 0,4525	0,1889 0,4010 0	2 3	0 0
		2	82,3	$\bar{w}$ $\bar{w}'$ $\bar{w}''$	0,1016 -0,2367 0	0 -0,1124 0,6489	0 -0,1124 -0,6489	-0,1016 -0,2367 0	2 2 3	0 0,50 0
		3	355,8	$\bar{w}$ $\bar{w}'$ $\bar{w}''$	0,0290 -0,0954 0	0 0,0388 0,6990	0 -0,0388 0,6990	0,0290 0,0954 0	1 2 3 3	0,74 0 0 0,26
0,05	0,125	1	92,2	$\bar{w}$ $\bar{w}'$ $\bar{w}''$	0,0623 -0,4995 0	0 -0,4966 -0,0003	0 0,4966 -0,0003	0,0623 0,4995 0	2 3	0 0
		2	1228	$\bar{w}$ $\bar{w}'$ $\bar{w}''$	0,0497 -0,4089 0	0 -0,3729 0,4374	0 -0,3729 -0,4374	-0,0497 -0,4089 0	2 2 3	0 0,50 0
		3	4553	$\bar{w}$ $\bar{w}'$ $\bar{w}''$	0,0098 -0,0876 0	0 -0,0575 0,6993	0 0,0575 0,6992	0,0098 0,0876 0	2 2 2 3	0 0,27 0,73 0
	0,250	1	71,4	$\bar{w}$ $\bar{w}'$ $\bar{w}''$	0,1172 -0,4774 0	0 -0,4489 0,2383	0 0,4489 0,2383	0,1172 0,4774 0	2 3	0 0
		2	437,9	$\bar{w}$ $\bar{w}'$ $\bar{w}''$	0,0478 -0,2127 0	0 -0,1408 0,6578	0 -0,1408 -0,6578	-0,0478 -0,2127 0	2 2 3	0 0,50 0
		3	977,4	$\bar{w}$ $\bar{w}'$ $\bar{w}''$	0,0205 -0,1025 0	0 -0,0333 0,6986	0 0,0333 0,6986	0,0205 0,1025 0	2 2 2 3	0 0,12 0,88 0
	0,375	1	43,8	$\bar{w}$ $\bar{w}'$ $\bar{w}''$	0,1514 -0,4230 0	0 -0,3571 0,4130	0 0,3571 0,4130	0,1514 0,4230 0	2 3	0 0
		2	147,4	$\bar{w}$ $\bar{w}'$ $\bar{w}''$	0,0715 -0,2210 0	0 -0,1176 0,6574	0 -0,1176 -0,6574	-0,0715 -0,2210 0	2 2 3	0 0,50 0
		3	460,4	$\bar{w}$ $\bar{w}'$ $\bar{w}''$	0,0245 -0,0965 0	0 0,0093 0,7000	0 -0,0093 0,7000	0,0245 0,0965 0	1 2 3 3	0,93 0 0 0,07
	0,500	1	24,2	$\bar{w}$ $\bar{w}'$ $\bar{w}''$	0,1846 -0,3967 0	0 -0,3007 0,4670	0 0,3007 0,4670	0,1846 0,3967 0	2 3	0 0
		2	61,6	$\bar{w}$ $\bar{w}'$ $\bar{w}''$	0,1028 -0,2440 0	0 -0,1108 0,6463	0 -0,1108 -0,6463	-0,1028 -0,2440 0	2 2 3	0 0,50 0
		3	323,4	$\bar{w}$ $\bar{w}'$ $\bar{w}''$	0,0247 -0,0934 0	0 0,0531 0,6985	0 -0,0531 0,6985	0,0247 0,0934 0	1 2 3 3	0,63 0 0 0,37

$m_1 = 0{,}5\,\mu\,l_0$

$\dfrac{m_1}{m_0}$	n	$\bar{\lambda}_n$		0	1	2	3	ϱ	ξ_ϱ
0	1	97,5	$\bar{w}$ $\bar{w}'$ $\bar{w}''$	–	0 0,7071 0	0 −0,7071 0	–	2 3	0 0
	2	1560	$\bar{w}$ $\bar{w}'$ $\bar{w}''$	–	0 0,7071 0	0 0,7071 0	–	2 2 3	0 0,50 0
	3	7900	$\bar{w}$ $\bar{w}'$ $\bar{w}''$	–	0 −0,7071 0	0 0,7071 0	–	2 2 2 3	0 0,33 0,67 0
0,0625	1	90,1	$\bar{w}$ $\bar{w}'$ $\bar{w}''$	0,0312 −0,5005 0	0 −0,4980 0,0242	0 0,4980 0,0242	0,0312 0,5005 0	2 3	0 0
	2	1117	$\bar{w}$ $\bar{w}'$ $\bar{w}''$	0,0204 −0,3337 0	0 −0,3118 0,5395	0 −0,3118 −0,5395	−0,0204 −0,3337 0	2 2 3	0 0,50 0
	3	3781	$\bar{w}$ $\bar{w}'$ $\bar{w}''$	0,0043 −0,0736 0	0 −0,0565 0,7010	0 0,0565 0,7010	0,0043 0,0736 0	2 2 2 3	0 0,26 0,74 0
0,1250	1	71,4	$\bar{w}$ $\bar{w}'$ $\bar{w}''$	0,0589 −0,4768 0	0 −0,4598 0,2405	0 0,4598 0,2405	0,0589 0,4768 0	2 3	0 0
	2	470,0	$\bar{w}$ $\bar{w}'$ $\bar{w}''$	0,0218 −0,1886 0	0 −0,1464 0,6652	0 −0,1464 −0,6652	−0,0218 −0,1886 0	2 2 3	0 0,50 0
	3	1140	$\bar{w}$ $\bar{w}'$ $\bar{w}''$	0,0081 −0,0774 0	0 −0,0384 0,7018	0 0,0384 0,7018	0,0081 0,0774 0	2 2 2 3	0 0,14 0,86 0
0,2500	1	34,3	$\bar{w}$ $\bar{w}'$ $\bar{w}''$	0,0953 −0,3997 0	0 −0,3426 0,4624	0 0,3426 0,4624	0,0953 0,3997 0	2 3	0 0
	2	108,1	$\bar{w}$ $\bar{w}'$ $\bar{w}''$	0,0429 −0,1982 0	0 −0,1171 0,6672	0 −0,1171 −0,6672	−0,0429 −0,1982 0	2 2 3	0 0,50 0
	3	442,1	$\bar{w}$ $\bar{w}'$ $\bar{w}''$	0,0103 −0,0674 0	0 0,0126 0,7037	0 −0,0126 0,7037	0,0103 0,0674 0	1 2 3 3	0,85 0 0 0,15
0,3750	1	16,29	$\bar{w}$ $\bar{w}'$ $\bar{w}''$	0,1328 −0,3832 0	0 −0,2933 0,4996	0 0,2933 0,4996	0,1328 0,3832 0	2 3	0 0
	2	39,7	$\bar{w}$ $\bar{w}'$ $\bar{w}''$	0,0716 −0,2290 0	0 −0,1113 0,6558	0 −0,1113 −0,6558	−0,0716 −0,2290 0	2 2 3	0 0,50 0
	3	316,3	$\bar{w}$ $\bar{w}'$ $\bar{w}''$	0,0098 −0,0663 0	0 0,0562 0,7017	0 −0,0562 0,7017	0,0098 0,0663 0	1 2 3 3	0,45 0 0 0,55
0,5000	1	8,66	$\bar{w}$ $\bar{w}'$ $\bar{w}''$	0,1746 −0,3869 0	0 −0,2695 0,4972	0 0,2695 0,4972	0,1746 0,3869 0	2 3	0 0
	2	18,66	$\bar{w}$ $\bar{w}'$ $\bar{w}''$	0,1052 −0,2591 0	0 −0,1077 0,6405	0 −0,1077 −0,6405	−0,1052 −0,2591 0	2 2 3	0 0,50 0
	3	262,0	$\bar{w}$ $\bar{w}'$ $\bar{w}''$	0,0099 −0,0784 0	0 0,0950 0,6962	0 −0,0950 0,6962	0,0099 0,0784 0	1 2 3 3	0,27 0 0 0,73

$m_1 = 5\mu\, l_0$

|12|

$\frac{ü}{l_0}$	n	$\bar{\lambda}_n$		0	1	2	3	ϱ	ξ_ϱ
0	1	97,5	$\bar{w}$ $\bar{w}'$ $\bar{w}''$	–	0 0,7071 0	0 -0,7071 0	–	2 3	0 0
	2	1560	$\bar{w}$ $\bar{w}'$ $\bar{w}''$	–	0 0,7071 0	0 0,7071 0	–	2 2 3	0 0,50 0
	3	7900	$\bar{w}$ $\bar{w}'$ $\bar{w}''$	–	0 -0,7071 0	0 0,7071 0	–	2 2 2 3	0 0,33 0,67 0
0,0625	1	51,9	$\bar{w}$ $\bar{w}'$ $\bar{w}''$	0,0260 -0,4206 0	0 -0,4075 0,3954	0 0,4075 0,3954	0,0260 0,4206 0	2 3	0 0
	2	246,6	$\bar{w}$ $\bar{w}'$ $\bar{w}''$	0,0089 -0,1502 0	0 -0,1287 0,6788	0 -0,1287 -0,6788	-0,0089 -0,1502 0	2 2 3	0 0,50 0
	3	801,7	$\bar{w}$ $\bar{w}'$ $\bar{w}''$	0,0025 -0,0468 0	0 -0,0267 0,7051	0 0,0267 0,7051	0,0025 0,0468 0	2 2 2 3	0 0,01 0,99 0
0,1250	1	19,70	$\bar{w}$ $\bar{w}'$ $\bar{w}''$	0,0426 -0,3520 0	0 -0,3191 0,5220	0 0,3191 0,5220	0,0426 0,3520 0	2 3	0 0
	2	59,8	$\bar{w}$ $\bar{w}'$ $\bar{w}''$	0,0181 -0,1589 0	0 -0,1164 0,6789	0 -0,1164 -0,6789	-0,0181 -0,1589 0	2 2 3	0 0,50 0
	3	455,1	$\bar{w}$ $\bar{w}'$ $\bar{w}''$	0,0022 -0,0314 0	0 0,0093 0,7063	0 -0,0093 0,7063	0,0022 0,0314 0	1 2 3 3	0,76 0 0 0,24
0,2500	1	5,20	$\bar{w}$ $\bar{w}'$ $\bar{w}''$	0,0819 -0,3501 0	0 -0,2828 0,5393	0 0,2828 0,5393	0,0819 0,3501 0	2 3	0 0
	2	12,57	$\bar{w}$ $\bar{w}'$ $\bar{w}''$	0,0419 -0,1955 0	0 -0,1121 0,6689	0 -0,1121 -0,6689	-0,0419 -0,1955 0	2 2 3	0 0,50 0
	3	329,9	$\bar{w}$ $\bar{w}'$ $\bar{w}''$	0,0016 -0,0337 0	0 0,0487 0,7046	0 -0,0487 0,7046	0,0016 0,0337 0	1 2 3 3	0,19 0 0 0,81
0,3750	1	2,19	$\bar{w}$ $\bar{w}'$ $\bar{w}''$	0,1254 -0,3669 0	0 -0,2686 0,5268	0 0,2686 0,5268	0,1253 0,3669 0	2 3	0 0
	2	4,77	$\bar{w}$ $\bar{w}'$ $\bar{w}''$	0,0716 -0,2316 0	0 -0,1094 0,6552	0 -0,1094 -0,6552	-0,0716 -0,2316 0	2 2 3	0 0,50 0
	3	277,9	$\bar{w}$ $\bar{w}'$ $\bar{w}''$	0,0013 -0,0466 0	0 0,0810 0,7009	0 -0,0810 0,7009	0,0013 0,0466 0	1 2 3 3	0,08 0 0 0,92
0,5000	1	1,156	$\bar{w}$ $\bar{w}'$ $\bar{w}''$	0,1705 -0,3829 0	0 -0,2568 0,5083	0 0,2568 0,5083	0,1705 0,3829 0	2 3	0 0
	2	2,33	$\bar{w}$ $\bar{w}'$ $\bar{w}''$	0,1062 -0,2649 0	0 -0,1065 0,6381	0 -0,1065 -0,6381	-0,1062 -0,2649 0	2 2 3	0 0,50 0
	3	241,2	$\bar{w}$ $\bar{w}'$ $\bar{w}''$	0,0014 -0,0673 0	0 0,1169 0,6941	0 -0,1169 0,6941	0,0014 0,0673 0	1 2 3 3	0,04 0 0 0,96

A 23

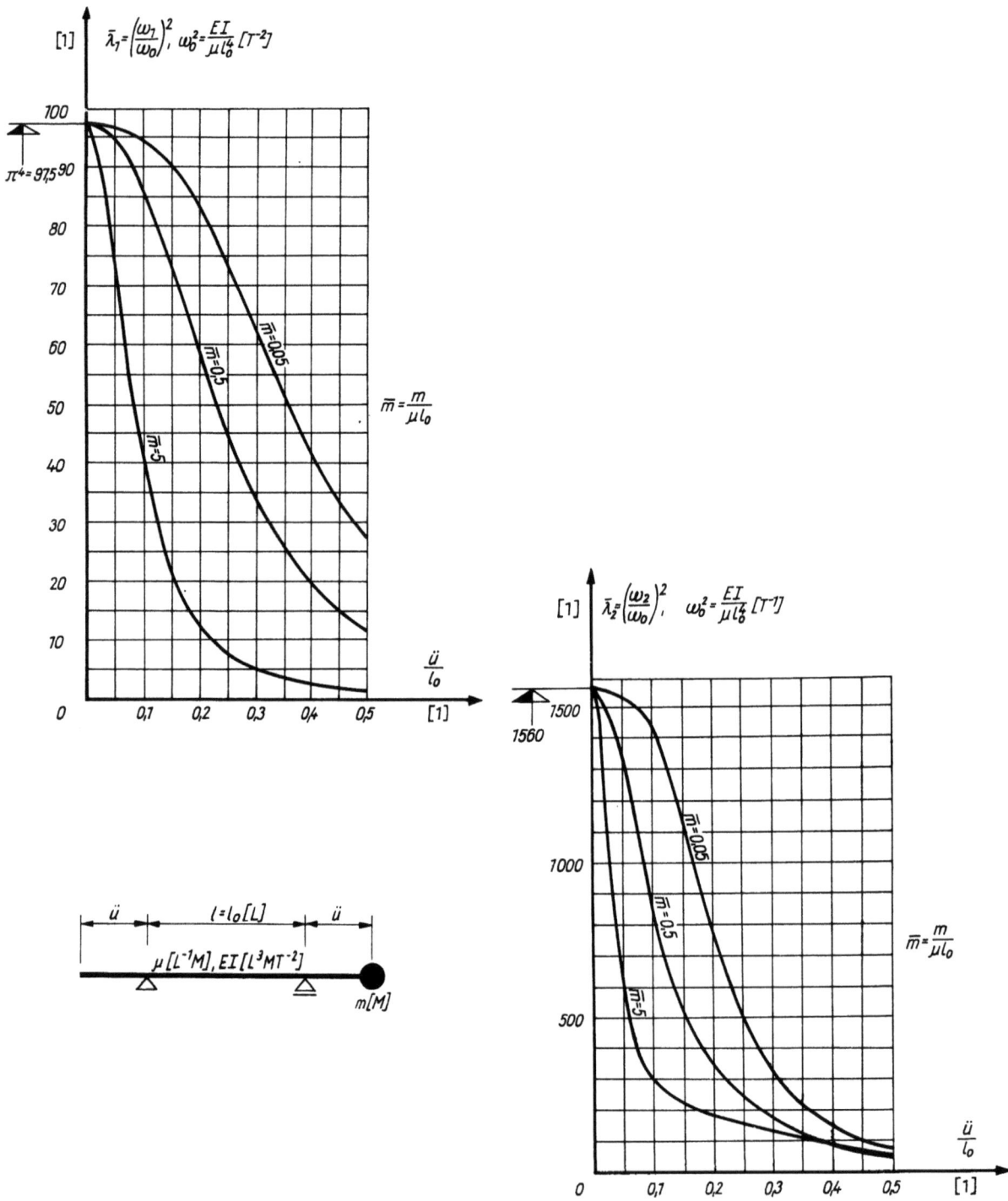

$m = 0.05\,\mu\,l_0$ **13**

$\frac{ü}{l_0}$	n	$\bar{\lambda}_n$		0	1	2	3	ϱ	ξ_ϱ (w=0)
0	1	97,5	$\bar{w}$ / $\bar{w}'$ / $\bar{w}''$	−	0 / 0,7071 / 0	0 / −0,7071 / 0	−	2 / 3	0 / 0
	2	1560	$\bar{w}$ / $\bar{w}'$ / $\bar{w}''$	−	0 / 0,7071 / 0	0 / 0,7071 / 0	−	2 / 2 / 3	0 / 0,50 / 0
	3	7900	$\bar{w}$ / $\bar{w}'$ / $\bar{w}''$	−	0 / −0,7071 / 0	0 / 0,7071 / 0	−	2 / 2 / 2 / 3	0 / 0,33 / 0,67 / 0
0,0625	1	96,8	$\bar{w}$ / $\bar{w}'$ / $\bar{w}''$	−0,0310 / 0,4963 / 0	0 / 0,4966 / 0,0700	0 / −0,4983 / 0,0607	−0,0311 / −0,4983 / −	2 / 3	0 / 0
	2	1527	$\bar{w}$ / $\bar{w}'$ / $\bar{w}''$	−0,0266 / 0,4254 / 0	0 / 0,4266 / 0,4232	0 / 0,4366 / −0,2695	0,0274 / 0,4396 / 0	2 / 2 / 3	0 / 0,50 / 0
0,1250	1	93,6	$\bar{w}$ / $\bar{w}'$ / $\bar{w}''$	0,0618 / −0,4943 / 0	0 / −0,4935 / −0,0372	0 / 0,5000 / −0,0002	0,0628 / 0,5030 / −	2 / 3	0 / 0
	2	1311	$\bar{w}$ / $\bar{w}'$ / $\bar{w}''$	−0,0487 / 0,3928 / 0	0 / 0,3808 / 0,0101	0 / 0,4149 / 0,5595	0,0556 / 0,4582 / 0	2 / 2 / 3	0 / 0,51 / 0
	3	5458	$\bar{w}$ / $\bar{w}'$ / $\bar{w}''$	0,0069 / −0,0581 / 0	0 / −0,0474 / 0,3473	0 / 0,0593 / 0,9275	0,0109 / 0,0992 / 0	2 / 2 / 2 / 3	0 / 0,35 / 0,79 / 0
0,2500	1	75,3	$\bar{w}$ / $\bar{w}'$ / $\bar{w}''$	0,1146 / −0,4628 / 0	0 / −0,4468 / 0,1363	0 / 0,4688 / 0,2634	0,1227 / 0,5003 / 0	2 / 3	0 / 0
	2	514,2	$\bar{w}$ / $\bar{w}'$ / $\bar{w}''$	0,0427 / −0,1819 / 0	0 / −0,1408 / 0,4007	0 / −0,1411 / −0,8418	−0,0511 / −0,2315 / 0	2 / 2 / 3	0 / 0,58 / 0
	3	1223	$\bar{w}$ / $\bar{w}'$ / $\bar{w}''$	0,0278 / −0,1284 / 0	0 / −0,0637 / 0,7273	0 / 0,0157 / 0,6655	0,0152 / 0,0798 / 0	2 / 2 / 2 / 3	0 / 0,25 / 0,95 / 0
0,3750	1	47,7	$\bar{w}$ / $\bar{w}'$ / $\bar{w}''$	0,1427 / −0,3922 / 0	0 / −0,3484 / 0,2969	0 / 0,3804 / 0,4851	0,1632 / 0,4578 / 0	2 / 3	0 / 0
	2	175,5	$\bar{w}$ / $\bar{w}'$ / $\bar{w}''$	0,0769 / −0,2280 / 0	0 / −0,1424 / 0,5914	0 / −0,0954 / −0,7180	−0,0656 / −0,2078 / 0	2 / 2 / 3	0 / 0,64 / 0
	3	511,9	$\bar{w}$ / $\bar{w}'$ / $\bar{w}''$	0,0335 / −0,1175 / 0	0 / −0,0132 / 0,7565	0 / −0,0139 / 0,6366	0,0201 / 0,0819 / 0	2 / 2 / 3 / 3	0 / 0,99 / 0 / 0,12
0,5000	1	26,6	$\bar{w}$ / $\bar{w}'$ / $\bar{w}''$	0,1678 / −0,3539 / 0	0 / −0,2856 / 0,3563	0 / 0,3192 / 0,5553	0,2003 / 0,4334 / 0	2 / 3	0 / 0
	2	72,1	$\bar{w}$ / $\bar{w}'$ / $\bar{w}''$	0,1178 / −0,2698 / 0	0 / −0,1429 / 0,6627	0 / −0,0798 / −0,6294	−0,0860 / −0,2096 / 0	2 / 2 / 3	0 / 0,66 / 0
	3	339,9	$\bar{w}$ / $\bar{w}'$ / $\bar{w}''$	0,0316 / −0,1022 / 0	0 / 0,0383 / 0,7328	0 / −0,0523 / 0,6628	0,0225 / 0,0870 / 0	1 / 2 / 3 / 3	0,76 / 0 / 0 / 0,38

A 25

$m = 0{,}5\,\mu\,l_0$

$\dfrac{ü}{l_0}$	n	$\bar{\lambda}_n$		0	1	2	3	\multicolumn{2}{c}{w = 0:}
								ϱ	ξ_ϱ
0	1	97,5	$\bar{w}$ $\bar{w}'$ $\bar{w}''$	– 	0 0,7071 0	0 –0,7071 0	– 	2 3	0 0
	2	1560	$\bar{w}$ $\bar{w}'$ $\bar{w}''$	– 	0 0,7071 0	0 0,7071 0	– 	2 2 3	0 0,50 0
	3	7900	$\bar{w}$ $\bar{w}'$ $\bar{w}''$	– 	0 –0,7071 0	0 0,7071 0	– 	2 2 2 3	0 0,33 0,67 0
0,0625	1	93,5	$\bar{w}$ $\bar{w}'$ $\bar{w}''$	0,0306 –0,4893 0	0 –0,4895 –0,0667	0 0,5056 0,0255	0,0317 0,5082 0	2 3	0 0
	2	1289	$\bar{w}$ $\bar{w}'$ $\bar{w}''$	–0,0168 0,2687 0	0 0,2697 0,2794	0 0,3299 0,7347	0,0218 0,3572 0	2 2 3	0 0,53 0
	3	5132	$\bar{w}$ $\bar{w}'$ $\bar{w}''$	0,0024 –0,0387 0	0 –0,0378 0,1067	0 0,0535 0,9884	0,0044 0,0773 0	2 2 2 3	0 0,39 0,83 0
0,1250	1	81,1	$\bar{w}$ $\bar{w}'$ $\bar{w}''$	0,0551 –0,4411 0	0 –0,4406 –0,0288	0 0,4970 0,2968	0,0639 0,5179 0	2 3	0 0
	2	656,7	$\bar{w}$ $\bar{w}'$ $\bar{w}''$	–0,0136 0,1093 0	0 0,1080 0,0358	0 0,1318 0,9597	0,0214 0,1900 0	2 2 3	0 0,64 0
	3	2470	$\bar{w}$ $\bar{w}'$ $\bar{w}''$	0,0105 –0,0855 0	0 –0,0793 0,1261	0 0,0038 0,9836	0,0047 0,0539 0	2 2 3 3	0 0,43 0 0,01
0,2500	1	44,6	$\bar{w}$ $\bar{w}'$ $\bar{w}''$	0,0684 –0,2753 0,0477	0 –0,2696 0	0 0,3787 0,6888	0,1090 0,4635 0	2 3	0 0
	2	230,7	$\bar{w}$ $\bar{w}'$ $\bar{w}''$	–0,0471 0,1940 0	0 0,1738 –0,1805	0 0,0351 0,9349	0,0274 0,1458 0	2 2 3	0 0,92 0
	3	1045	$\bar{w}$ $\bar{w}'$ $\bar{w}''$	0,0374 –0,1695 0	0 –0,0952 0,8133	0 –0,0262 0,5456	0,0032 0,0315 0	2 2 3 3	0 0,32 0 0,53
0,3750	1	21,4	$\bar{w}$ $\bar{w}'$ $\bar{w}''$	0,0784 –0,2121 0,0733	0 –0,2012 0	0 0,3164 0,7579	0,1532 0,4527 0	2 3	0 0
	2	114,8	$\bar{w}$ $\bar{w}'$ $\bar{w}''$	0,1112 –0,3185 0	0 –0,2368 0,5585	0 0,0135 –0,7103	–0,0269 –0,1129 0	2 3 3	0 0 0,11
	3	456,1	$\bar{w}$ $\bar{w}'$ $\bar{w}''$	0,0419 –0,1434 0	0 –0,0262 0,8439	0 –0,0458 0,5109	0,0050 0,0426 0	2 2 3 3	0 0,01 0 0,01
0,5000	1	11,20	$\bar{w}$ $\bar{w}'$ $\bar{w}''$	0,0948 –0,1939 0,0855	0 –0,1775 0	0 0,2896 0,7547	0,2053 0,4679 0	2 3	0 0
	2	55,3	$\bar{w}$ $\bar{w}'$ $\bar{w}''$	0,1667 –0,3708 0	0 –0,2317 0,7260	0 0,0232 –0,4938	–0,0282 –0,0944 0	2 3 3	0 0 0,20
	3	310,8	$\bar{w}$ $\bar{w}'$ $\bar{w}''$	0,0373 –0,1170 0	0 0,0366 0,8018	0 –0,0812 0,5744	0,0072 0,0639 0	1 2 3 3	0,80 0 0 0,76

$m = 5\mu l_0$

14

$\frac{ü}{l_0}$	n	$\bar{\lambda}_n$		0	1	2	3	\multicolumn{2}{c}{w = 0:}
								ϱ	ξ_ϱ
0	1	97,5	$\bar{w}$ $\bar{w}'$ $\bar{w}''$	-	0 0,7071 0	0 -0,7071 0	-	2 3	0 0
	2	1560	$\bar{w}$ $\bar{w}'$ $\bar{w}''$	-	0 0,7071 0	0 0,7071 0	-	2 2 3	0 0,50 0
	3	7900	$\bar{w}$ $\bar{w}'$ $\bar{w}''$	-	0 -0,7071 0	0 0,7071 0	-	2 2 2 3	0 0,33 0,67 0
0,0625	1	65,6	$\bar{w}$ $\bar{w}'$ $\bar{w}''$	0,0220 -0,3522 0	0 -0,3524 -0,0336	0 0,4551 0,5638	0,0292 0,4737 0	2 3	0 0
	2	440,9	$\bar{w}$ $\bar{w}'$ $\bar{w}''$	-0,0067 0,1068 0	0 0,1071 0,0642	0 0,0895 0,9751	0,0068 0,1191 0	2 2 3	0 0,76 0
	3	2547	$\bar{w}$ $\bar{w}'$ $\bar{w}''$	0,0047 -0,0751 0	0 -0,0750 -0,0212	0 -0,0015 0,9938	0,0010 0,0237 0	2 2 3 3	0 0,44 0 0,01
0,1250	1	27,7	$\bar{w}$ $\bar{w}'$ $\bar{w}''$	0,0253 -0,2025 0	0 -0,2024 -0,0045	0 0,3391 0,8052	0,0466 0,3898 0	2 3	0 0
	2	243,6	$\bar{w}$ $\bar{w}'$ $\bar{w}''$	-0,0210 0,1683 0	0 0,1677 0,0312	0 0,0094 0,9682	0,0060 0,0677 0	2 2 3	0 0,98 0
	3	2134	$\bar{w}$ $\bar{w}'$ $\bar{w}''$	0,0141 -0,1147 0	0 -0,1078 0,1110	0 -0,0290 0,9805	0,0006 0,0209 0	2 2 3 3	0 0,45 0 0,77
0,2500	1	7,25	$\bar{w}$ $\bar{w}'$ $\bar{w}''$	0,0388 -0,1555 0	0 -0,1550 0,0044	0 0,2939 0,8350	0,0909 0,3981 0	2 3	0 0
	2	165,9	$\bar{w}$ $\bar{w}'$ $\bar{w}''$	-0,0669 0,2730 0	0 0,2525 -0,1802	0 -0,0563 0,9049	0,0042 0,0530 0	2 3 3	0 0 0,66
	3	1018	$\bar{w}$ $\bar{w}'$ $\bar{w}''$	0,0395 -0,1785 0	0 -0,1021 0,8325	0 -0,0354 0,5114	0,0003 0,0197 0	2 2 3 3	0 0,33 0 0,93
0,3750	1	2,98	$\bar{w}$ $\bar{w}'$ $\bar{w}''$	0,0544 -0,1453 0	0 -0,1442 0,0071	0 0,2796 0,8183	0,1431 0,4323 0	2 3	0 0
	2	101,0	$\bar{w}$ $\bar{w}'$ $\bar{w}''$	0,1303 -0,3702 0	0 -0,2859 0,5754	0 0,0713 -0,6524	-0,0034 -0,0493 0	2 3 3	0 0 0,81
	3	443,3	$\bar{w}$ $\bar{w}'$ $\bar{w}''$	0,0442 -0,1504 0	0 -0,0301 0,8654	0 -0,0545 0,4709	0,0006 0,0305 0	2 2 3 3	0 0,01 0 0,95
0,5000	1	1,538	$\bar{w}$ $\bar{w}'$ $\bar{w}''$	0,0695 -0,1394 0	0 -0,1377 0,0087	0 0,2685 0,7926	0,2000 0,4652 0	2 3	0 0
	2	51,5	$\bar{w}$ $\bar{w}'$ $\bar{w}''$	0,1830 -0,4043 0	0 -0,2619 0,7433	0 0,0635 -0,4196	-0,0033 -0,0420 0	2 3 3	0 0 0,84
	3	301,3	$\bar{w}$ $\bar{w}'$ $\bar{w}''$	0,0394 -0,1226 0	0 0,0357 0,8261	0 -0,0920 0,5370	0,0009 0,0535 0	1 2 3 3	0,81 0 0 0,97

$[1] \quad \bar{\lambda}_1 = \left(\frac{\omega_1}{\omega_0}\right)^2 \qquad \omega_0^2 = \frac{EI}{\mu l_0^4}\,[T^{-2}] \qquad\qquad \bar{m} = \frac{m}{\mu l_0}$

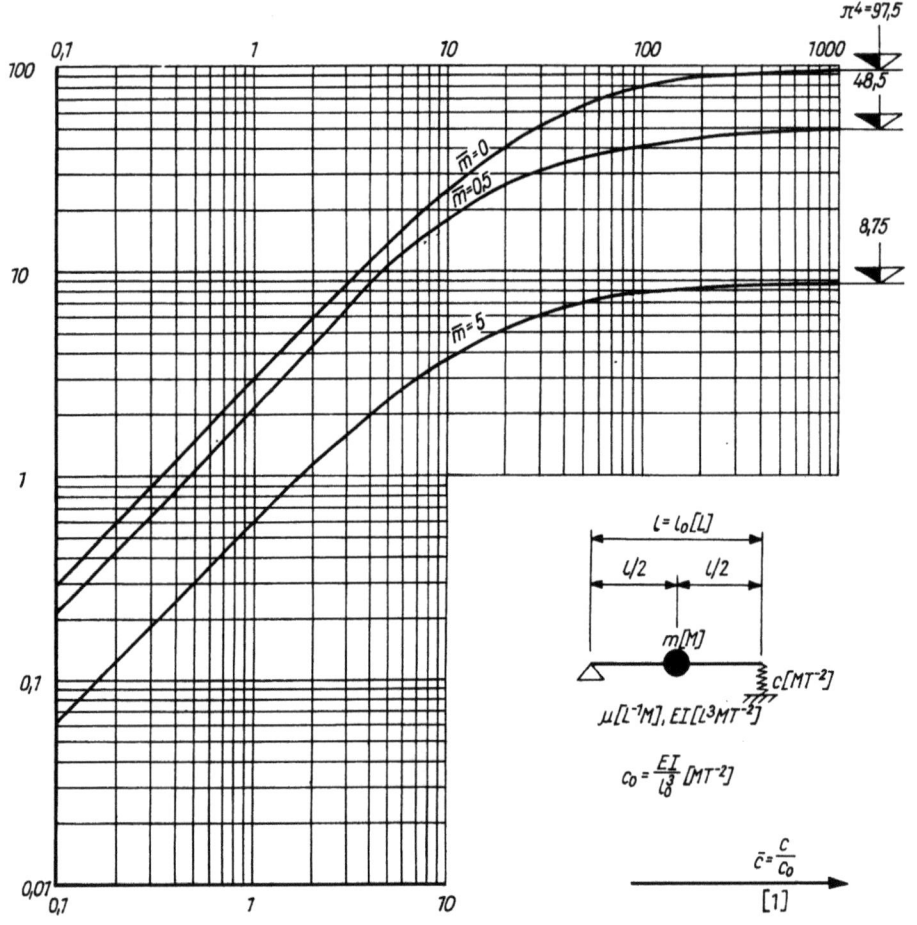

15

$\dfrac{c}{c_0}$	n	$\bar{\lambda}_n$		0	1	ϱ	w = 0: ξ_ϱ
0,01	1	0,0300	$\bar{w}$ $\bar{w}'$ $\bar{w}''$	0 0,5777 0	0,5774 0,5770 0	1	0
	2	239,8	$\bar{w}$ $\bar{w}'$ $\bar{w}''$	0 0,5613 0	-0,1991 -0,8033 0	1 1	0 0,74
0,1	1	0,299	$\bar{w}$ $\bar{w}'$ $\bar{w}''$	0 0,5809 0	0,5775 0,5737 0	1	0
	2	240,1	$\bar{w}$ $\bar{w}'$ $\bar{w}''$	0 0,5613 0	-0,1993 -0,8033 0	1 1	0 0,74
1,0	1	2,94	$\bar{w}$ $\bar{w}'$ $\bar{w}''$	0 0,6123 0	0,5782 0,5392 0	1	0
	2	243,8	$\bar{w}$ $\bar{w}'$ $\bar{w}''$	0 0,5613 0	-0,2013 -0,8028 0	1 1	0 0,73
10,0	1	24,8	$\bar{w}$ $\bar{w}'$ $\bar{w}''$	0 0,8479 0	0,5116 0,1395 0	1	0
	2	284,0	$\bar{w}$ $\bar{w}'$ $\bar{w}''$	0 -0,5662 0	0,2198 0,7945 0	1 1	0 0,71
100,0	1	79,8	$\bar{w}$ $\bar{w}'$ $\bar{w}''$	0 0,7694 0	0,0766 -0,6341 0	1	0
	2	711,5	$\bar{w}$ $\bar{w}'$ $\bar{w}''$	0 -0,8618 0	0,2736 0,4271 0	1 1	0 0,58
1000,0	1	95,6	$\bar{w}$ $\bar{w}'$ $\bar{w}''$	0 0,7131 0	0,0070 -0,7011 0	1	0
	2	1451	$\bar{w}$ $\bar{w}'$ $\bar{w}''$	0 -0,7701 0	0,0305 -0,6373 0	1 1	0 0,51
∞	1	97,5	$\bar{w}$ $\bar{w}'$ $\bar{w}''$	0 0,7071 0	0 -0,7071 0	1 1	0 1
	2	1560	$\bar{w}$ $\bar{w}'$ $\bar{w}''$	0 -0,7071 0	0 -0,7071 0	1 1	0 0,50

A 29

$m = 0{,}5\,\mu\,l_0$

$\dfrac{c}{c_0}$	n	$\bar{\lambda}_n$		0	1	2	ρ	ξ_ρ
0,1	1	0,217	$\bar{w}$ $\bar{w}'$ $\bar{w}''$	0 0,4886 0	0,2437 0,4850 -0,0132	0,4849 0,4809 0	1	0
0,1	2	158,2	$\bar{w}$ $\bar{w}'$ $\bar{w}''$	0 0,1642 0	0,0314 -0,1177 -0,9232	-0,0969 -0,3108 0	1 2	0 0,34
0,1	3	2338	$\bar{w}$ $\bar{w}'$ $\bar{w}''$	0 -0,2700 0	0,0063 0,2103 -0,8983	-0,0394 -0,2729 0	1 1 2	0 0,94 0,69
1,0	1	2,11	$\bar{w}$ $\bar{w}'$ $\bar{w}''$	0 0,5161 0	0,2519 0,4802 -0,1325	0,4789 0,4390 0	1	0
1,0	2	162,5	$\bar{w}$ $\bar{w}'$ $\bar{w}''$	0 0,1634 0	0,0308 -0,1195 -0,9233	-0,0978 -0,3100 0	1 2	0 0,33
1,0	3	2340	$\bar{w}$ $\bar{w}'$ $\bar{w}''$	0 -0,2694 0	0,0063 0,2096 -0,8989	-0,0394 -0,2720 0	1 1 2	0 0,94 0,69
10,0	1	16,14	$\bar{w}$ $\bar{w}'$ $\bar{w}''$	0 0,4727 0	0,1996 0,2598 -0,7770	0,2547 0,0252 0	1	0
10,0	2	208,7	$\bar{w}$ $\bar{w}'$ $\bar{w}''$	0 0,1586 0	0,0257 -0,1355 -0,9252	-0,1046 -0,2983 0	1 2	0 0,27
10,0	3	2366	$\bar{w}$ $\bar{w}'$ $\bar{w}''$	0 -0,2631 0	0,0063 0,2027 -0,9050	-0,0390 -0,2630 0	1 1 2	0 0,94 0,69
100,0	1	41,6	$\bar{w}$ $\bar{w}'$ $\bar{w}''$	0 0,2838 0	0,0971 0,0260 -0,9232	0,0247 -0,2374 0	1	0
100,0	2	657,8	$\bar{w}$ $\bar{w}'$ $\bar{w}''$	0 -0,2111 0	-0,0129 0,2426 0,9358	0,1002 0,1031 0	1 2	0 0,10
100,0	3	2664	$\bar{w}$ $\bar{w}'$ $\bar{w}''$	0 -0,2078 0	0,0061 0,1418 -0,9509	-0,0340 -0,1768 0	1 1 2	0 0,92 0,61
1000,0	1	47,8	$\bar{w}$ $\bar{w}'$ $\bar{w}''$	0 0,2623 0	0,0859 0,0025 -0,9259	0,0023 -0,2579 0	1	0
1000,0	2	1431	$\bar{w}$ $\bar{w}'$ $\bar{w}''$	0 -0,5531 0	-0,0031 0,5716 0,3343	0,0245 -0,5050 0	1 2	0 0,01
1000,0	3	4472	$\bar{w}$ $\bar{w}'$ $\bar{w}''$	0 0,0976 0	-0,0045 0,01 -0,99	0,0067 -0,0491 0	1 1 2	0 0,82 0,27
∞	1	48,5	$\bar{w}$ $\bar{w}'$ $\bar{w}''$	0 0,2600 0	0,0847 0 -0,9261	0 -0,2600 0	1 2	0 1
∞	2	1560	$\bar{w}$ $\bar{w}'$ $\bar{w}''$	0 -0,5774 0	0 -0,5774 0	0 0,5774 0	1 2 2	0 0 1

$m = 5\mu l_0$

16

$\frac{c}{c_0}$	n	$\bar{\lambda}_n$		0	1	2	ϱ	ξ_ϱ
							w = 0:	
0,1	1	0,0627	$\bar{w}$ $\bar{w}'$ $\bar{w}''$	0 0,4901 0	0,2442 0,4848 -0,0211	0,4848 0,4793 0	1	0
	2	96,2	$\bar{w}$ $\bar{w}'$ $\bar{w}''$	0 0,1017 0	0,0083 -0,1456 -0,9202	-0,1295 -0,3239 0	1 2	0 0,10
	3	2205	$\bar{w}$ $\bar{w}'$ $\bar{w}''$	0 -0,2586 0	0,0010 0,1809 -0,9280	-0,0293 -0,1959 0	1 1 2	0 0,99 0,68
1,0	1	0,592	$\bar{w}$ $\bar{w}'$ $\bar{w}''$	0 0,5239 0	0,2532 0,4716 -0,2060	0,4712 0,4178 0	1	0
	2	101,7	$\bar{w}$ $\bar{w}'$ $\bar{w}''$	0 0,1014 0	0,0080 -0,1469 -0,9207	-0,1297 -0,3218 0	1 2	0 0,09
	3	2207	$\bar{w}$ $\bar{w}'$ $\bar{w}''$	0 -0,2581 0	0,0010 0,1803 -0,9284	-0,0293 -0,1952 0	1 1 2	0 0,99 0,68
10,0	1	3,75	$\bar{w}$ $\bar{w}'$ $\bar{w}''$	0 0,4077 0	0,1673 0,1900 -0,8561	0,1891 -0,0315 0	1	0
	2	157,6	$\bar{w}$ $\bar{w}'$ $\bar{w}''$	0 0,1017 0	0,0056 -0,1573 -0,9270	-0,1295 -0,2980 0	1 2	0 0,07
	3	2224	$\bar{w}$ $\bar{w}'$ $\bar{w}''$	0 -0,2527 0	0,0010 0,1745 -0,9325	-0,0290 -0,1878 0	1 1 2	0 0,99 0,67
100,0	1	7,76	$\bar{w}$ $\bar{w}'$ $\bar{w}''$	0 0,2586 0	0,0892 0,0199 -0,9361	0,0197 -0,2195 0	1	0
	2	623,3	$\bar{w}$ $\bar{w}'$ $\bar{w}''$	0 -0,1552 0	-0,0023 0,2277 0,9533	0,0992 0,0745 0	1 2	0 0,02
	3	2424	$\bar{w}$ $\bar{w}'$ $\bar{w}''$	0 -0,2047 0	0,0010 0,1235 -0,9633	-0,0250 -0,1191 0	1 1 2	0 0,98 0,57
1000,0	1	8,64	$\bar{w}$ $\bar{w}'$ $\bar{w}''$	0 0,2411 0	0,0804 0,0020 -0,9376	0,0020 -0,2373 0	1	0
	2	1429	$\bar{w}$ $\bar{w}'$ $\bar{w}''$	0 -0,5194 0	-0,0006 0,5530 0,4137	0,0242 -0,5026 0	1 2	0 0
	3	3547	$\bar{w}$ $\bar{w}'$ $\bar{w}''$	0 0,1022 0	-0,0008 -0,0163 0,9931	0,0055 -0,0556 0	1 1 2	0 0,95 0,13
∞	1	8,75	$\bar{w}$ $\bar{w}'$ $\bar{w}''$	0 0,2392 0	0,0794 0 -0,9377	0 -0,2392 0	1 2	0 1
	2	1560	$\bar{w}$ $\bar{w}'$ $\bar{w}''$	0 -0,5774 0	0 -0,5774 0	0,5774 0,5774 0	1 2 2	0 0 1

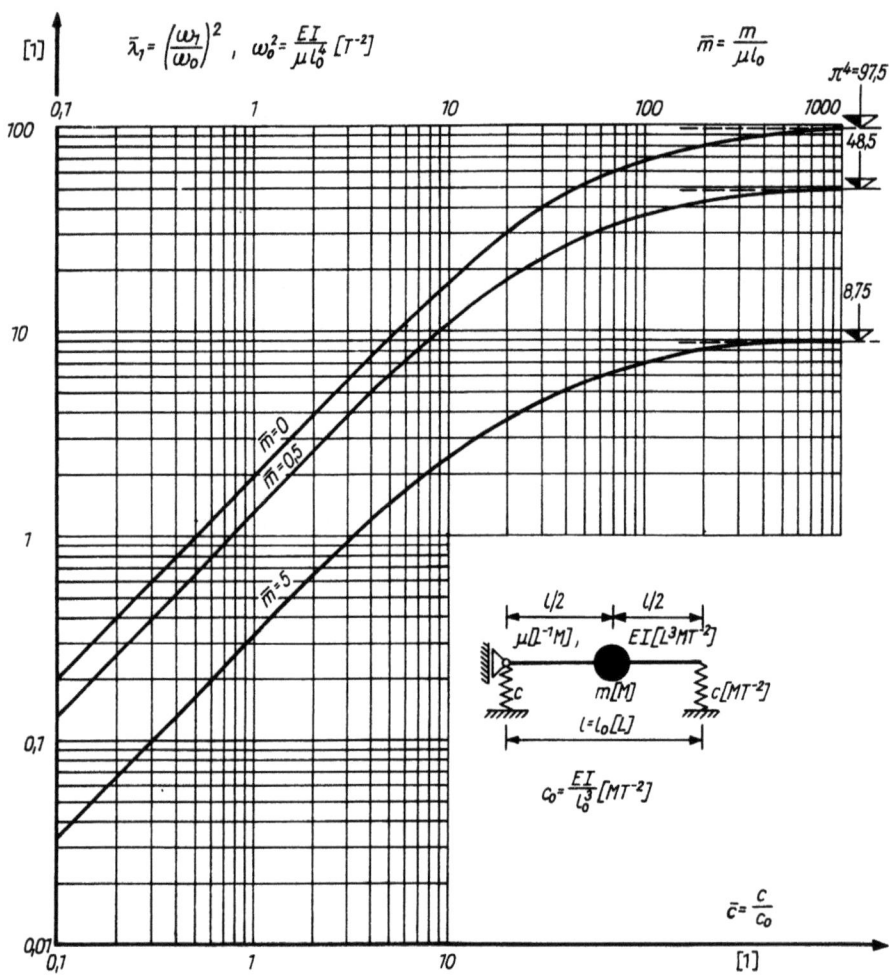

$\frac{c}{c_0}$	n	$\bar{\lambda}_n$		0	1	\multicolumn{2}{c}{w = 0:}
						ϱ	ξ_ϱ
0,01	1	0,0200	$\bar{w}$ $\bar{w}'$ $\bar{w}''$	0,7071 0,0006 0	0,7071 -0,0006 0	-	-
	2	0,0600	$\bar{w}$ $\bar{w}'$ $\bar{w}''$	0,3163 -0,6324 0	-0,3163 -0,6324 0	1	0,50
0,1	1	0,1997	$\bar{w}$ $\bar{w}'$ $\bar{w}''$	0,7071 0,0059 0	0,7071 -0,0059 0	-	-
	2	0,600	$\bar{w}$ $\bar{w}'$ $\bar{w}''$	0,3164 -0,6324 0	-0,3164 -0,6324 0	1	0,50
1,0	1	1,967	$\bar{w}$ $\bar{w}'$ $\bar{w}''$	0,7047 0,0589 0	0,7047 -0,0589 0	-	-
	2	5,99	$\bar{w}$ $\bar{w}'$ $\bar{w}''$	0,3184 -0,6314 0	-0,3184 -0,6314 0	1	0,50
10,0	1	17,06	$\bar{w}$ $\bar{w}'$ $\bar{w}''$	0,5357 0,4615 0	0,5357 -0,4615 0	-	-
	2	58,6	$\bar{w}$ $\bar{w}'$ $\bar{w}''$	0,3389 -0,6206 0	-0,3389 -0,6206 0	1	0,50
100,0	1	68,5	$\bar{w}$ $\bar{w}'$ $\bar{w}''$	0,0733 -0,7033 0	0,0733 0,7033 0	-	-
	2	473,3	$\bar{w}$ $\bar{w}'$ $\bar{w}''$	0,7016 -0,0879 0	-0,7016 -0,0879 0	1	0,50
1000,0	1	93,8	$\bar{w}$ $\bar{w}'$ $\bar{w}''$	0,0070 0,7071 0	0,0070 -0,7071 0	-	-
	2	1341	$\bar{w}$ $\bar{w}'$ $\bar{w}''$	0,0317 0,7064 0	-0,0317 0,7064 0	1	0,50
∞	1	97,5	$\bar{w}$ $\bar{w}'$ $\bar{w}''$	0 0,7071 0	0 -0,7071 0	1 1	0 1
	2	1560	$\bar{w}$ $\bar{w}'$ $\bar{w}''$	0 0,7071 0	0 0,7071 0	1 1 1	0 0,5 1

$m = 0{,}5\mu l_0$

$\dfrac{c}{c_0}$	n	$\bar{\lambda}_n$		0	1	2	ϱ	ξ_ϱ
0,1	1	0,1330	$\bar{w}$ $\bar{w}'$ $\bar{w}''$	0,5766 0,0056 0	0,5784 0 -0,0192	0,5766 -0,0056 0	-	-
	2	0,600	$\bar{w}$ $\bar{w}'$ $\bar{w}''$	0,2673 -0,5342 0	0 -0,5351 0	-0,2673 -0,5342 0	2	0
	3	333,9	$\bar{w}$ $\bar{w}'$ $\bar{w}''$	0,0559 -0,2117 0	-0,0193 0 0,9506	0,0559 0,2117 0	1 2	0,57 0,43
1,0	1	1,302	$\bar{w}$ $\bar{w}'$ $\bar{w}''$	0,5595 0,0546 0	0,5770 0 -0,1873	0,5595 -0,0546 0	-	-
	2	5,99	$\bar{w}$ $\bar{w}'$ $\bar{w}''$	0,2680 -0,5315 0	0 -0,5399 0	-0,2680 -0,5315 0	2	0
	3	340,7	$\bar{w}$ $\bar{w}'$ $\bar{w}''$	0,0559 -0,2106 0	-0,0191 0 0,9511	0,0559 0,2106 0	1 2	0,57 0,43
10,0	1	10,72	$\bar{w}$ $\bar{w}'$ $\bar{w}''$	0,2375 0,2377 0	0,3141 0 0,8219	0,2375 -0,2377 0	-	-
	2	58,6	$\bar{w}$ $\bar{w}'$ $\bar{w}''$	0,2740 -0,5017 0	0 -0,5886 0	-0,2740 -0,5017 0	2	0
	3	410,4	$\bar{w}$ $\bar{w}'$ $\bar{w}''$	0,0557 -0,1996 0	-0,0171 0 0,9559	0,0557 0,1996 0	1 2	0,59 0,41
100,0	1	36,6	$\bar{w}$ $\bar{w}'$ $\bar{w}''$	0,0242 0,2613 0	0,1091 0 -0,9221	0,0242 -0,2613 0	-	-
	2	473,1	$\bar{w}$ $\bar{w}'$ $\bar{w}''$	0,2530 -0,0375 0	0 -0,9323 0	-0,2530 -0,0375 0	2	0
	3	1100	$\bar{w}$ $\bar{w}'$ $\bar{w}''$	0,0429 -0,1065 0	-0,0104 0 0,9867	0,0429 0,1065 0	1 2	0,68 0,32
1000,0	1	47,0	$\bar{w}$ $\bar{w}'$ $\bar{w}''$	0,0023 0,2602 0	0,0871 0 -0,9257	0,0023 -0,2602 0	-	-
	2	1329	$\bar{w}$ $\bar{w}'$ $\bar{w}''$	0,0253 0,5459 0	0 -0,6346 0	-0,0253 0,5459 0	2	0
	3	3888	$\bar{w}$ $\bar{w}'$ $\bar{w}''$	0,0069 0,0609 0	-0,0050 0 0,9962	0,0069 -0,0609 0	1 2	0,77 0,23
∞	1	48,5	$\bar{w}$ $\bar{w}'$ $\bar{w}''$	0 0,2600 0	0,0847 0 -0,9261	0 -0,2600 0	1 2	0 1
	2	1560	$\bar{w}$ $\bar{w}'$ $\bar{w}''$	0 0,5774 0	0 -0,5774 0	0 0,5774 0	1 2 2	0 0 1

$m = 5\mu l_0$

18

$\dfrac{c}{c_0}$	n	$\bar{\lambda}_n$		0	1	2	\multicolumn{2}{c}{w = 0:}
							ϱ	ξ_ϱ
0,1	1	0,0332	$\bar{w}$ $\bar{w}'$ $\bar{w}''$	0,5764 0,0068 0	0,5786 0 -0,0264	0,5764 -0,0068 0	-	-
	2	0,600	$\bar{w}$ $\bar{w}'$ $\bar{w}''$	0,2673 -0,5342 0	0 -0,5351 0	-0,2673 -0,5342 0	2	0
	3	221,1	$\bar{w}$ $\bar{w}'$ $\bar{w}''$	0,0650 -0,1919 0	-0,0045 0 0,9581	0,0650 0,1919 0	1 2	0,80 0,20
1,0	1	0,322	$\bar{w}$ $\bar{w}'$ $\bar{w}''$	0,5490 0,0649 0	0,5704 0 -0,2520	0,5490 -0,0649 0	-	-
	2	5,99	$\bar{w}$ $\bar{w}'$ $\bar{w}''$	0,2680 -0,5315 0	0 -0,5399 0	-0,2680 -0,5315 0	2	0
	3	228,1	$\bar{w}$ $\bar{w}'$ $\bar{w}''$	0,0647 -0,1905 0	-0,0044 0 0,9587	0,0647 0,1905 0	1 2	0,80 0,20
10,0	1	2,43	$\bar{w}$ $\bar{w}'$ $\bar{w}''$	0,1879 0,2240 0	0,2621 0 -0,8720	0,1879 -0,2240 0	-	-
	2	58,6	$\bar{w}$ $\bar{w}'$ $\bar{w}''$	0,2740 -0,5017 0	0 -0,5886 0	-0,2740 -0,5017 0	2	0
	3	298,3	$\bar{w}$ $\bar{w}'$ $\bar{w}''$	0,0625 -0,1763 0	-0,0037 0 0,9644	0,0625 0,1763 0	1 2	0,82 0,18
100,0	1	6,97	$\bar{w}$ $\bar{w}'$ $\bar{w}''$	0,0197 0,2391 0	0,0990 0 -0,9355	0,0197 -0,2391 0	-	-
	2	473,1	$\bar{w}$ $\bar{w}'$ $\bar{w}''$	0,2530 -0,0375 0	-0,2530 -0,9323 0	-0,2530 -0,0375 0	2	0
	3	933,7	$\bar{w}$ $\bar{w}'$ $\bar{w}''$	0,0415 -0,0739 0	-0,0019 0 0,9928	0,0415 0,0739 0	1 2	0,87 0,13
1000,0	1	8,53	$\bar{w}$ $\bar{w}'$ $\bar{w}''$	0,0020 0,2392 0	0,0814 0 -0,9375	0,0020 -0,2392 0	-	-
	2	1329	$\bar{w}$ $\bar{w}'$ $\bar{w}''$	0,0253 0,5459 0	0 -0,6346 0	-0,0253 0,5459 0	2	0
	3	3120	$\bar{w}$ $\bar{w}'$ $\bar{w}''$	0,0059 0,0689 0	-0,0009 0 0,9952	0,0059 -0,0689 0	1 2	0,91 0,09
∞	1	8,75	$\bar{w}$ $\bar{w}'$ $\bar{w}''$	0 0,2392 0	0,0794 0 -0,9377	0 -0,2392 0	1 2	0 1
	2	1560	$\bar{w}$ $\bar{w}'$ $\bar{w}''$	0 0,5774 0	0 -0,5774 0	0 0,5774 0	1 2 2	0 0 1

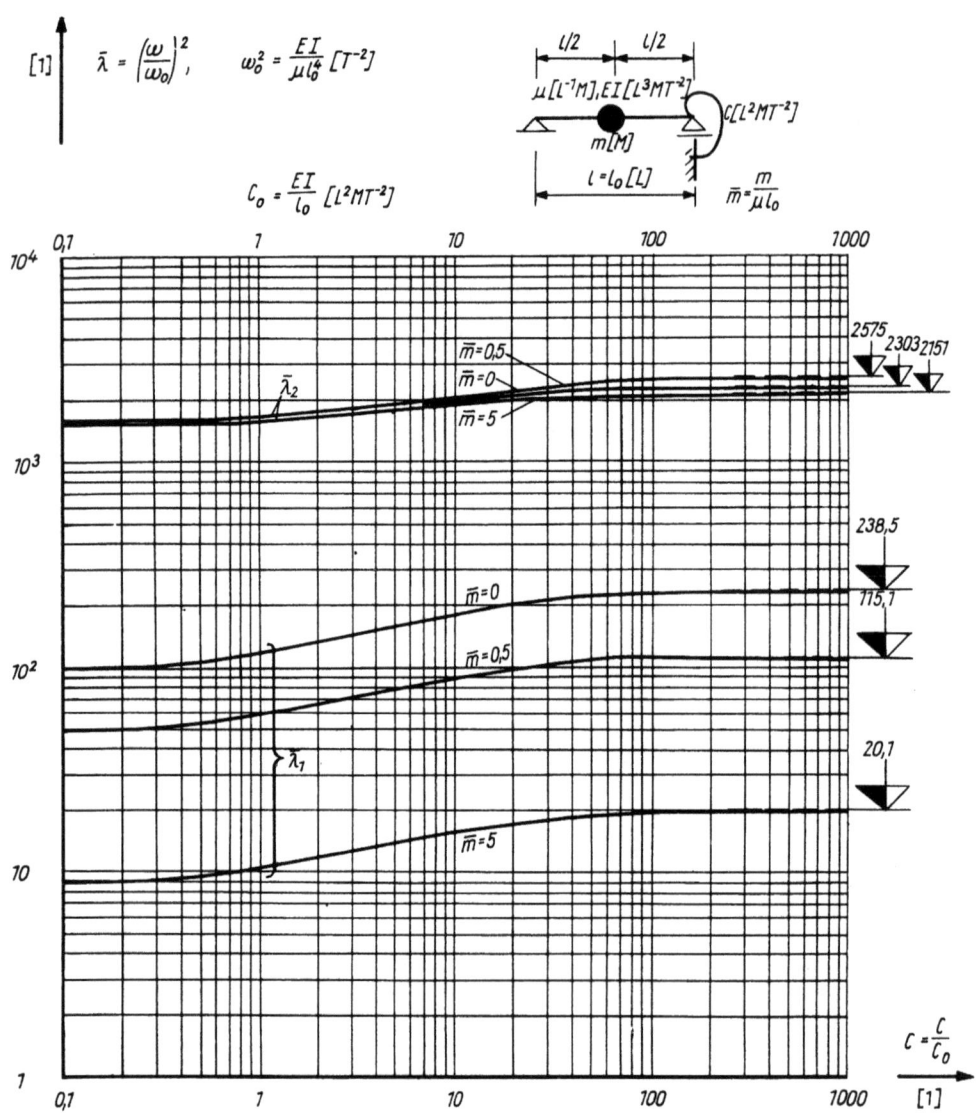

$\dfrac{c}{c_0}$	n	$\bar{\lambda}_n$		0	1	\multicolumn{2}{c}{$w=0$:}
						ϱ	ξ_ϱ
0	1	97,5	$\bar{w}$ $\bar{w}'$ $\bar{w}''$	0 0,7071 0	0 -0,7071 0	1 1	0 1
	2	1560	$\bar{w}$ $\bar{w}'$ $\bar{w}''$	0 0,7071 0	0 0,7071 0	1 1 1	0 0,50 1
0,1	1	99,4	$\bar{w}$ $\bar{w}'$ $\bar{w}''$	0 0,7011 0	0 -0,6823 0,2072	1 1	0 1
	2	1587	$\bar{w}$ $\bar{w}'$ $\bar{w}''$	0 0,5928 0	0 0,5412 -0,5964	1 1 1	0 0,50 1
1,0	1	114,9	$\bar{w}$ $\bar{w}'$ $\bar{w}''$	0 0,5933 0	0 -0,4993 0,6314	1 1	0 1
	2	1654	$\bar{w}$ $\bar{w}'$ $\bar{w}''$	0 0,4336 0	0 0,3701 -0,8216	1 1 1	0 0,49 1
10,0	1	180,7	$\bar{w}$ $\bar{w}'$ $\bar{w}''$	0 0,2525 0	0 -0,0885 0,9636	1 1	0 1
	2	2035	$\bar{w}$ $\bar{w}'$ $\bar{w}''$	0 0,1450 0	0 0,0724 -0,9868	1 1 1	0 0,47 1
100,0	1	229,5	$\bar{w}$ $\bar{w}'$ $\bar{w}''$	0 0,1824 0	0 -0,0092 0,9832	1 1	0 1
	2	2473	$\bar{w}$ $\bar{w}'$ $\bar{w}''$	0 0,0832 0	0 0,0077 -0,9965	1 1 1	0 0,45 1
1000,0	1	237,5	$\bar{w}$ $\bar{w}'$ $\bar{w}''$	0 0,1753 0	0 -0,0009 0,9845	1 1	0 1
	2	2564	$\bar{w}$ $\bar{w}'$ $\bar{w}''$	0 0,0768 0	0 0,0008 -0,9971	1 1 1	0 0,44 1
∞	1	238,5	$\bar{w}$ $\bar{w}'$ $\bar{w}''$	0 0,1745 0	0 0 0,9847	1 1	0 1
	2	2575	$\bar{w}$ $\bar{w}'$ $\bar{w}''$	0 0,0761 0	0 0 -0,9971	1 1 1	0 0,44 1

$m = 0{,}5\,\mu l_0$

$\dfrac{c}{c_0}$	n	$\bar{\lambda}_n$		0	1	2	\multicolumn{2}{c}{w = 0:}
							ϱ	ξ_ϱ
0	1	48,5	$\bar{w}$ $\bar{w}'$ $\bar{w}''$	0 0,4227 0	0,2754 0 -0,7528	0 0,4227 0	1 2	0 1
	2	1560	$\bar{w}$ $\bar{w}'$ $\bar{w}''$	0 0,5773 0	0 -0,5773 0	0 0,5773 0	1 2 2	0 0 1
0,1	1	49,5	$\bar{w}$ $\bar{w}'$ $\bar{w}''$	0 0,2596 0	0,0844 -0,0011 -0,9272	0 -0,2553 0,0264	1 2	0 1
	2	1568	$\bar{w}$ $\bar{w}'$ $\bar{w}''$	0 0,5588 0	-0,0002 -0,5572 0,0463	0 0,5453 -0,2788	1 2 2	0 0,00 1
	3	5193	$\bar{w}$ $\bar{w}'$ $\bar{w}''$	0 -0,0842 0	0,0041 0,0002 -0,9884	0 0,0809 -0,0968	1 1 2 2	0 0,79 0,21 1
1,0	1	56,9	$\bar{w}$ $\bar{w}'$ $\bar{w}''$	0 0,2514 0	0,0800 -0,0094 -0,9153	0 -0,2148 0,2155	1 2	0 1
	2	1633	$\bar{w}$ $\bar{w}'$ $\bar{w}''$	0 -0,4709 0	0,0016 0,4628 -0,1731	0 -0,4140 0,6022	1 2 2	0 0,99 1
	3	5316	$\bar{w}$ $\bar{w}'$ $\bar{w}''$	0 -0,0817 0	0,0040 -0,0022 -0,9795	0 0,0764 -0,1678	1 1 2 2	0 0,78 0,20 1
10,0	1	87,9	$\bar{w}$ $\bar{w}'$ $\bar{w}''$	0 0,1832 0	0,0536 -0,0300 -0,7126	0 -0,0671 0,6711	1 2	0 1
	2	1956	$\bar{w}$ $\bar{w}'$ $\bar{w}''$	0 -0,1954 0	0,0030 0,1762 -0,3448	0 -0,0825 0,8973	1 1 2	0 0,97 1
	3	6148	$\bar{w}$ $\bar{w}'$ $\bar{w}''$	0 -0,0629 0	0,0031 -0,0132 -0,8447	0 0,0433 -0,5296	1 1 2 2	0 0,75 0,16 1
100,0	1	110,8	$\bar{w}$ $\bar{w}'$ $\bar{w}''$	0 0,1463 0	0,0403 -0,0361 -0,5909	0 -0,0079 0,7915	1 2	0 1
	2	2246	$\bar{w}$ $\bar{w}'$ $\bar{w}''$	0 -0,1341 0	0,0032 0,1100 -0,3975	0 -0,0086 0,9010	1 1 2	0 0,94 1
	3	7455	$\bar{w}$ $\bar{w}'$ $\bar{w}''$	0 -0,0425 0	0,0020 -0,0193 -0,6382	0 0,0068 -0,7684	1 1 2 2	0 0,71 0,12 1
∞	1	115,1	$\bar{w}$ $\bar{w}'$ $\bar{w}''$	0 0,1410 0	0,0384 -0,0368 -0,5734	0 0 0,8053	1 2	0 1
	2	2303	$\bar{w}$ $\bar{w}'$ $\bar{w}''$	0 -0,1275 0	0,0032 0,1025 -0,4072	0 0 0,8986	1 1 2	0 0,94 1

$m = 5\mu l_0$

20

$\dfrac{c}{c_0}$	n	$\bar{\lambda}_n$		0	1	2	\multicolumn{2}{c}{$w = 0$:}
							ϱ	ξ_ϱ
0	1	8,75	$\bar{w}$ $\bar{w}'$ $\bar{w}''$	0 0,3990 0	0,2649 0 −0,7820	0 −0,3990 0	1 2	0 1
	2	1560	$\bar{w}$ $\bar{w}'$ $\bar{w}''$	0 0,5773 0	0 −0,5773 0	0 0,5773 0	1 2 2	0 0 1
0,1	1	8,91	$\bar{w}$ $\bar{w}'$ $\bar{w}''$	0 0,2385 0	0,0790 −0,0010 −0,9388	0 −0,2346 0,0236	1 2	0 1
	2	1568	$\bar{w}$ $\bar{w}'$ $\bar{w}''$	0 0,5598 0	0,0000 −0,5571 0,0530	0 0,5441 −0,2784	1 2 2	0 0 1
	3	4017	$\bar{w}$ $\bar{w}'$ $\bar{w}''$	0 −0,0870 0	0,0007 −0,0000 −0,9897	0 0,0846 −0,0762	1 1 2 2	0 0,92 0,08 1
1,0	1	10,19	$\bar{w}$ $\bar{w}'$ $\bar{w}''$	0 0,2295 0	0,0748 −0,0083 −0,9297	0 −0,1966 0,1967	1 2	0 1
	2	1631	$\bar{w}$ $\bar{w}'$ $\bar{w}''$	0 −0,4771 0	0,0003 0,4604 −0,2242	0 −0,4039 0,5891	1 2 2	0 0 1
	3	4132	$\bar{w}$ $\bar{w}'$ $\bar{w}''$	0 −0,0835 0	0,0007 −0,0031 −0,9817	0 0,0804 −0,1514	1 1 2 2	0 0,91 0,07 1
10,0	1	15,50	$\bar{w}$ $\bar{w}'$ $\bar{w}''$	0 0,1681 0	0,0512 −0,0265 −0,7552	0 −0,0628 0,6278	1 2	0 1
	2	1913	$\bar{w}$ $\bar{w}'$ $\bar{w}''$	0 −0,2197 0	0,0006 0,1829 −0,4587	0 −0,0769 0,8379	1 1 2	0 0,99 1
	3	4937	$\bar{w}$ $\bar{w}'$ $\bar{w}''$	0 −0,0593 0	0,0005 −0,0165 −0,8386	0 0,0460 −0,5393	1 1 2 2	0 0,86 0,04 1
100,0	1	19,41	$\bar{w}$ $\bar{w}'$ $\bar{w}''$	0 0,1342 0	0,0390 −0,0319 −0,6414	0 −0,0075 0,7537	1 2	0 1
	2	2119	$\bar{w}$ $\bar{w}'$ $\bar{w}''$	0 −0,1641 0	0,0006 0,1212 −0,5270	0 −0,0079 0,8250	1 1 2	0 0,99 1
	3	6217	$\bar{w}$ $\bar{w}'$ $\bar{w}''$	0 −0,0367 0	0,0003 −0,0218 −0,6225	0 0,0071 −0,7814	1 1 2 2	0 0,79 0,02 1
∞	1	20,14	$\bar{w}$ $\bar{w}'$ $\bar{w}''$	0 0,1292 0	0,0373 −0,0326 −0,6243	0 0 0,7688	1 2	0 1
	2	2155	$\bar{w}$ $\bar{w}'$ $\bar{w}''$	0 −0,1581 0	0,0007 0,1142 −0,5380	0 0 0,8201	1 1 2	0 0,99 1

A 39

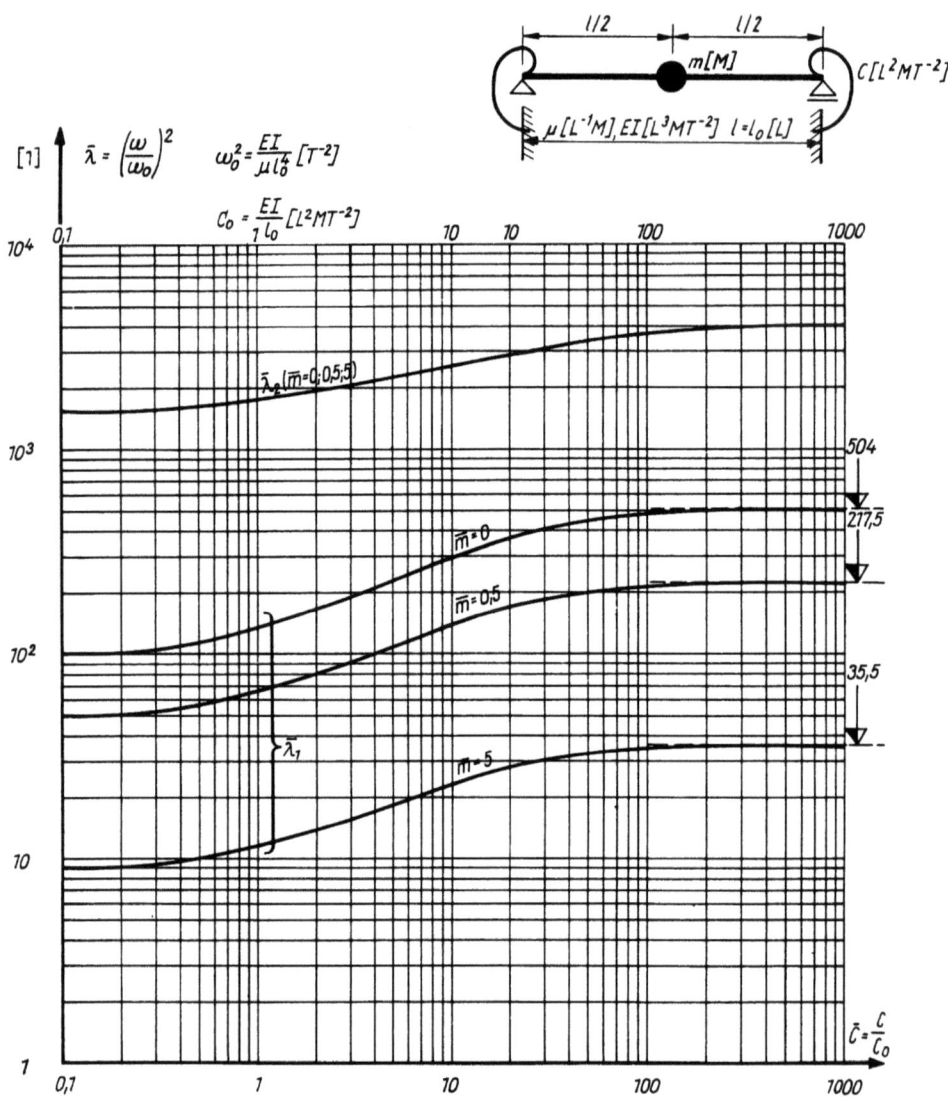

$\frac{C}{C_0}$	n	$\bar{\lambda}_n$		$l = l_0$ 0	1	w = 0: ϱ	ξ_ϱ
0	1	97,5	$\bar{w}$ $\bar{w}'$ $\bar{w}''$	0 0,7071 0	0 -0,7071 0	1 1	0 1
	2	1560	$\bar{w}$ $\bar{w}'$ $\bar{w}''$	0 0,7071 0	0 0,7071 0	1 1 1	0 0,50 1
0,1	1	101,4	$\bar{w}$ $\bar{w}'$ $\bar{w}''$	0 0,6833 0,1820	0 -0,6833 0,1820	1 1	0 1
	2	1588	$\bar{w}$ $\bar{w}'$ $\bar{w}''$	0 0,4184 0,5701	0 0,4184 -0,5701	1 1 1	0 0,50 1
1,0	1	133,6	$\bar{w}$ $\bar{w}'$ $\bar{w}''$	0 0,4428 0,5513	0 -0,4428 0,5513	1 1	0 1
	2	1723	$\bar{w}$ $\bar{w}'$ $\bar{w}''$	0 0,2650 0,6556	0 0,2650 -0,6556	1 1 1	0 0,50 1
10,0	1	299,1	$\bar{w}$ $\bar{w}'$ $\bar{w}''$	0 0,0633 0,7043	0 -0,0633 0,7043	1 1	0 1
	2	2542	$\bar{w}$ $\bar{w}'$ $\bar{w}''$	0 0,0514 0,7052	0 0,0514 -0,7052	1 1 1	0 0,50 1
100,0	1	466,8	$\bar{w}$ $\bar{w}'$ $\bar{w}''$	0 0,0064 0,7071	0 -0,0064 0,7071	1 1	0 1
	2	3660	$\bar{w}$ $\bar{w}'$ $\bar{w}''$	0 0,0055 0,7071	0 0,0055 -0,7071	1 1 1	0 0,50 1
1000,0	1	500,0	$\bar{w}$ $\bar{w}'$ $\bar{w}''$	0 0,0006 0,7071	0 -0,0006 0,7071	1 1	0 1
	2	3926	$\bar{w}$ $\bar{w}'$ $\bar{w}''$	0 0,0006 0,7071	0 0,0006 -0,7071	1 1 1	0 0,50 1
∞	1	504,0	$\bar{w}$ $\bar{w}'$ $\bar{w}''$	0 0 0,7071	0 0 0,7071	1 1	0 1
	2	3960	$\bar{w}$ $\bar{w}'$ $\bar{w}''$	0 0 0,7071	0 0 -0,7071	1 1 1	0 0,50 1

$m = 0{,}5\mu l_0$

$\dfrac{c}{c_0}$	n	$\bar{\lambda}_n$		0	1	2	\multicolumn{2}{c}{w = 0:}
							ϱ	ξ_Q
0	1	48,5	$\bar{w}$ $\bar{w}'$ $\bar{w}''$	0 0,4227 0	0,2754 0 -0,7528	0 -0,4227 0	1 2	0 1
	2	1560	$\bar{w}$ $\bar{w}'$ $\bar{w}''$	0 0,5773 0	0 -0,5773 0	0 0,5773 0	1 2 2	0 0 1
0,1	1	50,4	$\bar{w}$ $\bar{w}'$ $\bar{w}''$	0 0,2549 0,0264	0,0840 0 -0,9282	0 -0,2549 0,0264	1 2	0 1
	2	1576	$\bar{w}$ $\bar{w}'$ $\bar{w}''$	0 0,5316 0,2661	0 -0,5415 0	0 0,5316 -0,2661	1 2 2	0 0 1
	3	5202	$\bar{w}$ $\bar{w}'$ $\bar{w}''$	0 -0,0813 -0,1002	0,0041 0 -0,9832	0 0,0813 -0,1002	1 1 2 2	0 0,79 0,21 1
1,0	1	65,6	$\bar{w}$ $\bar{w}'$ $\bar{w}''$	0 0,2080 0,2089	0,0757 0 -0,9058	0 -0,2080 0,2089	1 2	0 1
	2	1708	$\bar{w}$ $\bar{w}'$ $\bar{w}''$	0 0,3657 0,5344	0 -0,4018 0	0 0,3657 -0,5344	1 2 2	0 0 1
	3	5443	$\bar{w}$ $\bar{w}'$ $\bar{w}''$	0 -0,0745 -0,1678	0,0039 0 -0,9657	0 0,0745 -0,1678	1 1 2 2	0 0,79 0,21 1
10,0	1	138,8	$\bar{w}$ $\bar{w}'$ $\bar{w}''$	0 0,0545 0,5448	0,0387 0 -0,6316	0 -0,0545 0,5448	1 2	0 1
	2	2500	$\bar{w}$ $\bar{w}'$ $\bar{w}''$	0 0,0631 0,6991	0 -0,1212 0	0 0,0631 -0,6991	1 2 2	0 0 1
	3	7010	$\bar{w}$ $\bar{w}'$ $\bar{w}''$	0 -0,0353 -0,4414	0,0026 0 -0,7796	0 0,0353 -0,4414	1 1 2 2	0 0,81 0,19 1
100,0	1	205,2	$\bar{w}$ $\bar{w}'$ $\bar{w}''$	0 0,0061 0,6057	0,0255 0 -0,5154	0 -0,0061 0,6057	1 2	0 1
	2	3544	$\bar{w}$ $\bar{w}'$ $\bar{w}''$	0 0,0066 0,7054	0 -0,0684 0	0 0,0066 -0,7054	1 2 2	0 0 1
	3	9416	$\bar{w}$ $\bar{w}'$ $\bar{w}''$	0 -0,0049 -0,5707	0,0015 0 -0,5904	0 0,0049 -0,5707	1 1 2 2	0 0,83 0,17 1
∞	1	219,0	$\bar{w}$ $\bar{w}'$ $\bar{w}''$	0 0 0,6120	0,0238 0 -0,5004	0 0 0,6120	1 2	0 1
	2	3816	$\bar{w}$ $\bar{w}'$ $\bar{w}''$	0 0 -0,7057	0 0,0625 0	0 0 0,7057	1 2 2	0 0 1

$m = 5\mu l_0$

22

$\frac{c}{c_0}$	n	$\bar{\lambda}_n$		0	1	2	ϱ	ξ_ϱ (w=0)
0	1	8,75	$\bar{w}$ $\bar{w}'$ $\bar{w}''$	0 0,3990 0	0,2649 0 -0,7820	0 -0,3990 0	1 2	0 1
	2	1560	$\bar{w}$ $\bar{w}'$ $\bar{w}''$	0 0,5773 0	0 -0,5773 0	0 0,5773 0	1 2 2	0 0 1
0,1	1	9,08	$\bar{w}$ $\bar{w}'$ $\bar{w}''$	0 0,2340 0,0235	0,0786 0 -0,9398	0 -0,2340 0,0235	1 2	0 1
	2	1576	$\bar{w}$ $\bar{w}'$ $\bar{w}''$	0 0,5316 0,2661	0 -0,5415 0	0 0,5316 -0,2661	1 2 2	0 0 1
	3	4027	$\bar{w}$ $\bar{w}'$ $\bar{w}''$	0 -0,0848 -0,0787	0,0007 0 -0,9865	0 0,0848 -0,0787	1 1 2 2	0 0,92 0,08 1
1,0	1	11,70	$\bar{w}$ $\bar{w}'$ $\bar{w}''$	0 0,1890 0,1892	0,0705 0 -0,9231	0 -0,1890 0,1892	1 2	0 1
	2	1708	$\bar{w}$ $\bar{w}'$ $\bar{w}''$	0 0,3657 0,5344	0 -0,4018 0	0 0,3657 -0,5344	1 2 2	0 0 1
	3	4251	$\bar{w}$ $\bar{w}'$ $\bar{w}''$	0 -0,0775 -0,1491	0,0007 0 -0,9714	0 0,0775 -0,1491	1 1 2 2	0 0,92 0,08 1
10,0	1	23,6	$\bar{w}$ $\bar{w}'$ $\bar{w}''$	0 0,0508 0,5084	0,0378 0 -0,6903	0 -0,0508 0,5084	1 2	0 1
	2	2500	$\bar{w}$ $\bar{w}'$ $\bar{w}''$	0 0,0631 0,6991	0 -0,1212 0	0 0,0631 -0,6991	1 2 2	0 0 1
	3	5665	$\bar{w}$ $\bar{w}'$ $\bar{w}''$	0 -0,0361 -0,4306	0,0004 0 -0,7916	0 0,0361 -0,4306	1 1 2 2	0 0,93 0,07 1
100,0	1	33,7	$\bar{w}$ $\bar{w}'$ $\bar{w}''$	0 0,0058 0,5756	0,0256 0 -0,5802	0 -0,0058 0,5756	1 2	0 1
	2	3544	$\bar{w}$ $\bar{w}'$ $\bar{w}''$	0 0,0066 0,7054	0 -0,0684 0	0 0,0066 -0,7054	1 2 2	0 0 1
	3	7751	$\bar{w}$ $\bar{w}'$ $\bar{w}''$	0 0,0050 0,5621	-0,0003 0 0,6066	0 -0,0050 0,5621	1 1 2 2	0 0,94 0,06 0
∞	1	35,7	$\bar{w}$ $\bar{w}'$ $\bar{w}''$	0 0 0,5831	0,0240 0 -0,5651	0 0 0,5831	1 2	0 1
	2	3816	$\bar{w}$ $\bar{w}'$ $\bar{w}''$	0 0 -0,7057	0 0,0625 0	0 0 0,7057	1 2 2	0 0 1

A 43

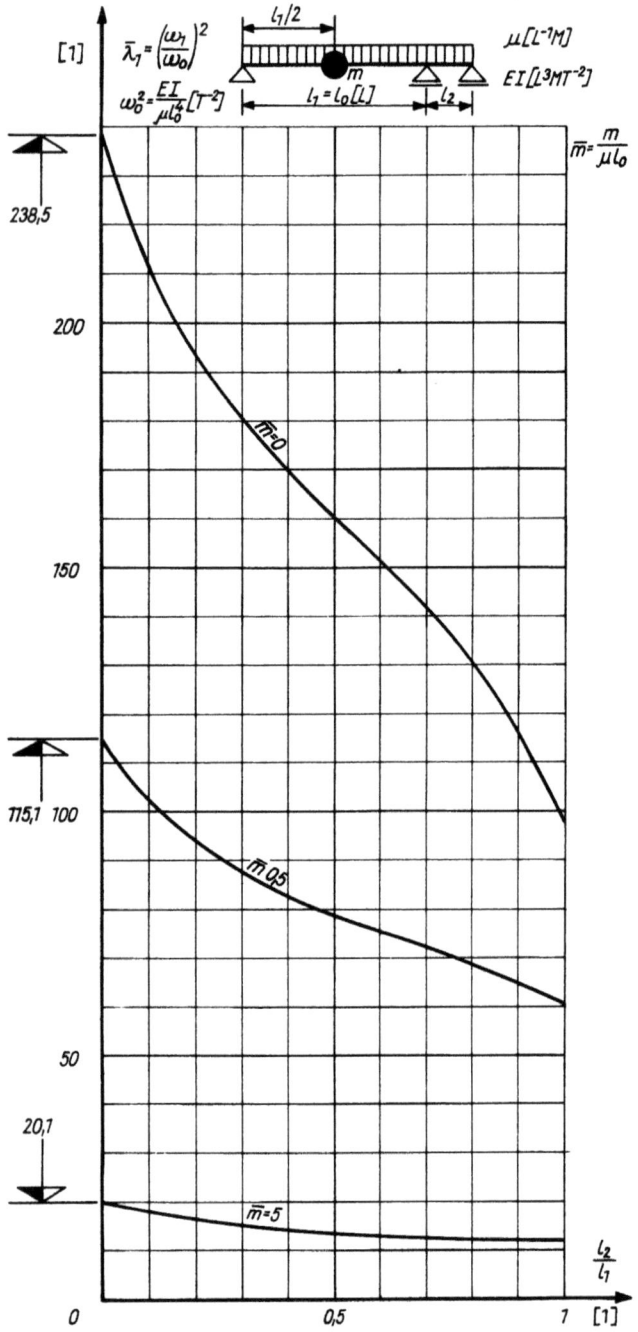

$l_2 : l_1 = 1:1 \cdots 0{,}6:1$

23

$\dfrac{l_2}{l_1}$	n	$\bar{\lambda}_n$		0	1	2	\multicolumn{2}{c}{w = 0:}
							ϱ	ξ_Q
1,0	1	97,5	$\bar{w}$ $\bar{w}'$ $\bar{w}''$	0 0,5774 0	0 −0,5774 0	0 0,5774 0	1, 2 2	0 1
	2	238,5	$\bar{w}$ $\bar{w}'$ $\bar{w}''$	0 0,1719 0	0 0 0,9700	0 −0,1719 0	1, 2 2	0 1
	3	1584	$\bar{w}$ $\bar{w}'$ $\bar{w}''$	0 0,5774 0	0 0,5774 0	0 0,5774 0	1, 2 1, 2 2	0 0,50 1
	4	≈2500	$\bar{w}$ $\bar{w}'$ $\bar{w}''$	0 ≈ 0,05 0	0 0 ≈ 0,995	0 ≈ 0,05 0	1, 2 2 2	0 0,33 0,67 1
0,9	1	115,8	$\bar{w}$ $\bar{w}'$ $\bar{w}''$	0 0,5692 0	0 −0,4798 0,5340	0 0,4008 0	1, 2 2	0 1
	2	305,3	$\bar{w}$ $\bar{w}'$ $\bar{w}''$	0 0,1335 0	0 0,0446 0,9704	0 −0,1964 0	1, 2 1 2	0 0,89 1
	3	1833	$\bar{w}$ $\bar{w}'$ $\bar{w}''$	0 0,2669 0	0 0,2018 −0,9300	0 0,1522 0	1, 2 1 2	0 0,48 0,46 1
	4	≈3392	$\bar{w}$ $\bar{w}'$ $\bar{w}''$	0 −0,0470 0	0 0,0319 0,9935	0 0,0985 0	1, 2 1 2	0 0,42 0,92 0,54 1
0,8	1	130,5	$\bar{w}$ $\bar{w}'$ $\bar{w}''$	0 0,4729 0	0 −0,3422 0,7753	0 0,2412 0	1, 2 2	0 1
	2	429,9	$\bar{w}$ $\bar{w}'$ $\bar{w}''$	0 0,1069 0	0 0,0837 0,9668	0 −0,2166 0	1, 2 1 2	0 0,77 1
	3	1982	$\bar{w}$ $\bar{w}'$ $\bar{w}''$	0 0,1793 0	0 0,1098 −0,9747	0 0,0763 0	1, 2 1 2	0 0,47 0,39 1
	4	≈5029	$\bar{w}$ $\bar{w}'$ $\bar{w}''$	0 −0,0308 0	0 0,0514 0,9921	0 0,1101 0	1, 2 1 2	0 0,40 0,84 0,53 1
0,7	1	141,9	$\bar{w}$ $\bar{w}'$ $\bar{w}''$	0 0,4016 0	0 −0,2550 0,8654	0 0,1571 0	1, 2 2	0 1
	2	657,6	$\bar{w}$ $\bar{w}'$ $\bar{w}''$	0 0,1008 0	0 0,1216 0,9588	0 −0,2361 0	1, 2 1 2	0 0,66 1
	3	2114	$\bar{w}$ $\bar{w}'$ $\bar{w}''$	0 0,1392 0	0 0,0678 −0,9860	0 0,0619 0	1, 2 1 2	0 0,47 0,28 1
	4	≈8087	$\bar{w}$ $\bar{w}'$ $\bar{w}''$	0 −0,0227 0	0 0,0620 0,9913	0 0,1137 0	1, 2 1 2	0 0,38 0,78 0,53 1
0,6	1	151,4	$\bar{w}$ $\bar{w}'$ $\bar{w}''$	0 0,3534 0	0 −0,1990 0,9072	0 0,1116 0	1, 2 2	0 1
	2	1059	$\bar{w}$ $\bar{w}'$ $\bar{w}''$	0 0,1496 0	0 0,1949 0,9250	0 −0,2899 0	1, 2 1 2	0 0,56 1
	3	2339	$\bar{w}$ $\bar{w}'$ $\bar{w}''$	0 0,1018 0	0 0,0284 −0,9918	0 0,0712 0	1, 2 1 2	0 0,46 0,12 1
	4	≈14000	$\bar{w}$ $\bar{w}'$ $\bar{w}''$	0 −0,0185 0	0 0,0680 0,9910	0 0,1137 0	1, 2 1 2	0 0,37 0,74 0,52 1

A 45

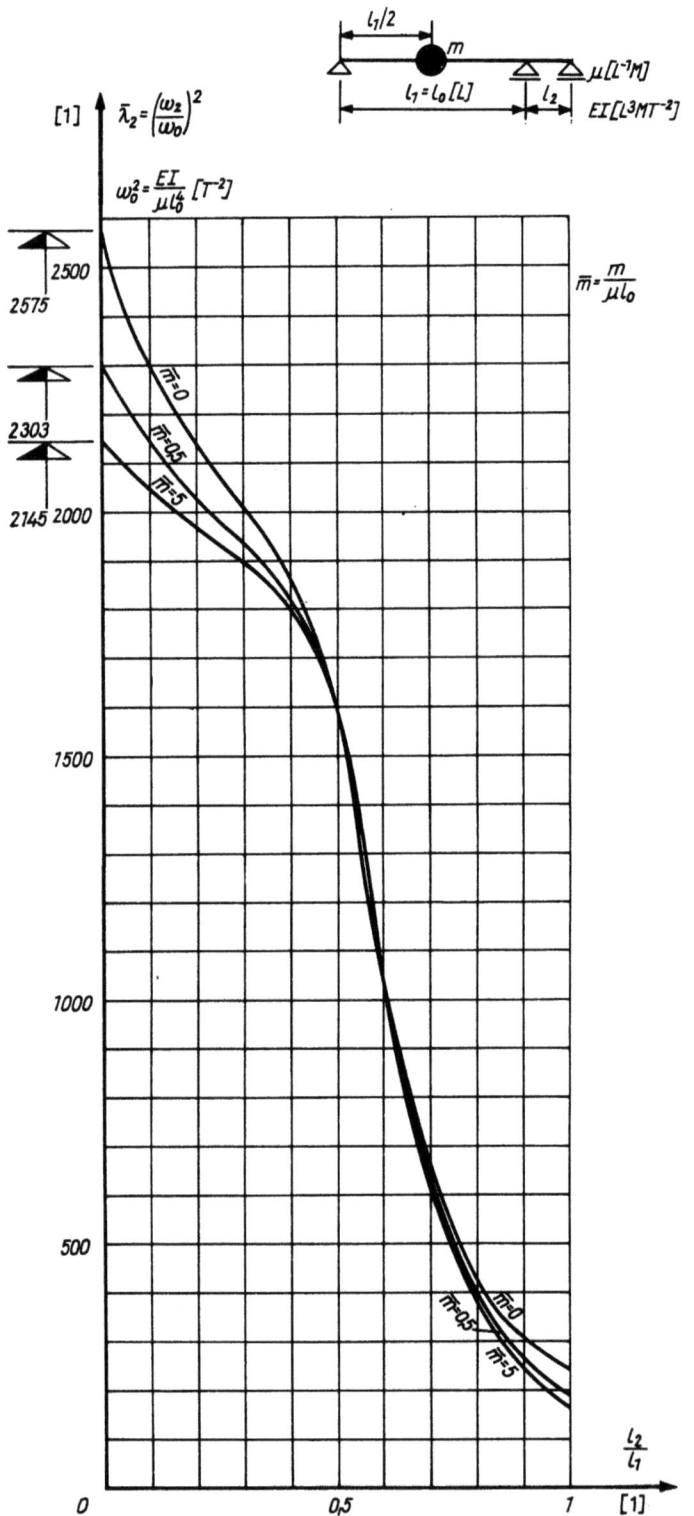

$l_2 : l_1 = 0{,}5{:}1 \cdots 0{,}1{:}1$

24

$\dfrac{l_2}{l_1}$	n	$\bar{\lambda}_n$		0	1	2	\multicolumn{2}{c}{$w = 0$:}
							ϱ	ξ_ϱ
0,5	1	160,3	$\bar{w}$ $\bar{w}'$ $\bar{w}''$	0 0,3170 0	0 −0,1578 0,9315	0 0,0833 0	1,2 2	0 1
	2	1575	$\bar{w}$ $\bar{w}'$ $\bar{w}''$	0 0,5780 0	0 0,5574 −0,2179	0 −0,5548 0	1,2 1 2	0 0,50 1
	3	3130	$\bar{w}$ $\bar{w}'$ $\bar{w}''$	0 0,0557 0	0 −0,0216 −0,9932	0 0,1001 0	1,2 1 2	0 0,43 0,01 1
	4	≈26200	$\bar{w}$ $\bar{w}'$ $\bar{w}''$	0 −0,0162 0	0 0,0714 0,9909	0 0,1131 0	1,2 1 2	0 0,36 0,72 0,51 1
0,4	1	169,7	$\bar{w}$ $\bar{w}'$ $\bar{w}''$	0 0,2862 0	0 −0,1235 0,9481	0 0,0630 0	1,2 2	0 1
	2	1865	$\bar{w}$ $\bar{w}'$ $\bar{w}''$	0 0,2289 0	0 0,1608 −0,9541	0 −0,1067 0	1,2 1 2	0 0,48 1
	3	6068	$\bar{w}$ $\bar{w}'$ $\bar{w}''$	0 0,0275 0	0 −0,0556 −0,9916	0 0,1133 0	1,2 1 2	0 0,39 0,82 1
	4	≈53200	$\bar{w}$ $\bar{w}'$ $\bar{w}''$	0 −0,0150 0	0 0,0734 0,9904	0 0,1161 0	1,2 1 2	0 0,35 0,70 0,49 1
0,3	1	180,5	$\bar{w}$ $\bar{w}'$ $\bar{w}''$	0 0,2577 0	0 −0,0920 0,9607	0 0,0461 0	1,2 2	0 1
	2	2011	$\bar{w}$ $\bar{w}'$ $\bar{w}''$	0 0,1616 0	0 0,0906 −0,9815	0 −0,0488 0	1,2 1 2	0 0,47 1
	3	15460	$\bar{w}$ $\bar{w}'$ $\bar{w}''$	0 0,0180 0	0 −0,0689 −0,9923	0 0,1010 0	1,2 1 2	0 0,36 0,74 1
	4	≈118000	$\bar{w}$ $\bar{w}'$ $\bar{w}''$	0 −0,0142 0	0 0,0743 0,9877	0 0,1367 0	1,2 1 2	0 0,35 0,69 0,45 1
0,2	1	194,0	$\bar{w}$ $\bar{w}'$ $\bar{w}''$	0 0,2300 0	0 −0,0615 0,9708	0 0,0306 0	1,2 2	0 1
	2	2137	$\bar{w}$ $\bar{w}'$ $\bar{w}''$	0 0,1283 0	0 0,0557 −0,9898	0 −0,0277 0	1,2 1 2	0 0,46 1
	3	45000	$\bar{w}$ $\bar{w}'$ $\bar{w}''$	0 0,0150 0	0 −0,0737 −0,9946	0 0,0714 0	1,2 1 2	0 0,35 0,70 1
	4	345000	$\bar{w}$ $\bar{w}'$ $\bar{w}''$	0 −0,0134 0	0 0,0731 0,9621	0 0,2623 0	1,2 1 2	0 0,34 0,69 0,32 1
0,1	1	212,3	$\bar{w}$ $\bar{w}'$ $\bar{w}''$	0 0,2023 0	0 −0,0310 0,9787	0 0,0154 0	1,2 2	0 1
	2	2301	$\bar{w}$ $\bar{w}'$ $\bar{w}''$	0 0,1015 0	0 0,0273 −0,9944	0 −0,0133 0	1,2 1 2	0 0,46 1
	3	108600	$\bar{w}$ $\bar{w}'$ $\bar{w}''$	0 0,0140 0	0 −0,0754 −0,9959	0 0,0475 0	1,2 1 2	0 0,35 0,69 1
	4	≈3,8·10^6	$\bar{w}$ $\bar{w}'$ $\bar{w}''$	0 −0,0062 0	0 0,0350 0,4579	0 0,8883 0	1,2 1 2	0 0,34 0,68 0,11 1

$l_2 : l_1 = 0{,}5{:}1 \cdots 0{,}1{:}1$

$m = 0{,}5\mu l_0$, $l_2 : l_1 = 1{:}1 \cdots 0{,}6{:}1$

$\frac{l_2}{l_1}$	n	$\bar\lambda_n$		0	1	2	3	ϱ (w=0)	ξ_ϱ
1,0	1	60,3	$\bar w$ / $\bar w'$ / $\bar w''$	0 / 0,2437 / 0	0,0768 / -0,0127 / -0,8932	0 / -0,1943 / 0,2793	0 / 0,1450 / 0	1,3 / 3	0 / 1
	2	189,0	$\bar w$ / $\bar w'$ / $\bar w''$	0 / 0,0864 / 0	0,0196 / -0,0411 / -0,3838	0 / 0,0675 / 0,8883	0 / -0,2226 / 0	1,3 / 2 / 3	0 / 0,61 / 1
	3	1571	$\bar w$ / $\bar w'$ / $\bar w''$	0 / -0,4888 / 0	0,0002 / 0,4884 / 0,0061	0 / -0,4885 / -0,1695	0 / -0,5052 / 0	1,2,3 / 3 / 3	0 / 0,50 / 1
0,9	1	64,8	$\bar w$ / $\bar w'$ / $\bar w''$	0 / 0,2348 / 0	0,0731 / -0,0168 / -0,8702	0 / -0,1696 / 0,3752	0 / 0,1115 / 0	1,3 / 3	0 / 1
	2	266,7	$\bar w$ / $\bar w'$ / $\bar w''$	0 / 0,0701 / 0	0,0133 / -0,0450 / -0,3226	0 / 0,0931 / 0,9084	0 / -0,2346 / 0	1,3 / 2 / 3	0 / 0,43 / 1
	3	1796	$\bar w$ / $\bar w'$ / $\bar w''$	0 / -0,2990 / 0	0,0030 / 0,2823 / -0,3105	0 / -0,1951 / 0,8198	0 / -0,1564 / 0	1,3 / 1 / 3	0 / 0,98 / 0,46 1
	4	3160	$\bar w$ / $\bar w'$ / $\bar w''$	0 / -0,0774 / 0	0,0030 / 0,0419 / -0,5110	0 / 0,0603 / 0,8451	0 / 0,1152 / 0	1,3 / 1 / 2 / 3	0 / 0,89 / 0,58 / 0,53 1
0,8	1	68,6	$\bar w$ / $\bar w'$ / $\bar w''$	0 / 0,2263 / 0	0,0698 / -0,0197 / -0,8461	0 / -0,1495 / 0,4442	0 / 0,0892 / 0	1,3 / 3	0 / 1
	2	399,0	$\bar w$ / $\bar w'$ / $\bar w''$	0 / 0,0619 / 0	0,0088 / -0,0514 / -0,2828	0 / 0,1151 / 0,9176	0 / -0,2414 / 0	1,3 / 2 / 3	0 / 0,28 / 1
	3	1915	$\bar w$ / $\bar w'$ / $\bar w''$	0 / -0,2168 / 0	0,0031 / 0,1979 / -0,3409	0 / -0,1044 / 0,8833	0 / -0,0808 / 0	1,3 / 1 / 3	0 / 0,97 / 0,38 1
	4	4429	$\bar w$ / $\bar w'$ / $\bar w''$	0 / -0,0828 / 0	0,0039 / 0,0154 / -0,8515	0 / 0,0918 / 0,4950	0 / 0,1196 / 0	1,3 / 1 / 2 / 3	0 / 0,82 / 0,29 / 0,52 1
0,7	1	72,0	$\bar w$ / $\bar w'$ / $\bar w''$	0 / 0,2183 / 0	0,0667 / -0,0221 / -0,8224	0 / -0,1324 / 0,4981	0 / 0,0737 / 0	1,3 / 3	0 / 1
	2	631,8	$\bar w$ / $\bar w'$ / $\bar w''$	0 / 0,0661 / 0	0,0058 / -0,0661 / -0,2639	0 / 0,1406 / 0,9161	0 / -0,2503 / 0	1,3 / 2 / 3	0 / 0,16 / 1
	3	2016	$\bar w$ / $\bar w'$ / $\bar w''$	0 / -0,1786 / 0	0,0031 / 0,1581 / -0,3589	0 / -0,0617 / 0,8978	0 / -0,0674 / 0	1,3 / 1 / 3	0 / 0,96 / 0,26 1
	4	5613	$\bar w$ / $\bar w'$ / $\bar w''$	0 / -0,0759 / 0	0,0037 / -0,0075 / -0,9627	0 / 0,0681 / -0,2436	0 / 0,0580 / 0	1,3 / 1 / 2 / 3	0 / 0,77 / 0,18 / 0,48 1
0,6	1	75,3	$\bar w$ / $\bar w'$ / $\bar w''$	0 / 0,2104 / 0	0,0637 / -0,0241 / -0,7984	0 / -0,1166 / 0,5442	0 / 0,0619 / 0	1,3 / 3	0 / 1
	2	1040	$\bar w$ / $\bar w'$ / $\bar w''$	0 / 0,1120 / 0	0,0039 / -0,1199 / -0,2639	0 / 0,2004 / 0,8826	0 / -0,2903 / 0	1,3 / 2 / 3	0 / 0,06 / 1
	3	2188	$\bar w$ / $\bar w'$ / $\bar w''$	0 / -0,1410 / 0	0,0031 / 0,1179 / -0,3853	0 / -0,0183 / 0,9005	0 / -0,0804 / 0	1,3 / 1 / 3	0 / 0,95 / 0,01 1
	4	6188	$\bar w$ / $\bar w'$ / $\bar w''$	0 / -0,0633 / 0	0,0031 / -0,0140 / -0,8594	0 / 0,0443 / -0,5041	0 / 0,0329 / 0	1,3 / 1 / 2 / 3	0 / 0,75 / 0,16 / 0,39 1

$m = 0{,}5\,\mu\,l_0,\ l_2 : l_1 = 0{,}5 : 1 \cdots 0{,}1 : 1$ | **25**

$\dfrac{l_2}{l_1}$	n	$\bar{\lambda}_n$		0	1	2	3	\multicolumn{2}{c}{$w=0$:}
								ϱ	ξ_Q
0,5	1	78,8	$\bar{w}$ $\bar{w}'$ $\bar{w}''$	0 0,2022 0	0,0606 −0,0260 −0,7731	0 −0,1011 0,5866	0 0,0521 0	1,3 3	0 1
	2	1561	$\bar{w}$ $\bar{w}'$ $\bar{w}''$	0 0,5000 0	0 −0,5000 0	0 0,5000 0	0 −0,5000 0	1,2,3 3	0 1
	3	2826	$\bar{w}$ $\bar{w}'$ $\bar{w}''$	0 −0,0936 0	0,0032 0,0606 −0,4892	0 0,0468 0,8552	0 −0,1211 0	1,3 1 2 3	0 0,91 0,71 1
	4	6700	$\bar{w}$ $\bar{w}'$ $\bar{w}''$	0 −0,0535 0	0,0026 −0,0172 −0,7638	0 0,0268 −0,6415	0 0,0344 0	1,3 1 2 3	0 0,73 0,14 0,22 1
0,4	1	82,9	$\bar{w}$ $\bar{w}'$ $\bar{w}''$	0 0,1933 0	0,0573 −0,0280 −0,7450	0 −0,0849 0,6280	0 0,0430 0	1,3 3	0 1
	2	1819	$\bar{w}$ $\bar{w}'$ $\bar{w}''$	0 0,2742 0	−0,0030 −0,2572 0,3162	0 0,1689 −0,8469	0 −0,1135 0	1,3 1 3	0 0,98 1
	3	4662	$\bar{w}$ $\bar{w}'$ $\bar{w}''$	0 −0,0882 0	0,0042 0,0115 −0,9421	0 0,0934 0,2877	0 −0,1139 0	1,3 1 2 3	0 0,81 0,26 1
	4	8400	$\bar{w}$ $\bar{w}'$ $\bar{w}''$	0 −0,0350 0	0,0016 −0,0211 −0,5521	0 −0,0084 −0,8301	0 0,0656 0	1,3 1 2 3	0 0,69 0,10 0,99 1
0,3	1	87,8	$\bar{w}$ $\bar{w}'$ $\bar{w}''$	0 0,1832 0	0,0536 −0,0300 −0,7127	0 −0,0673 0,6701	0 0,0338 0	1,3 3	0 1
	2	1935	$\bar{w}$ $\bar{w}'$ $\bar{w}''$	0 0,2091 0	−0,0031 −0,1898 0,3460	0 0,0953 −0,8881	0 −0,0522 0	1,3 1 3	0 0,97 1
	3	5881	$\bar{w}$ $\bar{w}'$ $\bar{w}''$	0 −0,0697 0	0,0034 −0,0109 −0,9119	0 0,0558 −0,3986	0 −0,0374 −	1,3 1 2 3	0 0,76 0,17 1
	4	18010	$\bar{w}$ $\bar{w}'$ $\bar{w}''$	0 0,0351 0	−0,0006 0,0408 0,3718	0 0,0706 0,9166	0 −0,1170 0	1,3 1 2 3	0 0,55 0,03 0,61 1
0,2	1	94,1	$\bar{w}$ $\bar{w}'$ $\bar{w}''$	0 0,1714 0	0,0494 −0,0321 −0,6744	0 −0,0477 0,7138	0 0,0239 0	1,3 3	0 1
	2	2027	$\bar{w}$ $\bar{w}'$ $\bar{w}''$	0 0,1769 0	−0,0031 −0,1561 0,3631	0 0,0588 −0,8990	0 −0,0298 0	1,3 1 3	0 0,96 1
	3	6375	$\bar{w}$ $\bar{w}'$ $\bar{w}''$	0 −0,0592 0	0,0029 −0,0152 −0,8179	0 0,0369 −0,5705	0 −0,0194 0	1,3 1 2 3	0 0,74 0,15 1
	4	27500	$\bar{w}$ $\bar{w}'$ $\bar{w}''$	0 0,1232 0	0,0004 0,1135 −0,3871	0 0,0723 −0,9026	0 −0,0467 0	1,3 1 2 3	0 0,49 0,99 0,47 1
0,1	1	102,7	$\bar{w}$ $\bar{w}'$ $\bar{w}''$	0 0,1575 0	0,0443 −0,0344 −0,6284	0 −0,0253 0,7592	0 0,0127 0	1,3 3	0 1
	2	2139	$\bar{w}$ $\bar{w}'$ $\bar{w}''$	0 0,1512 0	−0,0032 −0,1287 0,3812	0 0,0290 −0,9023	0 −0,0146 0	1,3 1 3	0 0,95 1
	3	6882	$\bar{w}$ $\bar{w}'$ $\bar{w}''$	0 −0,0502 0	0,0024 −0,0178 −0,7260	0 0,0209 −0,6853	0 −0,0103 0	1,3 1 2 3	0 0,73 0,13 1
	4	29000	$\bar{w}$ $\bar{w}'$ $\bar{w}''$	0 0,0794 0	0,0005 0,0680 −0,4331	0 0,0252 −0,8948	0 −0,0125 0	1,3 1 2 3	0 0,48 0,99 0,44 1

$m = 5\mu l_0$, $l_2 : l_1 = 1:1 \cdots 0{,}6:1$

$\dfrac{l_2}{l_1}$	n	$\bar{\lambda}_n$		0	1	2	3	ϱ	ξ_ϱ
1,0	1	12,01	$\bar{w}$ $\bar{w}'$ $\bar{w}''$	0 0,2087 0	0,0664 -0,0166 -0,8783	0 -0,1428 0,3925	0 0,0768 0	1,3 3	0 1
	2	168,5	$\bar{w}$ $\bar{w}'$ $\bar{w}''$	0 0,0323 0	0,0032 -0,0413 -0,2624	0 0,1235 0,9135	0 -0,2806 0	1,3 2 3	0 0,13 1
	3	1571	$\bar{w}$ $\bar{w}'$ $\bar{w}''$	0 -0,4905 0	0,0001 0,4888 -0,0019	0 -0,4875 -0,1690	0 -0,5042 0	1,2,3 3 3	0 0,50 1
0,9	1	12,33	$\bar{w}$ $\bar{w}'$ $\bar{w}''$	0 0,2048 0	0,0649 -0,0178 -0,8675	0 -0,1340 0,4219	0 0,0704 0	1,3 3	0 1
	2	248,2	$\bar{w}$ $\bar{w}'$ $\bar{w}''$	0 0,0318 -	0,0022 -0,0444 -0,2584	0 0,1306 0,9161	0 -0,2719 -	1,3 2 3	0 0,09 1
	3	1783	$\bar{w}$ $\bar{w}'$ $\bar{w}''$	0 -0,3137 0	0,0006 0,2805 -0,4130	0 -0,1807 0,7739	0 -0,1443 0	1,2,3 3 3	0 0,46 1
	4	2965	$\bar{w}$ $\bar{w}'$ $\bar{w}''$	0 -0,0964 0	0,0007 0,0361 -0,7243	0 0,0761 0,6670	0 0,1189 0	1,3 1 2 3	0 0,97 0,31 0,53 1
0,8	1	12,68	$\bar{w}$ $\bar{w}'$ $\bar{w}''$	0 0,2005 0	0,0633 -0,0190 -0,8554	0 -0,1248 0,4516	0 0,0644 0	1,3 3	0 1
	2	381,6	$\bar{w}$ $\bar{w}'$ $\bar{w}''$	0 0,0345 0	0,0015 -0,0502 -0,2622	0 0,1398 0,9153	0 -0,2650 0	1,3 2 3	0 0,05 1
	3	1883	$\bar{w}$ $\bar{w}'$ $\bar{w}''$	0 -0,2387 0	0,0006 0,2021 -0,4543	0 -0,0960 0,8252	0 -0,0746 0	1,3 1 3	0 0,99 0,38 1
	4	3940	$\bar{w}$ $\bar{w}'$ $\bar{w}''$	0 -0,0872 0	0,0007 0,0017 -0,9839	0 0,0888 0,0875	0 0,0941 0	1,3 1 2 3	0 0,92 0,08 0,50 1
0,7	1	13,07	$\bar{w}$ $\bar{w}'$ $\bar{w}''$	0 0,1958 0	0,0615 -0,0203 -0,8416	0 -0,1150 0,4823	0 0,0586 0	1,3 3	0 1
	2	615,0	$\bar{w}$ $\bar{w}'$ $\bar{w}''$	0 0,0449 0	0,0010 -0,0640 -0,2779	0 0,1566 0,9067	0 -0,2647 0	1,3 2 3	0 0,03 1
	3	1963	$\bar{w}$ $\bar{w}'$ $\bar{w}''$	0 -0,2035 0	0,0006 0,1648 -0,4796	0 -0,0558 0,8333	0 -0,0630 0	1,3 1 3	0 0,99 0,26 1
	4	4650	$\bar{w}$ $\bar{w}'$ $\bar{w}''$	0 -0,0682 0	0,0006 -0,0136 -0,9176	0 0,0608 -0,3838	0 0,0467 0	1,3 1 2 3	0 0,88 0,05 0,45 1
0,6	1	13,51	$\bar{w}$ $\bar{w}'$ $\bar{w}''$	0 0,1904 0	0,0595 -0,0217 -0,8254	0 -0,1041 0,5147	0 0,0526 0	1,3 3	0 1
	2	1027	$\bar{w}$ $\bar{w}'$ $\bar{w}''$	0 0,0910 0	0,0007 -0,1143 -0,3115	0 0,2088 0,8660	0 -0,2967 0	1,3 2 3	0 0,01 1
	3	2096	$\bar{w}$ $\bar{w}'$ $\bar{w}''$	0 -0,1672 0	0,0006 0,1252 -0,5168	0 -0,0131 0,8265	0 -0,0769 0	1,3 1 3	0 0,99 0,01 1
	4	5080	$\bar{w}$ $\bar{w}'$ $\bar{w}''$	0 -0,0566 0	0,0005 -0,0181 -0,8256	0 0,0421 -0,5585	0 0,0342 0	1,3 1 2 3	0 0,85 0,04 0,34 1

$m = 5\mu\, l_0,\ l_2 : l_1 = 0{,}5:1 \cdots 0{,}1:1$

26

$\dfrac{l_2}{l_1}$	n	$\bar{\lambda}_n$		0	1	2	3	\multicolumn{2}{c}{w = 0:}
								ϱ	ξ_ϱ
0,5	1	14,04	$\bar{w}$ $\bar{w}'$ $\bar{w}''$	0 0,1842 0	0,0571 −0,0231 −0,8062	0 −0,0921 0,5493	0 0,0463 0	1,3 3	0 1
	2	1561	$\bar{w}$ $\bar{w}'$ $\bar{w}''$	0 0,5000 0	0 −0,5000 0	0 0,5000 0	0 −0,5000 0	1,2,3 3	0 1
	3	2613	$\bar{w}$ $\bar{w}'$ $\bar{w}''$	0 −0,1153 0	0,0007 0,0602 −0,6614	0 0,0576 0,7265	0 −0,1204 0	1,3 1 2 3	0 0,98 0,55 1
	4	5639	$\bar{w}$ $\bar{w}'$ $\bar{w}''$	0 −0,0452 0	0,0004 −0,0209 −0,7173	0 0,0226 −0,6934	0 0,0418 0	1,3 1 2 3	0 0,82 0,03 0,16 1
0,4	1	14,69	$\bar{w}$ $\bar{w}'$ $\bar{w}''$	0 0,1768 0	0,0544 −0,0247 −0,7831	0 −0,0784 0,5868	0 0,0393 0	1,3 3	0 1
	2	1802	$\bar{w}$ $\bar{w}'$ $\bar{w}''$	0 0,2921 0	−0,0006 −0,2585 0,4196	0 0,1578 −0,7973	0 −0,1057 0	1,3 1 3	0 0,99 1
	3	3946	$\bar{w}$ $\bar{w}'$ $\bar{w}''$	0 −0,0881 0	0,0007 0,0018 −0,9879	0 0,0876 0,0234	0 −0,0900 0	1,3 1 2 3	0 0,92 0,09 1
	4	7818	$\bar{w}$ $\bar{w}'$ $\bar{w}''$	0 −0,0255 0	0,0002 −0,0227 −0,4862	0 −0,0174 −0,8696	0 0,0773 0	1,3 1 2 3	0 0,73 0,02 0,91 1
0,3	1	15,50	$\bar{w}$ $\bar{w}'$ $\bar{w}''$	0 0,1680 0	0,0512 −0,0265 −0,7549	0 −0,0628 0,6274	0 0,0314 0	1,3 3	0 1
	2	1897	$\bar{w}$ $\bar{w}'$ $\bar{w}''$	0 0,2326 0	−0,0006 −0,1955 0,4605	0 0,0885 −0,8280	0 −0,0483 0	1,3 1 3	0 0,99 1
	3	4741	$\bar{w}$ $\bar{w}'$ $\bar{w}''$	0 −0,0654 0	0,0006 −0,0147 −0,8941	0 0,0560 −0,4380	0 −0,0354 0	1,3 1 2 3	0 0,87 0,05 1
	4	17840	$\bar{w}$ $\bar{w}'$ $\bar{w}''$	0 −0,0298 0	0,0001 −0,0400 −0,3854	0 −0,0738 −0,9105	0 0,1201 0	1,2,3 1 2 3	0 0,55 0,61 1
0,2	1	16,56	$\bar{w}$ $\bar{w}'$ $\bar{w}''$	0 0,1575 0	0,0474 −0,0284 −0,7202	0 −0,0448 0,6715	0 0,0224 0	1,3 3	0 1
	2	1968	$\bar{w}$ $\bar{w}'$ $\bar{w}''$	0 0,2033 0	−0,0006 −0,1641 0,4838	0 0,0544 −0,8330	0 −0,0276 0	1,3 1 3	0 0,99 1
	3	5166	$\bar{w}$ $\bar{w}'$ $\bar{w}''$	0 −0,0544 0	0,0005 −0,0187 −0,8045	0 0,0384 −0,5896	0 −0,0200 0	1,3 1 2 3	0 0,85 0,04 1
	4	27400	$\bar{w}$ $\bar{w}'$ $\bar{w}''$	0 −0,1301 0	−0,0001 −0,1151 0,4552	0 −0,0697 0,8693	0 0,0450 0	1,2,3 1 2 3	0 0,49 0,46 1
0,1	1	18,02	$\bar{w}$ $\bar{w}'$ $\bar{w}''$	0 0,1447 0	0,0428 −0,0304 −0,6773	0 −0,0240 0,7189	0 0,0120 0	1,3 3	0 1
	2	2048	$\bar{w}$ $\bar{w}'$ $\bar{w}''$	0 0,1798 0	−0,0006 −0,1386 0,5075	0 0,0267 −0,8307	0 −0,0133 0	1,3 1 3	0 0,99 1
	3	5655	$\bar{w}$ $\bar{w}'$ $\bar{w}''$	0 −0,0447 0	0,0004 −0,0209 −0,7106	0 0,0217 −0,7015	0 −0,0108 0	1,3 1 2 3	0 0,82 0,03 1
	4	28650	$\bar{w}$ $\bar{w}'$ $\bar{w}''$	0 −0,0884 0	−0,0001 −0,0711 0,5117	0 −0,0241 0,8512	0 0,0119 0	1,2,3 1 2 3	0 0,42 0,43 1

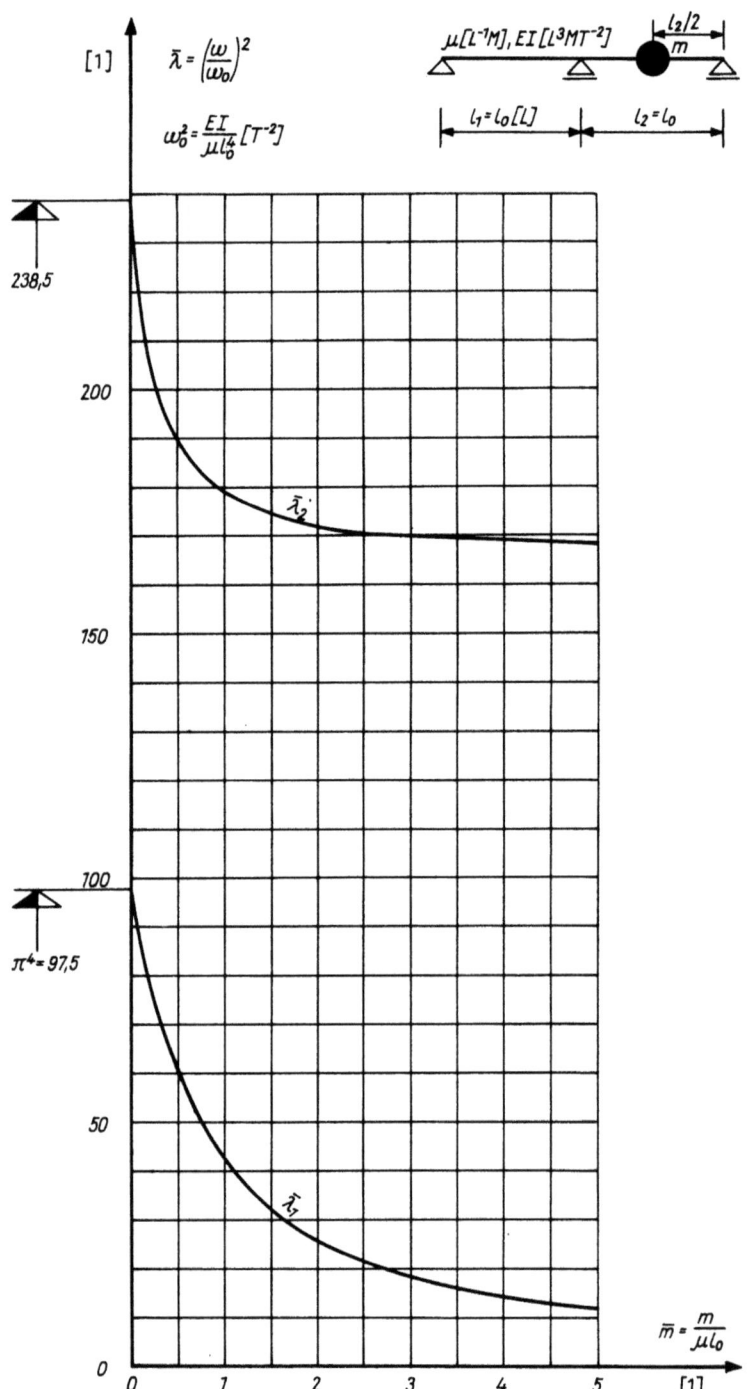

A 52

27

$\frac{m}{m_0}$	n	$\bar{\lambda}_n$		0	1	2	3	w = 0: ϱ	ξ_Q
0	1	97,5	$\bar{w}$ $\bar{w}'$ $\bar{w}''$	0 -0,5774 0	0 0,5774 0	- - -	0 -0,5774 0	1,2 3	0 1
	2	238,5	$\bar{w}$ $\bar{w}'$ $\bar{w}''$	0 0,1719 0	0 0 0,9700	- - -	0 -0,1719 0	1,2 3	0 1
	3	1584	$\bar{w}$ $\bar{w}'$ $\bar{w}''$	0 0,5774 0	0 0,5774 0	- - -	0 0,5774 0	1,2,3 1 3	0 0,5 1
0,10	1	88,0	$\bar{w}$ $\bar{w}'$ $\bar{w}''$	0 -0,2347 0	0 0,2529 0,0856	0,0860 0,0050 -0,8902	0 -0,2716 0	1,2 3	0 1
	2	218,7	$\bar{w}$ $\bar{w}'$ $\bar{w}''$	0 0,1741 0	0 -0,0210 0,8603	0,0326 0,0411 -0,4574	0 -0,1310 0	1,2 2 3	0 0,10 1
	3	1571	$\bar{w}$ $\bar{w}'$ $\bar{w}''$	0 0,5058 0	0 0,4891 -0,1698	0,0004 -0,4881 0,0115	0 0,4876 0	1,2,3 1 3	0 0,50 1
0,20	1	79,6	$\bar{w}$ $\bar{w}'$ $\bar{w}''$	0 -0,2004 0	0 0,2315 0,1651	0,0831 0,0082 -0,8960	0 -0,2630 0	1,2 3	0 1
	2	206,6	$\bar{w}$ $\bar{w}'$ $\bar{w}''$	0 0,1903 0	0 -0,0367 0,8697	0,0283 0,0410 -0,4361	0 -0,1158 0	1,2 2 3	0 0,19 1
	3	1571	$\bar{w}$ $\bar{w}'$ $\bar{w}''$	0 0,5056 0	0 0,4889 -0,1697	0,0003 -0,4882 0,0097	0 0,4880 0	1,2,3 1 3	0 0,50 1
0,50	1	60,3	$\bar{w}$ $\bar{w}'$ $\bar{w}''$	0 -0,1450 0	0 0,1943 0,2793	0,0768 0,0127 -0,8932	0 -0,2437 0	1,2 3	0 1
	2	189,0	$\bar{w}$ $\bar{w}'$ $\bar{w}''$	0 0,2226 0	0 -0,0675 0,8883	0,0196 0,0411 -0,3838	0 -0,0864 0	1,2 2 3	0 0,39 1
	3	1571	$\bar{w}$ $\bar{w}'$ $\bar{w}''$	0 0,5052 0	0 0,4885 -0,1695	0,0002 -0,4884 0,0061	0 0,4888 0	1,2,3 1 3	0 0,50 1
1,00	1	42,1	$\bar{w}$ $\bar{w}'$ $\bar{w}''$	0 -0,1113 0	0 0,1698 0,3398	0,0722 0,0149 -0,8864	0 -0,2284 0	1,2 3	0 1
	2	178,9	$\bar{w}$ $\bar{w}'$ $\bar{w}''$	0 0,2479 0	0 -0,0917 0,9011	0,0126 0,0412 -0,3351	0 -0,0633 0	1,2 2 3	0 0,57 1
	3	1571	$\bar{w}$ $\bar{w}'$ $\bar{w}''$	0 0,5048 0	0 0,4881 -0,1693	0,0002 -0,4885 0,0031	0 0,4894 0	1,2,3 1 3	0 0,50 1
5,00	1	12,01	$\bar{w}$ $\bar{w}'$ $\bar{w}''$	0 -0,0768 0	0 0,1428 0,3925	0,0664 0,0166 -0,8783	0 -0,2087 0	1,2 3	0 1
	2	168,5	$\bar{w}$ $\bar{w}'$ $\bar{w}''$	0 0,2806 0	0 -0,1235 0,9135	0,0032 0,0413 -0,2624	0 -0,0323 0	1,2 2 3	0 0,87 1
	3	1571	$\bar{w}$ $\bar{w}'$ $\bar{w}''$	0 0,5042 0	0 0,4875 -0,1690	0,0001 -0,4888 -0,0019	0 0,4905 0	1,2,3 1 3	0 0,50 1

A 53

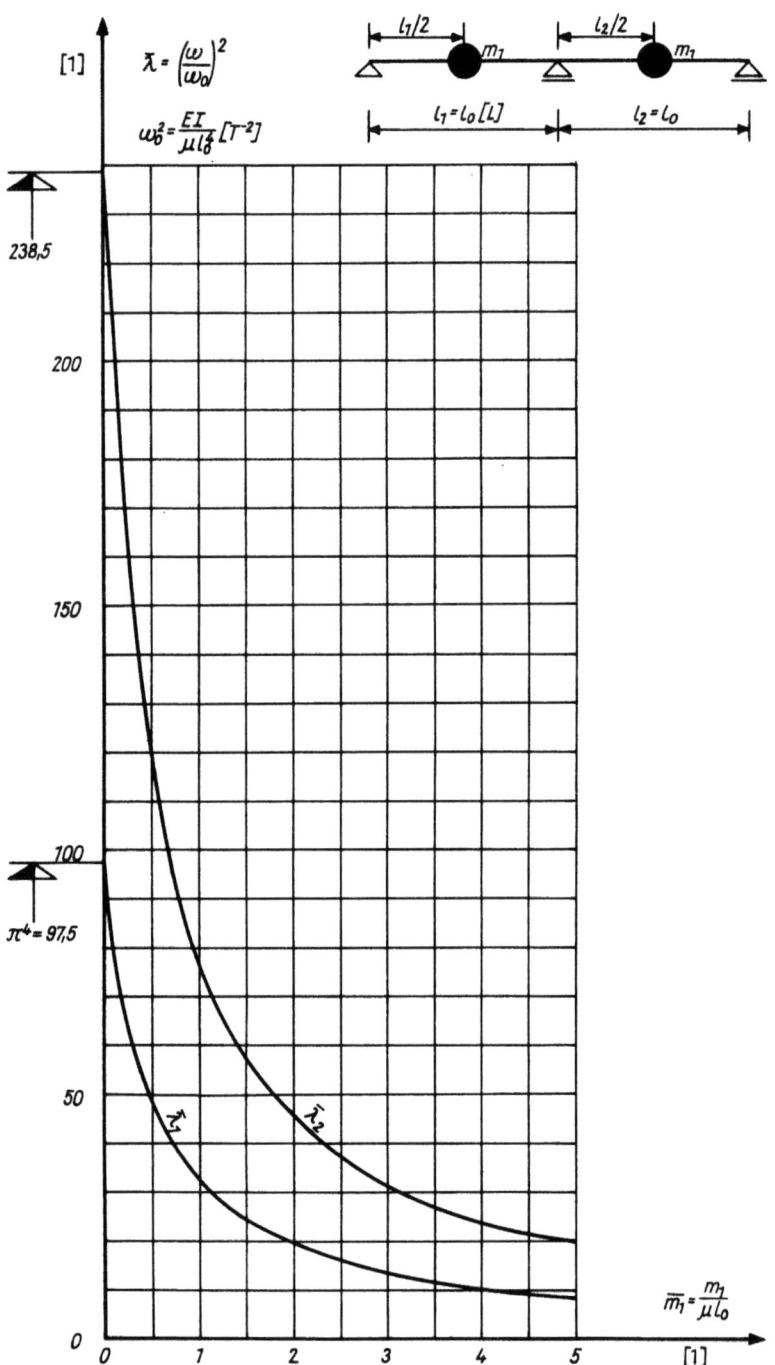

A 54

28

$\frac{m_1}{m_0}$	n	$\bar{\lambda}_n$		0	1	2	3	4	ϱ (w=0)	ξ_ϱ
0	1	97,5	$\bar{w}$ $\bar{w}'$ $\bar{w}''$	0 0,5774 0	- - -	0 -0,5774 0	- - -	0 0,5774 0	1,3 4	0 1
	2	238,5	$\bar{w}$ $\bar{w}'$ $\bar{w}''$	0 0,1719 0	- - -	0 0 0,9700	- - -	0 -0,1719 0	1,3 4	0 1
	3	1584	$\bar{w}$ $\bar{w}'$ $\bar{w}''$	0 0,5774 0	- - -	0 0,5774 -	- - -	0 0,5774 0	1,2,3,4 4	0 1
0,05	1	88,5	$\bar{w}$ $\bar{w}'$ $\bar{w}''$	0 0,2050 0	0,0655 0 -0,6578	0 -0,2050 0	-0,0655 0 0,6578	0 0,2050 0	1,3 4	0 1
	2	215,2	$\bar{w}$ $\bar{w}'$ $\bar{w}''$	0 0,1364 0	0,0350 -0,0370 -0,4505	0 0 0,7427	0,0350 0,0370 -0,4505	0 -0,1364 0	1,3 4	0 1
	3	1561	$\bar{w}$ $\bar{w}'$ $\bar{w}''$	0 0,4472 0	0 -0,4472 0	0 0,4472 0	0 -0,4472 0	0 0,4472 0	1,2,3,4 4	0 1
0,50	1	48,5	$\bar{w}$ $\bar{w}'$ $\bar{w}''$	0 0,1870 0	0,0609 0 -0,6662	0 -0,1870 0	-0,0609 0 0,6662	0 0,1870 0	1,3 4	0 1
	2	115,1	$\bar{w}$ $\bar{w}'$ $\bar{w}''$	0 0,1213 0	0,0331 -0,0317 -0,4932	0 0 0,6927	0,0331 0,0317 -0,4932	0 -0,1213 0	1,3 4	0 1
	3	1561	$\bar{w}$ $\bar{w}'$ $\bar{w}''$	0 0,4472 0	0 -0,4472 0	0 0,4472 0	0 -0,4472 0	0 0,4472 0	1,2,3,4 4	0 1
1,00	1	32,2	$\bar{w}$ $\bar{w}'$ $\bar{w}''$	0 0,1805 0	0,0592 0 -0,6691	0 -0,1805 0	-0,0592 0 0,6691	0 0,1805 0	1,3 4	0 1
	2	75,6	$\bar{w}$ $\bar{w}'$ $\bar{w}''$	0 0,1159 0	0,0323 -0,0298 -0,5076	0 0 0,6737	0,0323 0,0298 -0,5076	0 -0,1159 0	1,3 4	0 1
	3	1561	$\bar{w}$ $\bar{w}'$ $\bar{w}''$	0 0,4472 0	0 -0,4472 0	0 0,4472 0	0 -0,4472 0	0 0,4472 0	1,2,3,4 4	0 1
2,50	1	16,07	$\bar{w}$ $\bar{w}'$ $\bar{w}''$	0 0,1743 0	0,0577 0 -0,6717	0 -0,1743 0	-0,0577 0 0,6717	0 0,1743 0	1,3 4	0 1
	2	37,2	$\bar{w}$ $\bar{w}'$ $\bar{w}''$	0 0,1110 0	0,0317 -0,0281 -0,5206	0 0 0,6556	0,0317 0,0281 -0,5206	0 -0,1110 0	1,3 4	0 1
	3	1561	$\bar{w}$ $\bar{w}'$ $\bar{w}''$	0 0,4472 0	0 -0,4472 0	0 0,4472 0	0 -0,4472 0	0 0,4472 0	1,2,3,4 4	0 1
5,00	1	8,75	$\bar{w}$ $\bar{w}'$ $\bar{w}''$	0 0,1716 0	0,0570 0 -0,6728	0 -0,1716 0	-0,0570 0 0,6728	0 0,1716 0	1,3 4	0 1
	2	20,1	$\bar{w}$ $\bar{w}'$ $\bar{w}''$	0 0,1089 0	0,0314 -0,0274 -0,5260	0 0 0,6477	0,0314 0,0274 -0,5260	0 -0,1089 0	1,3 4	0 1
	3	1561	$\bar{w}$ $\bar{w}'$ $\bar{w}''$	0 0,4472 0	0 -0,4472 0	0 0,4472 0	0 -0,4472 0	0 0,4472 0	1,2,3,4 4	0 1

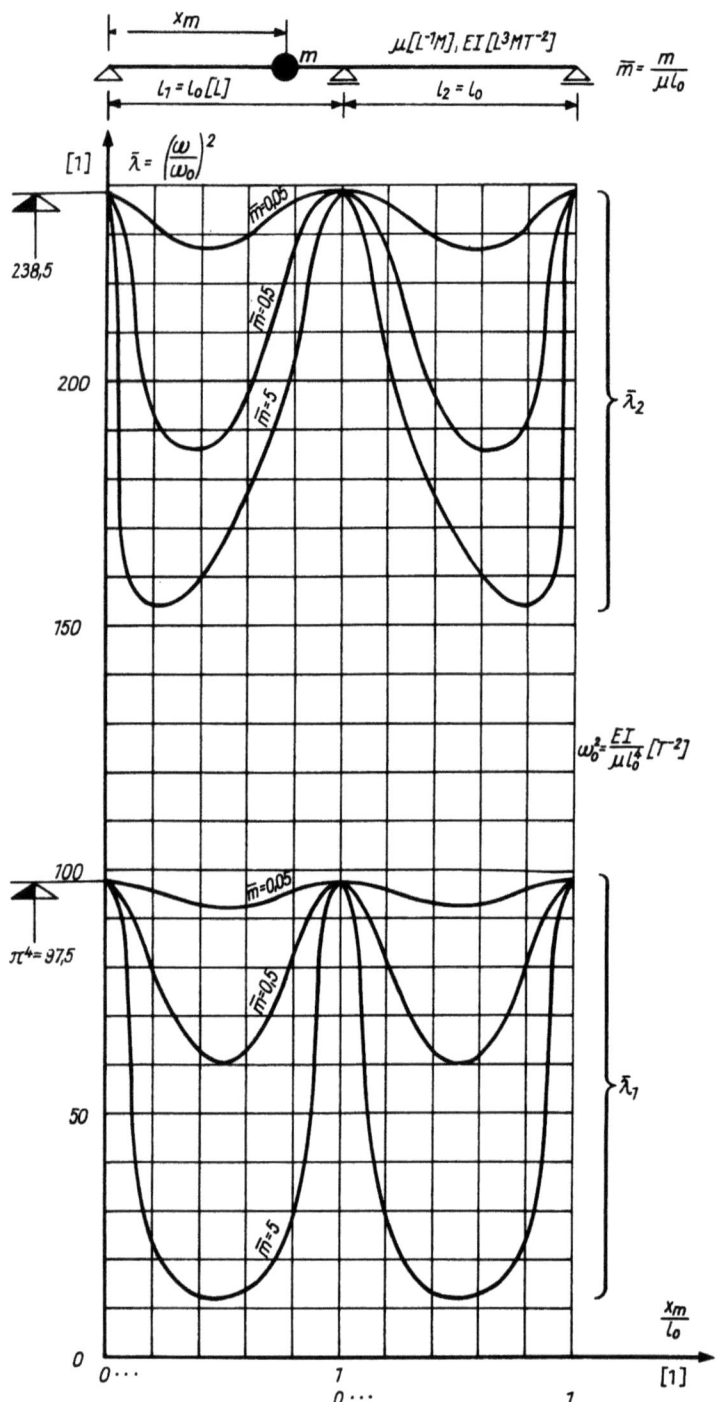

$m = 0{,}05\,\mu\,l_0,\ x_m/l_0 = 0\cdots 1$

29

$\dfrac{x_m}{l_0}$	n	$\bar\lambda_n$		0	1	2	3	\multicolumn{2}{c}{$w=0$:}
								ϱ	ξ_ϱ
0 1,00	1	97,5	$\bar w$	0	-	0	0	1,3	0
			$\bar w'$	0,5774	-	-0,5774	0,5774	3	1
			$\bar w''$	0	-	0	0		
	2	238,5	$\bar w$	0	-	0	0	1,3	0
			$\bar w'$	0,1719	-	0	-0,1719	3	1
			$\bar w''$	0	-	0,9700	0		
	3	1584	$\bar w$	0	-	0	0	1,3	0
			$\bar w'$	0,5774	-	0,5774	0,5774	1,3	0,5
			$\bar w''$	0	-	0	0	3	1
0,25	1	95,0	$\bar w$	0	0,0772	0	0	1,3	0
			$\bar w'$	0,3442	0,2401	-0,3332	0,3275	3	1
			$\bar w''$	0	-0,7743	0,0116	0		
	2	229,8	$\bar w$	0	0,0315	0	0	1,3	0
			$\bar w'$	0,1483	0,0833	0,0093	-0,1614	2	0,97
			$\bar w''$	0	-0,4763	0,8468	0	3	1
	3	1500	$\bar w$	0	0,0196	0	0	1,3	0
			$\bar w'$	0,1275	-0,0095	0,1300	0,1215	2	0,30
			$\bar w''$	0	-0,9663	-0,1339	0	3	0,49 1
0,50	1	92,7	$\bar w$	0	0,0875	0	0	1,3	0
			$\bar w'$	0,2757	-0,0027	-0,2659	0,2565	3	1
			$\bar w''$	0	-0,8825	0,0313	0		
	2	227,2	$\bar w$	0	0,0352	0	0	1,3	0
			$\bar w'$	0,1401	-0,0412	0,0118	-0,1648	3	1
			$\bar w''$	0	-0,4676	0,8553	0		
	3	1571	$\bar w$	0	0,0004	0	0	1,2,3	0
			$\bar w'$	-0,4873	0,4880	-0,4892	-0,5060	3	0,50
			$\bar w''$	0	0,0126	-0,1699	0	3	1
0,75	1	95,0	$\bar w$	0	0,0776	0	0	1,3	0
			$\bar w'$	0,3437	-0,2441	-0,3427	0,3380	3	1
			$\bar w''$	0	-0,7645	-0,0107	0		
	2	235,8	$\bar w$	0	0,0185	0	0	1,3	0
			$\bar w'$	0,1632	-0,1142	0,0036	-0,1757	3	1
			$\bar w''$	0	0,0520	0,9625	0		
	3	1496	$\bar w$	0	0,0205	0	0	1,3	0
			$\bar w'$	-0,1437	0,0023	-0,1229	-0,1218	1	0,68
			$\bar w''$	0	-0,9728	0,0513	0	3	0,49 1

$m = 0{,}5\,\mu\,l_0,\ x_m/l_0 = 0{,}125 \cdots 0{,}875$

$\dfrac{x_m}{l_0}$	n	$\bar{\lambda}_n$		0	1	2	3	ϱ	ξ_ϱ
0,125	1	90,0	$\bar{w}$ $\bar{w}'$ $\bar{w}''$	0 0,4221 0	0,0510 0,3797 -0,6369	0 -0,3692 0,1121	0 0,3473 0	1,3 3	0 1
	2	213,8	$\bar{w}$ $\bar{w}'$ $\bar{w}''$	0 0,1575 0	0,0186 0,1315 -0,3991	0 0,0275 0,8742	0 -0,1828 0	1,3 2 3	0 ≈ 0,99 1
	3	1187	$\bar{w}$ $\bar{w}'$ $\bar{w}''$	0 0,1100 0	0,0115 0,0553 -0,9199	0 0,0848 -0,3566	0 0,0640 0	1,3 2 3	0 0,32 0,46 1
0,250	1	73,9	$\bar{w}$ $\bar{w}'$ $\bar{w}''$	0 0,3030 0	0,0663 0,1911 -0,8577	0 -0,2243 0,2165	0 0,1855 0	1,3 3	0 1
	2	188,1	$\bar{w}$ $\bar{w}'$ $\bar{w}''$	0 0,1163 0	0,0232 0,0473 -0,5303	0 0,0642 0,8098	0 -0,2062 0	1,3 2 3	0 0,74 1
	3	1127	$\bar{w}$ $\bar{w}'$ $\bar{w}''$	0 0,0815 0	0,0103 -0,0349 -0,8983	0 0,0934 -0,4138	0 0,0711 0	1,3 2 3	0 0,18 0,45 1
0,500	1	60,3	$\bar{w}$ $\bar{w}'$ $\bar{w}''$	0 0,2437 0	0,0768 -0,0127 -0,8932	0 -0,1943 0,2793	0 0,1450 0	1,3 3	0 1
	2	189,0	$\bar{w}$ $\bar{w}'$ $\bar{w}''$	0 0,0864 0	0,0196 -0,0411 -0,3838	0 0,0675 0,8883	0 -0,2226 0	1,3 2 3	0 0,61 1
	3	1571	$\bar{w}$ $\bar{w}'$ $\bar{w}''$	0 -0,4888 0	0,0002 0,4884 0,0061	0 -0,4885 -0,1695	0 -0,5052 0	1,2,3 3 3	0 0,50 1
0,750	1	76,3	$\bar{w}$ $\bar{w}'$ $\bar{w}''$	0 0,2955 0	0,0696 -0,2195 -0,8093	0 -0,2921 0,2418	0 0,2466 0	1,3 3	0 1
	2	220,3	$\bar{w}$ $\bar{w}'$ $\bar{w}''$	0 0,1214 0	0,0138 -0,0910 -0,0117	0 0,0208 0,9691	0 -0,1923 0	1,3 2 3	0 0,81 1
	3	1037	$\bar{w}$ $\bar{w}'$ $\bar{w}''$	0 -0,1316 0	0,0126 0,0162 -0,9359	0 -0,0659 0,3152	0 -0,0513 0	1,3 1 3	0 0,77 0,44 1
0,875	1	90,6	$\bar{w}$ $\bar{w}'$ $\bar{w}''$	0 0,4171 0	0,0522 -0,3954 -0,5636	0 -0,4251 0,0751	0 0,4038 0	1,3 3	0 1
	2	236,0	$\bar{w}$ $\bar{w}'$ $\bar{w}''$	0 0,1438 0	0,0050 -0,0739 0,4166	0 0,0027 0,8803	0 -0,1595 0	1,3 2 3	0 ≈ 0,99 1
	3	1214	$\bar{w}$ $\bar{w}'$ $\bar{w}''$	0 -0,1332 0	0,0137 -0,0818 -0,9043	0 -0,1120 0,3694	0 -0,0932 0	1,3 1 3	0 0,62 0,46 1

$m = 5\mu\, l_0,\ x_m/l_0 = 0{,}125\cdots 0{,}875$ | **30**

$\dfrac{x_m}{l_0}$	n	$\bar{\lambda}_n$		0	1	2	3	ϱ	ξ_ϱ
0,125	1	42,2	$\bar{w}$ $\bar{w}'$ $\bar{w}''$	0 0,2921 0	0,0342 0,2375 −0,8634	0 −0,1423 0,2877	0 0,0933 0	1,3 3	0 1
	2	156,1	$\bar{w}$ $\bar{w}'$ $\bar{w}''$	0 0,0751 0	0,0079 0,0381 −0,6001	0 0,1435 0,7343	0 −0,2701 0	1,3 2 3	0 0,34 1
	3	639,0	$\bar{w}$ $\bar{w}'$ $\bar{w}''$	0 0,0413 0	0,0031 −0,0086 −0,8518	0 0,0630 −0,5157	0 0,0518 0	1,3 2 3 0,34	0 0,09 1
0,250	1	18,36	$\bar{w}$ $\bar{w}'$ $\bar{w}''$	0 0,2453 0	0,0519 0,1323 −0,8978	0 −0,1181 0,3085	0 0,0662 0	1,3 3	0 1
	2	154,2	$\bar{w}$ $\bar{w}'$ $\bar{w}''$	0 0,0391 0	0,0049 −0,0192 −0,4728	0 0,1653 0,8092	0 −0,3040 0	1,3 2 3	0 0,16 1
	3	850,7	$\bar{w}$ $\bar{w}'$ $\bar{w}''$	0 0,0409 0	0,0019 −0,0581 −0,8145	0 0,0887 −0,5651	0 0,0663 0	1,3 2 3 0,40	0 0,04 1
0,500	1	12,01	$\bar{w}$ $\bar{w}'$ $\bar{w}''$	0 0,2087 0	0,0664 −0,0166 −0,8783	0 −0,1428 0,3925	0 0,0768 0	1,3 3	0 1
	2	168,5	$\bar{w}$ $\bar{w}'$ $\bar{w}''$	0 0,0323 0	0,0032 −0,0413 −0,2624	0 0,1235 0,9135	0 −0,2806 0	1,3 2 3	0 0,13 1
	3	1571	$\bar{w}$ $\bar{w}'$ $\bar{w}''$	0 −0,4905 0	0,0001 0,4888 −0,0019	0 −0,4875 −0,1690	0 −0,5042 0	1,2,3 3 3	0 0,50 1
0,750	1	22,5	$\bar{w}$ $\bar{w}'$ $\bar{w}''$	0 0,1881 0	0,0506 −0,1555 −0,8045	0 −0,1954 0,4897	0 0,1125 0	1,3 3	0 1
	2	194,7	$\bar{w}$ $\bar{w}'$ $\bar{w}''$	0 0,0460 0	0,0034 −0,0463 −0,0655	0 0,0603 0,9672	0 −0,2286 0	1,3 2 3	0 0,31 1
	3	634,7	$\bar{w}$ $\bar{w}'$ $\bar{w}''$	0 −0,1734 0	0,0030 0,0547 −0,9504	0 −0,0310 0,2489	0 −0,0266 0	1,3 1 3 0,34	0 0,94 1
0,875	1	51,0	$\bar{w}$ $\bar{w}'$ $\bar{w}''$	0 0,2401 0	0,0360 −0,2685 −0,7164	0 −0,2826 0,4868	0 0,1973 0	1,3 3	0 1
	2	223,3	$\bar{w}$ $\bar{w}'$ $\bar{w}''$	0 0,0932 0	0,0032 −0,0535 0,2327	0 0,0163 0,9488	0 −0,1838 0	1,3 2 3	0 0,69 1
	3	508,9	$\bar{w}$ $\bar{w}'$ $\bar{w}''$	0 −0,1260 0	0,0051 −0,0130 −0,9020	0 −0,0422 0,4082	0 −0,0440 0	1,3 1 3 0,28	0 0,84 1

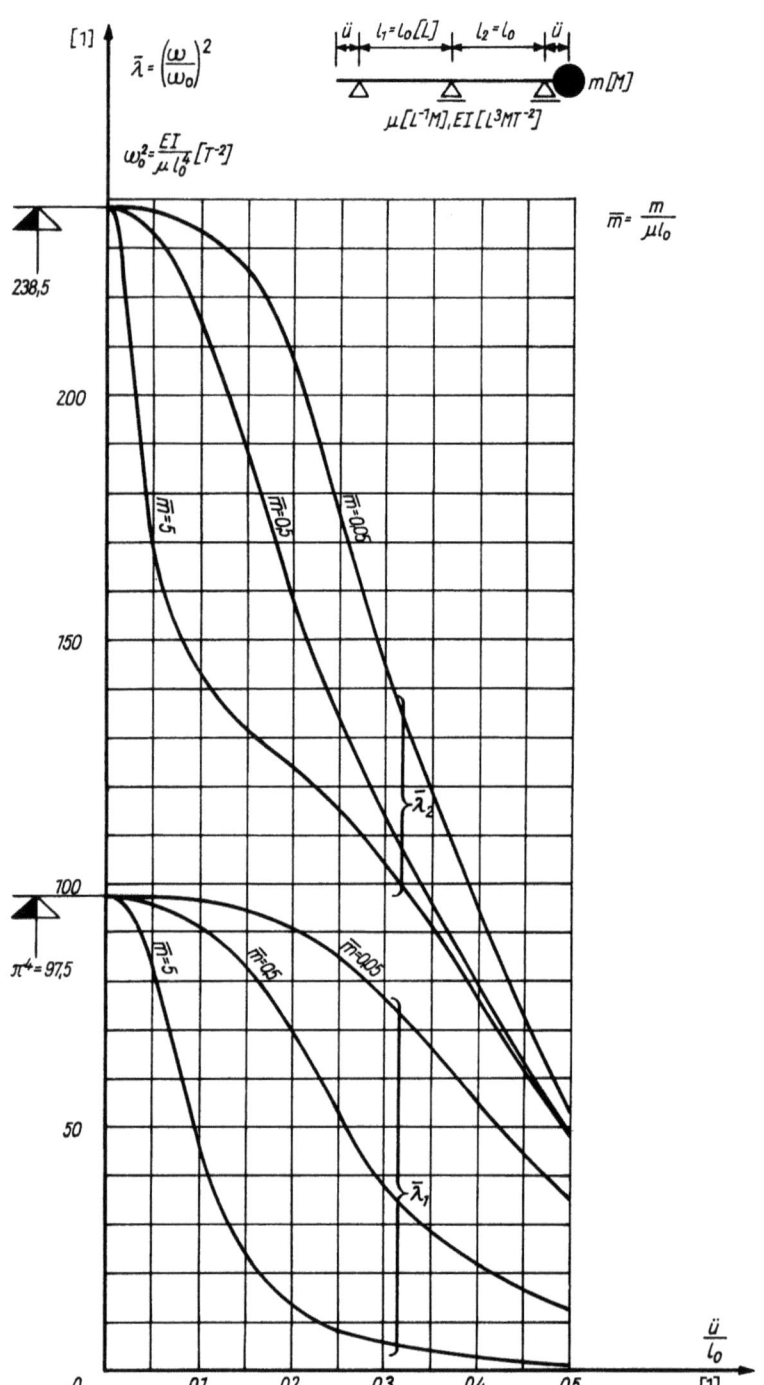

A 60

$m = 0{,}05\,\mu\,l_0,\ \ddot{u}/l_0 = 0{,}125\cdots 0{,}5$
$m = 0,\ \ddot{u}/l_0 = 0{,}5$

31

$\dfrac{m}{m_0}$	$\dfrac{\ddot{u}}{l_0}$	n	$\bar{\lambda}_n$		0	1	2	3	4	\multicolumn{2}{c}{$w=0$:}
										ϱ	ξ_ϱ
0,05	0,125	1	95,5	$\bar{w}$ $\bar{w}'$ $\bar{w}''$	0,0550 -0,4399 0	0 -0,4394 -0,0473	0 0,4413 0,0174	0 -0,4513 0,0137	-0,0566 -0,4539 0	2,3,4	0
		2	230,1	$\bar{w}$ $\bar{w}'$ $\bar{w}''$	0,0216 -0,1732 0	0 -0,1726 -0,0296	0 0,0031 -0,9371	0 0,1723 0,0038	0,0218 0,1749 0	2,3,4 3	0 0,00
		3	1429	$\bar{w}$ $\bar{w}'$ $\bar{w}''$	-0,0360 0,2909 0	0 0,2803 -0,0824	0 0,2992 0,2795	0 0,3492 0,6202	0,0472 0,3903 0	2,3,4 2 3	0 0,50 0,52
	0,250	1	84,5	$\bar{w}$ $\bar{w}'$ $\bar{w}''$	0,1010 -0,4081 0	0 -0,3926 0,1266	0 0,3760 0,0678	0 -0,4412 -0,2719	-0,1161 -0,4744 0	2,3,4	0
		2	185,2	$\bar{w}$ $\bar{w}'$ $\bar{w}''$	0,0532 -0,2178 0	0 -0,1996 0,1617	0 0,0165 -0,8432	0 0,1888 0,2908	0,0531 0,2224 0	2,3,4 3	0 0,01
		3	679,2	$\bar{w}$ $\bar{w}'$ $\bar{w}''$	-0,0203 0,0884 0	0 0,0622 -0,2744	0 0,0645 0,2591	0 0,0924 0,8929	0,0393 0,1845 0	2,3,4 2 3	0 0,48 0,72
	0,375	1	60,5	$\bar{w}$ $\bar{w}'$ $\bar{w}''$	0,1087 -0,3011 0	0 -0,2589 0,2836	0 0,2275 0,1150	0 -0,3498 -0,5849	-0,1560 -0,4432 0	2,3,4	0
		2	106,3	$\bar{w}$ $\bar{w}'$ $\bar{w}''$	0,0999 -0,2846 0	0 -0,2166 0,4640	0 0,0379 -0,5552	0 0,1471 0,5080	0,0764 0,2272 0	2,3,4 3	0 0,16
		3	319,6	$\bar{w}$ $\bar{w}'$ $\bar{w}''$	0,0429 -0,1375 0	0 -0,0518 0,6108	0 -0,0924 -0,1531	0 -0,0186 -0,7432	-0,0370 -0,1321 0	2,3,4 2 3	0 0,22 0,99
	0,500	1	35,1	$\bar{w}$ $\bar{w}'$ $\bar{w}''$	0,1059 -0,2269 0	0 -0,1704 0,2941	0 0,1413 0,1277	0 -0,2820 -0,6984	-0,1922 -0,4258 0	2,3,4	0
		2	52,7	$\bar{w}$ $\bar{w}'$ $\bar{w}''$	0,1549 -0,3430 0	0 -0,2196 0,6437	0 0,0432 -0,3888	0 0,0974 0,4378	0,0807 0,1874 0	2,3,4 3	0 0,29
		3	215,5	$\bar{w}$ $\bar{w}'$ $\bar{w}''$	0,0439 -0,1239 0	0 0,0079 0,6926	0 -0,1421 -0,0605	0 0,0319 -0,6820	-0,0337 -0,1090 0	2,3,4 1 4	0 0,95 0,21
0	0,500	1	40,3	$\bar{w}$ $\bar{w}'$ $\bar{w}''$	0,1633 -0,3534 0	0 -0,2535 0,5204	0 0,1641 0	0 -0,2535 -0,5204	-0,1633 -0,3534 0	2,3,4	0
		2	58,0	$\bar{w}$ $\bar{w}'$ $\bar{w}''$	0,1205 -0,2692 0	0 -0,1641 0,5492	0 0 -0,4109	0 0,1641 0,5492	0,1205 0,2692 0	2,3,4	0
		3	225,2	$\bar{w}$ $\bar{w}'$ $\bar{w}''$	0,0420 -0,1199 0	0 0,0112 0,6890	0 -0,1344 0	0 0,0112 -0,6890	-0,0420 -0,1199 0	2,3,4 1 4	0 0,93 0,07

$m = 0{,}5\,\mu\,l_0$

$\dfrac{ü}{l_0}$	n	$\bar{\lambda}_n$		0	1	2	3	4	\multicolumn{2}{c}{$w = 0$:}
									ϱ	ξ_ϱ
0,125	1	87,8	$\bar{w}$	-0,0451	0	0	0	0,0610	2,3,4	0
			$\bar{w}'$	0,3605	0,3602	-0,3868	0,4737	0,4953		
			$\bar{w}''$	0	0,0365	-0,1605	0,2968	0		
	2	203,0	$\bar{w}$	0,0241	0	0	0	0,0238	2,3,4	0
			$\bar{w}'$	-0,1930	-0,1924	0,0356	0,1775	0,1972	3	0,99
			$\bar{w}''$	0	-0,0317	-0,8759	0,2911	0		
	3	773,1	$\bar{w}$	-0,0048	0	0	0	0,0166	2,3,4	0
			$\bar{w}'$	0,0387	0,0380	0,0532	0,0965	0,1501	2	0,61
			$\bar{w}''$	0	0,0018	0,3638	0,9109	0	3	0,71
0,250	1	52,9	$\bar{w}$	-0,0318	0	0	0	0,1001	2,3,4	0
			$\bar{w}'$	0,1280	0,1250	-0,1638	0,3380	0,4304		
			$\bar{w}''$	0	-0,0239	-0,2614	0,7495	0		
	2	132,4	$\bar{w}$	0,0708	0	0	0	0,0331	2,3,4	0
			$\bar{w}'$	-0,2879	-0,2707	0,1351	0,0806	0,1572	3	0,66
			$\bar{w}''$	0	0,1466	-0,5996	0,6382	0		
	3	370,1	$\bar{w}$	-0,0210	0	0	0	0,0144	2,3,4	0
			$\bar{w}'$	0,0878	0,0732	0,0589	-0,0054	0,0883	2	0,70
			$\bar{w}''$	0	-0,1419	0,5377	0,8160	0	4	0,01
0,375	1	25,0	$\bar{w}$	-0,0260	0	0	0	0,1402	2,3,4	0
			$\bar{w}'$	0,0705	0,0663	-0,0999	0,2754	0,4208		
			$\bar{w}''$	0	-0,0277	-0,2301	0,8086	0		
	2	87,2	$\bar{w}$	0,1426	0	0	0	0,0210	2,3,4	0
			$\bar{w}'$	-0,4017	-0,3220	0,1461	0,0051	0,0805	3	0,98
			$\bar{w}''$	0	0,5412	-0,4611	0,4252	0		
	3	259,8	$\bar{w}$	-0,0490	0	0	0	0,0116	2,3,4	0
			$\bar{w}'$	0,1521	0,0720	0,1036	-0,0502	0,0705	2	0,34
			$\bar{w}''$	0	-0,5662	0,3897	0,6917	0	4	0,48
0,500	1	12,86	$\bar{w}$	-0,0282	0	0	0	0,1907	2,3,4	0
			$\bar{w}'$	0,0578	0,0523	-0,0825	0,2525	0,4424		
			$\bar{w}''$	0	-0,0289	-0,2103	0,8034	0		
	2	48,5	$\bar{w}$	0,1919	0	0	0	0,0138	2,3,4	0
			$\bar{w}'$	-0,4215	-0,2807	0,0985	-0,0068	0,0439	4	0,13
			$\bar{w}''$	0	0,7349	-0,3304	0,2137	0		
	3	196,6	$\bar{w}$	-0,0489	0	0	0	0,0113	2,3,4	0
			$\bar{w}'$	0,1346	-0,0004	0,1587	-0,0806	0,0743	1	0,99
			$\bar{w}''$	0	-0,7101	0,1838	0,6357	0	4	0,67

$m = 5\mu l_0$

32

$\dfrac{\ddot{u}}{l_0}$	n	$\bar{\lambda}_n$		0	1	2	3	4	\multicolumn{2}{c}{w = 0:}
									ϱ	ξ_ϱ
0,125	1	32,1	$\bar{w}$	-0,0086	0	0	0	0,0417	2,3,4,	0
			$\bar{w}'$	0,0691	0,0691	-0,1127	0,2985	0,3510		
			$\bar{w}''$	0	0,0030	-0,2594	0,8345	0		
	2	137,0	$\bar{w}$	0,0349	0	0	0	0,0080	2,3,4	0
			$\bar{w}'$	-0,2791	-0,2786	0,1826	0,0351	0,0783	3	0,89
			$\bar{w}''$	0	-0,0380	-0,5462	0,7091	0		
	3	386,2	$\bar{w}$	-0,0084	0	0	0	0,0030	2,3,4	0
			$\bar{w}'$	0,0671	0,0666	0,0471	-0,0069	0,0397	2	0,79
			$\bar{w}''$	0	0,0113	0,5887	0,8003	0	4	0,15
0,250	1	8,14	$\bar{w}$	-0,0106	0	0	0	0,0828	2,3,4	0
			$\bar{w}'$	0,0423	0,0421	-0,0794	0,2601	0,3667		
			$\bar{w}''$	0	-0,0011	-0,2248	0,8547	0		
	2	115,3	$\bar{w}$	0,0909	0	0	0	0,0042	2,3,4	0
			$\bar{w}'$	-0,3689	-0,3497	0,2284	-0,0344	0,0422	4	0,54
			$\bar{w}''$	0	0,1611	-0,5000	0,6342	0		
	3	318,0	$\bar{w}$	-0,0264	0	0	0	0,0017	2,3,4	0
			$\bar{w}'$	0,1098	0,0941	0,0593	-0,0495	0,0346	2	0,77
			$\bar{w}''$	0	-0,1500	0,6569	0,7192	0	4	0,80
0,375	1	3,30	$\bar{w}$	-0,0143	0	0	0	0,1324	2,3,4	0
			$\bar{w}'$	0,0381	0,0378	-0,0731	0,2486	0,4050		
			$\bar{w}''$	0	-0,0020	-0,2135	0,8382	0		
	2	84,2	$\bar{w}$	0,1535	0	0	0	0,0023	2,3,4	0
			$\bar{w}'$	-0,4315	-0,3486	0,1742	-0,0388	0,0285	4	0,78
			$\bar{w}''$	0	0,5617	-0,4313	0,3668	0		
	3	245,1	$\bar{w}$	-0,0522	0	0	0	0,0014	2,3,4	0
			$\bar{w}'$	0,1608	0,0801	0,1065	-0,0741	0,0432	2	0,38
			$\bar{w}''$	0	-0,5690	0,4533	0,6458	0	4	0,91
0,500	1	1,687	$\bar{w}$	-0,0181	0	0	0	0,1873	2,3,4	0
			$\bar{w}'$	0,0362	0,0358	-0,0695	0,2395	0,4416		
			$\bar{w}''$	0	-0,0024	-0,2051	0,8141	0		
	2	48,0	$\bar{w}$	0,1962	0	0	0	0,0014	2,3,4	0
			$\bar{w}'$	-0,4306	-0,2882	0,1070	-0,0253	0,0170	4	0,83
			$\bar{w}''$	0	0,7429	-0,3164	0,1693	0		
	3	190,2	$\bar{w}$	-0,0509	0	0	0	0,0015	2,3,4	0
			$\bar{w}'$	0,1392	0,0025	0,1647	-0,1001	0,0574	2	0,01
			$\bar{w}''$	0	-0,7187	0,2281	0,6075	0	4	0,95

A 63

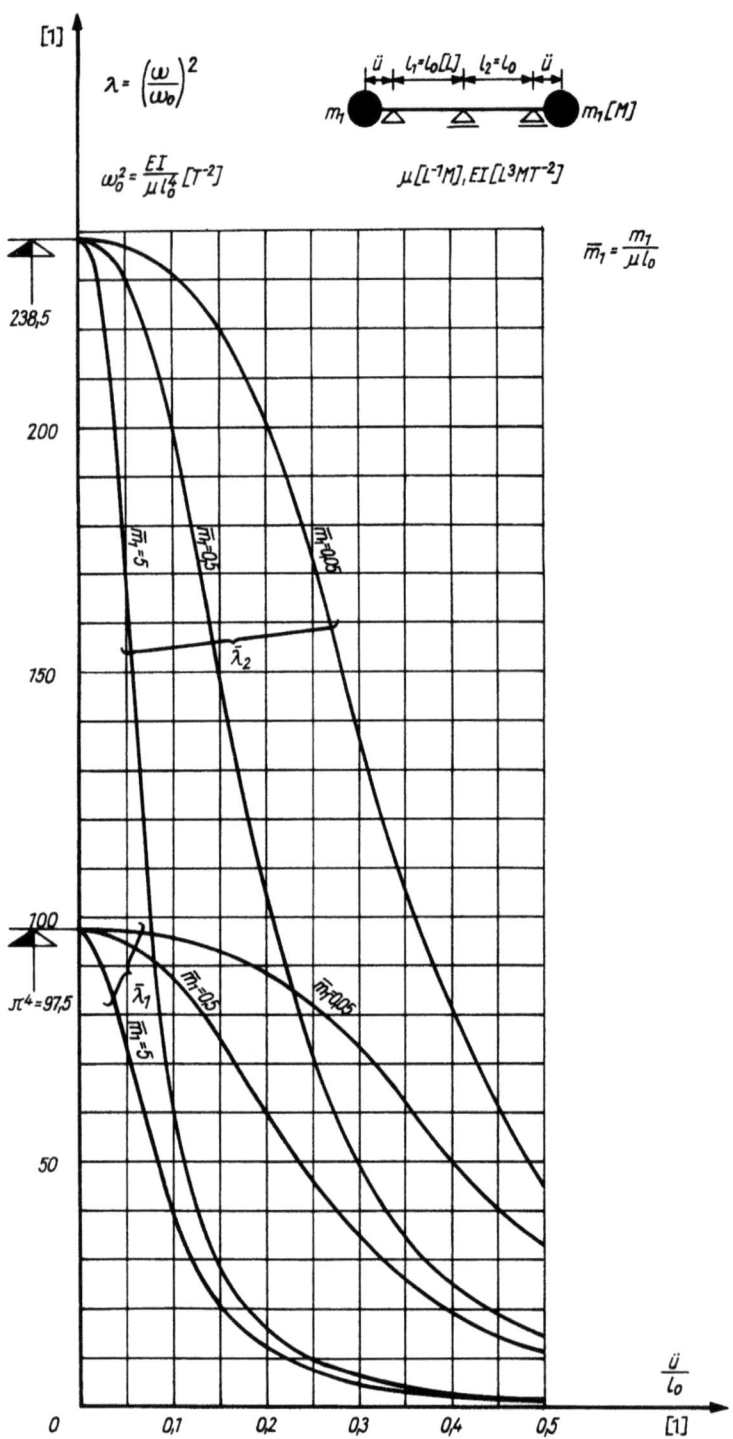

$m_1 = 0{,}05\,\mu\,l_0$, $\ddot{u}/l_0 = 0{,}125 \cdots 0{,}5$
$m_1 = 0$, $\ddot{u}/l_0 = 0{,}5$

33

$\dfrac{m_1}{m_0}$	$\dfrac{\ddot{u}}{l_0}$	n	$\bar{\lambda}_n$		0	1	2	3	4	ϱ	ξ_ϱ
0,05	0,125	1	94,8	$\bar{w}$ / $\bar{w}'$ / $\bar{w}''$	0,0560 / -0,4487 / 0	0 / -0,4461 / -0,0135	0 / 0 / 0	0 / -0,4461 / 0,0135	-0,0560 / -0,4487 / 0	2,3,4	0
	0,125	2	227,0	$\bar{w}$ / $\bar{w}'$ / $\bar{w}''$	0,0221 / -0,1775 / 0	0 / -0,1749 / 0,0035	0 / 0 / -0,9353	0 / 0,1749 / 0,0035	0,0221 / 0,1775 / 0	2,3,4	0
	0,125	3	1379	$\bar{w}$ / $\bar{w}'$ / $\bar{w}''$	0,0407 / -0,3358 / 0	0 / -0,3018 / 0,5061	0 / -0,2769 / 0	0 / -0,3018 / -0,5061	-0,0407 / -0,3358 / 0	2,3,4 / 2 / 3	0 / 0,48 / 0,52
	0,250	1	81,9	$\bar{w}$ / $\bar{w}'$ / $\bar{w}''$	0,1079 / -0,4407 / 0	0 / -0,4108 / 0,2443	0 / 0,3626 / 0	0 / -0,4108 / -0,2443	-0,1079 / -0,4407 / 0	2,3,4	0
	0,250	2	173,7	$\bar{w}$ / $\bar{w}'$ / $\bar{w}''$	0,0549 / -0,2293 / 0	0 / -0,1967 / 0,2801	0 / 0 / -0,8090	0 / 0,1967 / 0,2801	0,0549 / 0,2293 / 0	2,3,4	0
	0,250	3	616,7	$\bar{w}$ / $\bar{w}'$ / $\bar{w}''$	0,0333 / -0,1544 / 0	0 / -0,0834 / 0,6822	0 / -0,0738 / 0	0 / -0,0834 / -0,6822	-0,0333 / -0,1544 / 0	2,3,4 / 2 / 3	0 / ≈ 0,3 / ≈ 0,7
	0,375	1	56,8	$\bar{w}$ / $\bar{w}'$ / $\bar{w}''$	0,1339 / -0,3791 / 0	0 / -0,3037 / 0,4710	0 / 0,2209 / 0	0 / -0,3037 / -0,4710	-0,1339 / -0,3791 / 0	2,3,4	0
	0,375	2	92,9	$\bar{w}$ / $\bar{w}'$ / $\bar{w}''$	0,0882 / -0,2589 / 0	0 / -0,1780 / 0,5114	0 / 0 / -0,5137	0 / 0,1780 / 0,5114	0,0882 / 0,2589 / 0	2,3,4	0
	0,375	3	290,8	$\bar{w}$ / $\bar{w}'$ / $\bar{w}''$	0,0377 / -0,1315 / 0	0 / -0,0260 / 0,6896	0 / -0,1018 / 0	0 / -0,0260 / -0,6896	-0,0377 / -0,1315 / 0	2,3,4 / 2 / 3	0 / 0,01 / 0,99
	0,500	1	32,7	$\bar{w}$ / $\bar{w}'$ / $\bar{w}''$	0,1581 / -0,3478 / 0	0 / -0,2375 / 0,5358	0 / 0,1460 / 0	0 / -0,2375 / -0,5358	-0,1580 / -0,3477 / 0	2,3,4	0
	0,500	2	44,9	$\bar{w}$ / $\bar{w}'$ / $\bar{w}''$	0,1207 / -0,2745 / 0	0 / -0,1594 / 0,5592	0 / 0 / -0,3792	0 / 0,1594 / 0,5592	0,1207 / 0,2745 / 0	2,3,4	0
	0,500	3	206,2	$\bar{w}$ / $\bar{w}'$ / $\bar{w}''$	0,0353 / -0,1125 / 0	0 / 0,0295 / 0,6883	0 / -0,1512 / 0	0 / 0,0295 / -0,6883	-0,0353 / -0,1125 / 0	2,3,4 / 1 / 4	0 / 0,81 / 0,19
0	0,500	1	40,3	$\bar{w}$ / $\bar{w}'$ / $\bar{w}''$	0,1633 / -0,3534 / 0	0 / -0,2535 / 0,5204	0 / 0,1641 / 0	0 / -0,2535 / -0,5204	-0,1633 / -0,3534 / 0	2,3,4	0
0	0,500	2	58,0	$\bar{w}$ / $\bar{w}'$ / $\bar{w}''$	0,1205 / -0,2692 / 0	0 / -0,1641 / 0,5492	0 / 0 / -0,4109	0 / 0,1641 / 0,5492	0,1205 / 0,2692 / 0	2,3,4	0
0	0,500	3	225,2	$\bar{w}$ / $\bar{w}'$ / $\bar{w}''$	0,0420 / -0,1199 / 0	0 / 0,0112 / 0,6890	0 / -0,1344 / 0	0 / 0,0112 / -0,6890	-0,0420 / -0,1199 / 0	2,3,4 / 1 / 4	0 / 0,93 / 0,07

A 65

$m_1 = 0{,}5\mu l_0$

$\frac{ü}{l_0}$	n	$\bar{\lambda}_n$		0	1	2	3	4	ϱ (w=0)	ξ_ϱ
0,125	1	81,9	$\bar{w}$	0,0540	0	0	0	-0,0540	2,3,4	0
			$\bar{w}'$	-0,4381	-0,4203	0,3714	-0,4203	-0,4381		
			$\bar{w}''$	0	0,2439	0	-0,2439	0		
	2	175,0	$\bar{w}$	0,0264	0	0	0	0,0264	2,3,4	0
			$\bar{w}'$	-0,2174	-0,1986	0	0,1986	0,2174		
			$\bar{w}''$	0	0,2733	-0,8221	0,2733	0		
	3	670,1	$\bar{w}$	0,0147	0	0	0	-0,0147	2,3,4	0
			$\bar{w}'$	-0,1307	-0,0898	-0,0753	-0,0898	-0,1307	2	0,35
			$\bar{w}''$	0	0,6869	0	-0,6869	0	3	0,65
0,250	1	46,0	$\bar{w}$	0,0810	0	0	0	-0,0810	2,3,4	0
			$\bar{w}'$	-0,3455	-0,2803	0,1889	-0,2803	-0,3455		
			$\bar{w}''$	0	0,5270	0	-0,5270	0		
	2	70,6	$\bar{w}$	0,0548	0	0	0	0,0548	2,3,4	0
			$\bar{w}'$	-0,2411	-0,1735	0	0,1735	0,2411		
			$\bar{w}''$	0	0,5516	-0,4571	0,5516	0		
	3	265,3	$\bar{w}$	0,0174	0	0	0	-0,0174	2,3,4	0
			$\bar{w}'$	-0,0962	-0,0151	-0,1115	-0,0151	-0,0962	2	0,05
			$\bar{w}''$	0	0,6957	0	-0,6957	0	3	0,95
0,375	1	22,3	$\bar{w}$	0,1105	0	0	0	-0,1105	2,3,4	0
			$\bar{w}'$	-0,3275	-0,2255	0,1295	-0,2255	-0,3275		
			$\bar{w}''$	0	0,5668	0	-0,5668	0		
	2	29,4	$\bar{w}$	0,0855	0	0	0	0,0855	2,3,4	0
			$\bar{w}'$	-0,2618	-0,1575	0	0,1575	0,2618		
			$\bar{w}''$	0	0,5806	-0,3527	0,5806	0		
	3	196,7	$\bar{w}$	0,0152	0	0	0	-0,0152	2,3,4	0
			$\bar{w}'$	-0,0801	0,0410	-0,1620	0,0410	-0,0801	1	0,63
			$\bar{w}''$	0	0,6918	0	-0,6918	0	4	0,37
0,500	1	11,66	$\bar{w}$	0,1473	0	0	0	-0,1473	2,3,4	0
			$\bar{w}'$	-0,3372	-0,2042	0,1097	-0,2042	-0,3372		
			$\bar{w}''$	0	0,5630	0	-0,5630	0		
	2	14,54	$\bar{w}$	0,1209	0	0	0	0,1209	2,3,4	0
			$\bar{w}'$	-0,2856	-0,1496	0	0,1496	0,2856		
			$\bar{w}''$	0	0,5757	-0,3162	0,5757	0		
	3	172,4	$\bar{w}$	0,0136	0	0	0	-0,0136	2,3,4	0
			$\bar{w}'$	-0,0820	0,0833	-0,2011	0,0833	-0,0820	1	0,36
			$\bar{w}''$	0	0,6826	0	-0,6826	0	4	0,64

$m_1 = 5\mu\, l_0$

34

$\frac{ü}{l_0}$	n	$\bar{\lambda}_n$		0	1	2	3	4	$w=0$: ϱ	ξ_ϱ
0,125	1	27,8	$\bar{w}$	0,0341	0	0	0	-0,0341	2,3,4	0
			$\bar{w}'$	-0,2847	-0,2476	0,1475	-0,2476	-0,2847		
			$\bar{w}''$	0	0,5879	0	-0,5879	0		
	2	39,7	$\bar{w}$	0,0240	0	0	0	0,0240	2,3,4	0
			$\bar{w}'$	-0,2044	-0,1670	0	0,1670	0,2044		
			$\bar{w}''$	0	0,5950	-0,3891	0,5950	0		
	3	248,3	$\bar{w}$	0,0042	0	0	0	-0,0042	2,3,4	0
			$\bar{w}'$	-0,0476	-0,0060	-0,1196	-0,0060	-0,0476	2	0,02
			$\bar{w}''$	0	0,7004	0	-0,7004	0	3	0,98
0,250	1	7,27	$\bar{w}$	0,0654	0	0	0	-0,0654	2,3,4	0
			$\bar{w}'$	-0,2865	-0,2114	0,1105	-0,2114	-0,2865		
			$\bar{w}''$	0	0,6024	0	-0,6024	0		
	2	9,30	$\bar{w}$	0,0515	0	0	0	0,0515	2,3,4	0
			$\bar{w}'$	-0,2310	-0,1554	0	0,1554	0,2310		
			$\bar{w}''$	0	0,6067	-0,3220	0,6067	0		
	3	193,9	$\bar{w}$	0,0027	0	0	0	-0,0027	2,3,4	0
			$\bar{w}'$	-0,0382	0,0444	-0,1652	0,0444	-0,0382	1	0,30
			$\bar{w}''$	0	0,6949	0	-0,6949	0	4	0,70
0,375	1	2,99	$\bar{w}$	0,1028	0	0	0	-0,1028	2,3,4	0
			$\bar{w}'$	-0,3105	-0,2006	0,1021	-0,2006	-0,3105		
			$\bar{w}''$	0	0,5895	0	-0,5895	0		
	2	3,69	$\bar{w}$	0,0842	0	0	0	0,0842	2,3,4	0
			$\bar{w}'$	-0,2615	-0,1504	0	0,1504	0,2615		
			$\bar{w}''$	0	0,5960	-0,3051	0,5960	0		
	3	174,8	$\bar{w}$	0,0021	0	0	0	-0,0021	2,3,4	0
			$\bar{w}'$	-0,0474	0,0777	-0,1960	0,0777	-0,0474	1	0,12
			$\bar{w}''$	0	0,6874	0	-0,6874	0	4	0,88
0,500	1	1,54	$\bar{w}$	0,1436	0	0	0	-0,1436	2,3,4	0
			$\bar{w}'$	-0,3341	-0,1923	0,0971	-0,1923	-0,3341		
			$\bar{w}''$	0	0,5710	0	-0,5710	0		
	2	1,86	$\bar{w}$	0,1210	0	0	0	0,1210	2,3,4	0
			$\bar{w}'$	-0,2899	-0,1458	0	0,1458	0,2899		
			$\bar{w}''$	0	0,5805	-0,2937	0,5805	0		
	3	161,7	$\bar{w}$	0,0019	0	0	0	-0,0019	2,3,4	0
			$\bar{w}'$	-0,0635	0,1103	-0,2261	0,1103	-0,0635	1	0,06
			$\bar{w}''$	0	0,6769	0	-0,6769	0	4	0,94

A 67

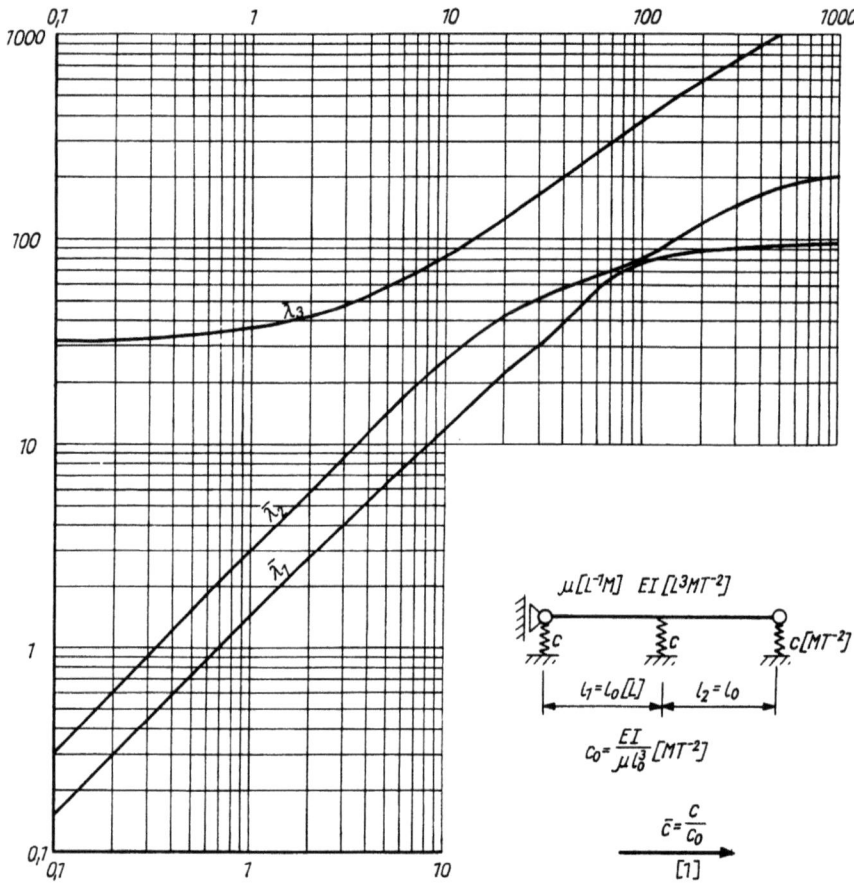

$\frac{c}{c_0}$	n	$\bar{\lambda}_n$		0	1	2	Q (w=0)	ξ_Q (w=0)
0,1	1	0,1493	$\bar{w}$ $\bar{w}'$ $\bar{w}''$	0,5744 0,0143 0	0,5827 0 -0,0143	0,5744 -0,0143 0	-	-
	2	0,299	$\bar{w}$ $\bar{w}'$ $\bar{w}''$	0,4479 -0,4449 0	0 -0,4505 0	-0,4479 -0,4449 0	2	0
	3	31,8	$\bar{w}$ $\bar{w}'$ $\bar{w}''$	0,1761 -0,4082 0	-0,1065 0 0,7703	0,1761 0,4082 0	1 2	0,45 0,55
1,0	1	1,436	$\bar{w}$ $\bar{w}'$ $\bar{w}''$	0,5358 0,1326 0	0,6126 0 -0,1240	0,5358 -0,1326 0	-	-
	2	2,94	$\bar{w}$ $\bar{w}'$ $\bar{w}''$	0,4535 -0,4230 0	0 -0,4804 0	-0,4535 -0,4230 0	2	0
	3	36,1	$\bar{w}$ $\bar{w}'$ $\bar{w}''$	0,1787 -0,4035 0	-0,1038 0 0,7744	0,1787 0,4035 0	1 2	0,46 0,54
10,0	1	11,63	$\bar{w}$ $\bar{w}'$ $\bar{w}''$	0,2468 0,5306 0	0,5321 0 -0,1787	0,2468 -0,5306 0	-	-
	2	24,8	$\bar{w}$ $\bar{w}'$ $\bar{w}''$	0,4520 -0,1232 0	0 -0,7491 0	-0,4520 -0,1232 0	2	0
	3	79,5	$\bar{w}$ $\bar{w}'$ $\bar{w}''$	0,1843 -0,3469 0	-0,0942 0 0,8262	0,1843 0,3469 0	1 2	0,51 0,49
100,0	1	≈ 75	$\bar{w}$ $\bar{w}'$ $\bar{w}''$	≈ 0,03 ≈ 0,3 0	≈ 0,1 0 ≈ 0,9	≈ 0,03 ≈ -0,3 0	-	-
	2	≈ 80	$\bar{w}$ $\bar{w}'$ $\bar{w}''$	≈ 0,07 ≈ 0,5 0	0 ≈ -0,7 0	≈ 0,07 ≈ 0,5 0	2	0
	3	385,3	$\bar{w}$ $\bar{w}'$ $\bar{w}''$	0,1037 0,0691 0	-0,1081 0 0,9784	0,1037 -0,0691 0	1 2	0,56 0,44
1000,0	1	95,6	$\bar{w}$ $\bar{w}'$ $\bar{w}''$	0,0057 0,5740 0	0 -0,5839 0	-0,0057 0,5740 0	2	0
	2	204,6	$\bar{w}$ $\bar{w}'$ $\bar{w}''$	0,0024 0,1769 0	0,0077 0 0,9682	0,0024 -0,1769 0	-	-
	3	≈ 1400	$\bar{w}$ $\bar{w}'$ $\bar{w}''$	≈ 0,02 ≈ 0,5 0	0 ≈ 0,7 0	≈ -0,02 ≈ 0,5 0	2 1, 2	0 0,5
∞	1	97,5	$\bar{w}$ $\bar{w}'$ $\bar{w}''$	0 0,5774 0	0 -0,5774 0	0 0,5774 0	1, 2 2	0 1
	2	238,5	$\bar{w}$ $\bar{w}'$ $\bar{w}''$	0 0,1719 0	0 0 0,9700	0 -0,1719 0	1, 2 2	0 1
	3	1584	$\bar{w}$ $\bar{w}'$ $\bar{w}''$	0 0,5774 0	0 0,5774 0	0 0,5774 0	1, 2 1, 2 2	0 0,50 1

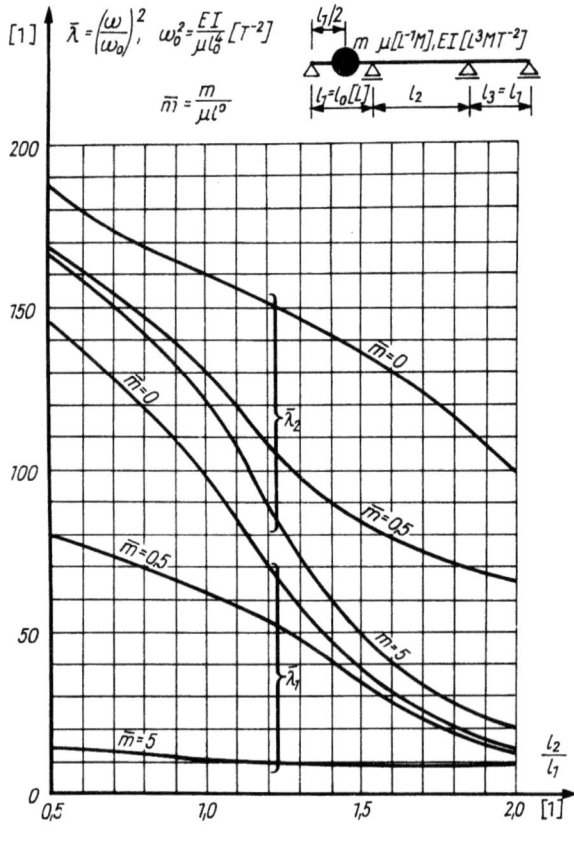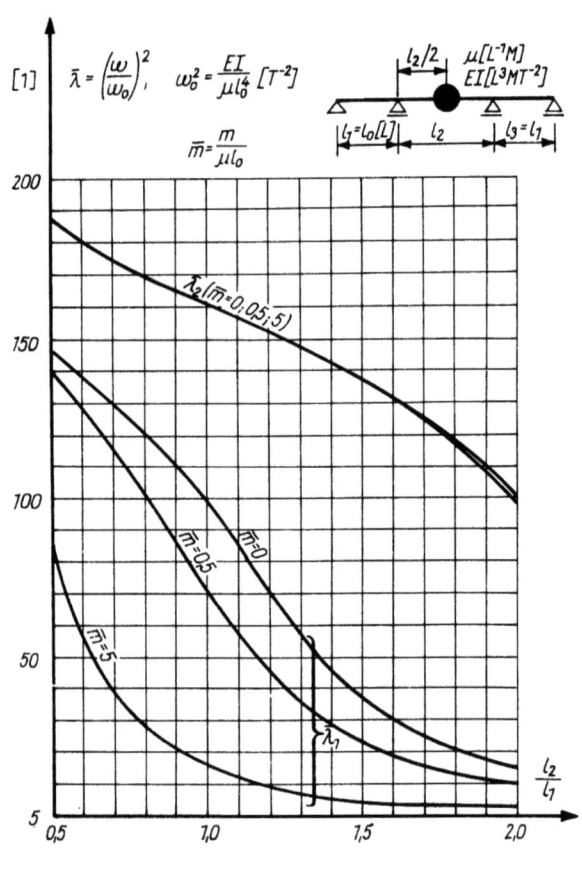

$l_2 : l_1 = 2:1 \cdots 1,4:1$ | 36

$\frac{l_2}{l_1}$	n	$\bar{\lambda}_n$		0	1	2	3	\multicolumn{2}{c}{w = 0: $\varrho \quad \xi_Q$}
2,0	1	14,90	$\bar{w}$ $\bar{w}'$ $\bar{w}''$	0 -0,1240 0	0 0,2282 0,6577	0 -0,2282 0,6577	0 0,1240 0	1,2,3 3	0 1
	2	98,1	$\bar{w}$ $\bar{w}'$ $\bar{w}''$	0 -0,4898 0	0 0,4945 0,1246	0 0,4945 -0,1246	0 -0,4898 0	1,2,3 2 3	0 0,50 1
	3	158,5	$\bar{w}$ $\bar{w}'$ $\bar{w}''$	0 0,2055 0	0 -0,1005 0,6691	0 0,1005 0,6691	0 -0,2055 0	1,2,3 2 3	0 0,23 0,77 1
	4	243,7	$\bar{w}$ $\bar{w}'$ $\bar{w}''$	0 0,1069 0	0 0,0082 0,6989	0 0,0082 -0,6989	0 0,1069 0	1,2,3 1 2 3	0 0,98 0,50 0,02 1
1,8	1	21,3	$\bar{w}$ $\bar{w}'$ $\bar{w}''$	0 -0,1351 0	0 0,2387 0,6517	0 -0,2387 0,6517	0 0,1351 0	1,2,3 3	0 1
	2	116,2	$\bar{w}$ $\bar{w}'$ $\bar{w}''$	0 -0,4641 0	0 0,3944 -0,3592	0 0,3944 0,3592	0 -0,4641 0	1,2,3 2 3	0 0,50 1
	3	167,4	$\bar{w}$ $\bar{w}'$ $\bar{w}''$	0 0,1919 0	0 -0,0825 0,6756	0 0,0825 0,6756	0 -0,1919 0	1,2,3 2 3	0 0,20 0,80 1
	4	312,2	$\bar{w}$ $\bar{w}'$ $\bar{w}''$	0 0,0833 0	0 0,0360 0,7013	0 0,0360 -0,7013	0 0,0833 0	1,2,3 1 2 3	0 0,88 1 0,50 0,12
1,6	1	31,4	$\bar{w}$ $\bar{w}'$ $\bar{w}''$	0 -0,1562 0	0 0,2584 0,6394	0 -0,2584 0,6394	0 0,1562 0	1,2,3 3	0 1
	2	130,7	$\bar{w}$ $\bar{w}'$ $\bar{w}''$	0 -0,3587 0	0 0,2614 -0,5504	0 0,2614 0,5504	0 -0,3587 0	1,2,3 2 3	0 0,50 1
	3	179,6	$\bar{w}$ $\bar{w}'$ $\bar{w}''$	0 0,1742 0	0 -0,0609 0,6826	0 0,0609 0,6826	0 -0,1742 0	1,2,3 2 3	0 0,15 0,85 1
	4	439,2	$\bar{w}$ $\bar{w}'$ $\bar{w}''$	0 0,0669 0	0 0,0607 0,7013	0 0,0607 -0,7013	0 0,0669 0	1,2,3 1 2 3	0 0,76 0,50 0,24
1,5	1	38,5	$\bar{w}$ $\bar{w}'$ $\bar{w}''$	0 -0,1743 0	0 0,2750 0,6277	0 -0,2750 0,6277	0 0,1743 0	1,2,3 3	0 1
	2	136,6	$\bar{w}$ $\bar{w}'$ $\bar{w}''$	0 -0,3224 0	0 0,2194 -0,5898	0 0,2194 0,5898	0 -0,3224 0	1,2,3 2 3	0 0,50 1
	3	188,1	$\bar{w}$ $\bar{w}'$ $\bar{w}''$	0 0,1632 0	0 -0,0481 0,6864	0 0,0481 0,6864	0 -0,1632 0	1,2,3 2 3	0 0,12 0,88 1
	4	537,8	w w' w''	0 0,0631 0	0 0,0723 0,7006	0 0,0723 -0,7006	0 0,0631 0	1,2,3 1 2 3	0 0,71 0,50 0,29 1
1,4	1	47,3	$\bar{w}$ $\bar{w}'$ $\bar{w}''$	0 -0,2020 0	0 0,2998 0,6077	0 -0,2998 0,6077	0 0,2020 0	1,2,3 3	0 1
	2	141,9	$\bar{w}$ $\bar{w}'$ $\bar{w}''$	0 -0,2948 0	0 0,1882 -0,6147	0 0,1882 0,6147	0 -0,2948 0	1,2,3 2 3	0 0,50 1
	3	199,5	$\bar{w}$ $\bar{w}'$ $\bar{w}''$	0 0,1505 0	0 -0,0334 0,6901	0 0,0334 0,6901	0 -0,1505 0	1,2,3 2 3	0 0,01 0,99 1
	4	670,4	$\bar{w}$ $\bar{w}'$ $\bar{w}''$	0 0,0635 0	0 0,0851 0,6991	0 0,0851 -0,6991	0 0,0635 0	1,2,3 1 2 3	0 0,65 0,50 0,35 1

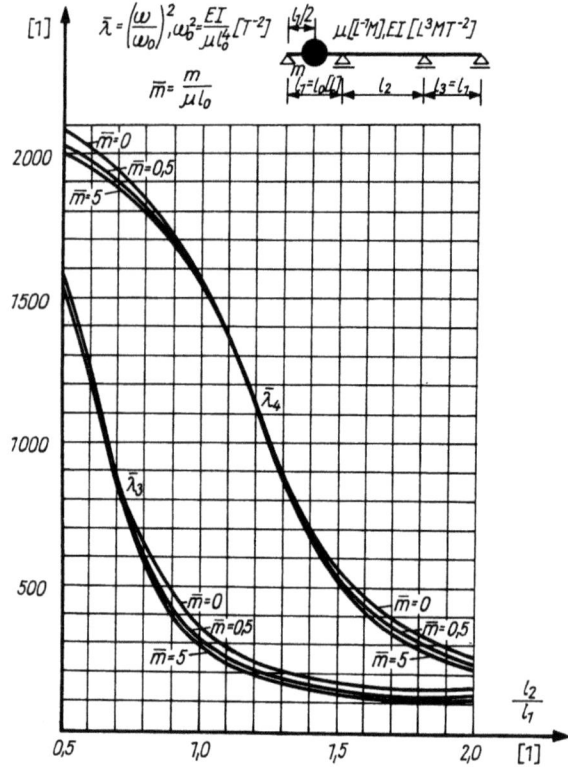
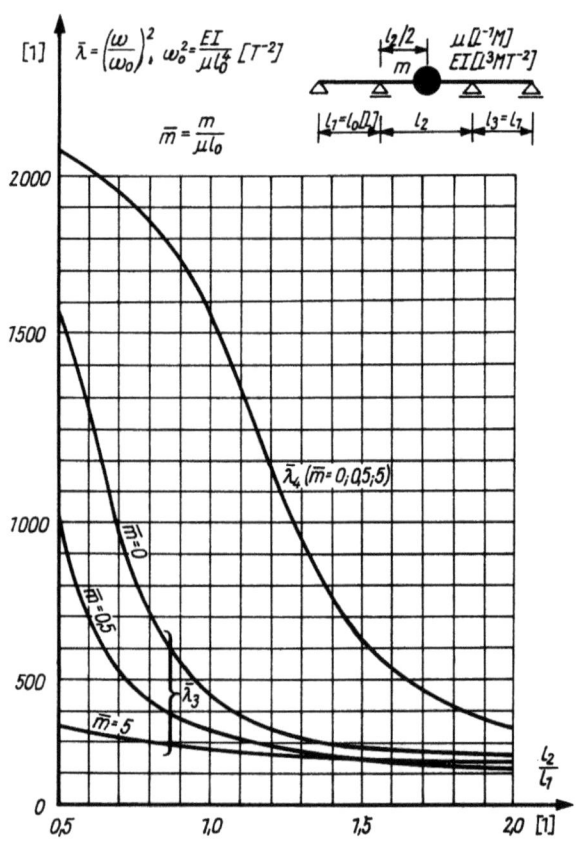

$l_2 : l_1 = 1{,}2{:}1 \cdots 0{,}5{:}1$

37

$\dfrac{l_2}{l_1}$	n	$\bar{\lambda}_n$		0	1	2	3	$w=0$: ϱ	ξ_Q
1,2	1	70,5	$\bar{w}$ $\bar{w}'$ $\bar{w}''$	0 -0,3180 0	0 0,3979 0,4905	0 -0,3979 0,4905	0 0,3180 0	1,2,3 3	0 1
	2	151,4	$\bar{w}$ $\bar{w}'$ $\bar{w}''$	0 0,2556 0	0 -0,1446 0,6433	0 -0,1446 -0,6433	0 0,2556 0	1,2,3 2 3	0 0,50 1
	3	240,2	$\bar{w}$ $\bar{w}'$ $\bar{w}''$	0 0,1193 0	0 0,0023 0,6969	0 -0,0023 0,6969	0 -0,1193 0	1,2,3 1 3	0 0,99 0,01 1
	4	1075	$\bar{w}$ $\bar{w}'$ $\bar{w}''$	0 0,0957 0	0 0,1336 0,6877	0 0,1336 -0,6877	0 0,0957 0	1,2,3 1 2 3	0 0,56 0,50 0,44 1
1,0	1	97,5	$\bar{w}$ $\bar{w}'$ $\bar{w}''$	0 -0,5000 0	0 0,5000 0	0 -0,5000 0	0 0,5000 0	1,2,3 3	0 1
	2	160,3	$\bar{w}$ $\bar{w}'$ $\bar{w}''$	0 0,2275 0	0 -0,1138 0,6598	0 -0,1138 -0,6598	0 0,2275 0	1,2,3 2 3	0 0,50 1
	3	342,6	$\bar{w}$ $\bar{w}'$ $\bar{w}''$	0 0,0864 0	0 0,0432 0,7005	0 -0,0432 0,7005	0 -0,0864 0	1,2,3 1 3	0 0,85 0,15 1
	4	1560	$\bar{w}$ $\bar{w}'$ $\bar{w}''$	0 0,5000 0	0 0,5000 0	0 0,5000 0	0 0,5000 0	1,2,3 1,2,3 3	0 0,50 1
0,8	1	120,4	$\bar{w}$ $\bar{w}'$ $\bar{w}''$	0 -0,4075 0	0 0,3280 -0,4759	0 -0,3280 -0,4759	0 0,4075 0	1,2,3 3	0 1
	2	169,7	$\bar{w}$ $\bar{w}'$ $\bar{w}''$	0 0,2045 0	0 -0,0886 0,6710	0 -0,0886 -0,6710	0 0,2045 0	1,2,3 2 3	0 0,50 1
	3	617,2	$\bar{w}$ $\bar{w}'$ $\bar{w}''$	0 0,0716 0	0 0,0838 0,6985	0 -0,0838 0,6985	0 -0,0716 0	1,2,3 1 3	0 0,67 0,33 1
	4	1868	$\bar{w}$ $\bar{w}'$ $\bar{w}''$	0 0,1698 0	0 0,1222 -0,6755	0 0,1222 0,6755	0 0,1698 0	1,2,3 1 2 3	0 0,48 0,50 0,52 1
0,6	1	137,9	$\bar{w}$ $\bar{w}'$ $\bar{w}''$	0 -0,3045 0	0 0,2025 -0,6052	0 -0,2025 -0,6052	0 0,3045 0	1,2,3 3	0 1
	2	180,5	$\bar{w}$ $\bar{w}'$ $\bar{w}''$	0 0,1836 0	0 -0,0659 0,6796	0 -0,0659 -0,6796	0 0,1836 0	1,2,3 2 3	0 0,50 1
	3	1251	$\bar{w}$ $\bar{w}'$ $\bar{w}''$	0 0,1675 0	0 0,2034 0,6561	0 -0,2034 0,6561	0 -0,1675 0	1,2,3 1 3	0 0,53 0,47 1
	4	2013	$\bar{w}$ $\bar{w}'$ $\bar{w}''$	0 0,1170 0	0 0,0671 -0,6941	0 0,0671 0,6941	0 0,1170 0	1,2,3 1 2 3	0 0,47 0,50 0,53 1
0,5	1	146,1	$\bar{w}$ $\bar{w}'$ $\bar{w}''$	0 -0,2692 0	0 0,1620 -0,6335	0 -0,1620 -0,6335	0 0,2692 0	1,2,3 3	0 1
	2	186,8	$\bar{w}$ $\bar{w}'$ $\bar{w}''$	0 0,1735 0	0 -0,0549 0,6834	0 -0,0549 -0,6834	0 0,1735 0	1,2,3 2 3	0 0,50 1
	3	1578	$\bar{w}$ $\bar{w}'$ $\bar{w}''$	0 0,4910 0	0 0,4739 -0,1853	0 -0,4739 -0,1853	0 -0,4910 0	1,2,3 1,3	0 0,50
	4	2075	$\bar{w}$ $\bar{w}'$ $\bar{w}''$	0 0,1033 0	0 0,0527 -0,6975	0 0,0527 0,6975	0 0,1033 0	1,2,3 1 2 3	0 0,47 0,50 0,53 1

$m = 0{,}5\mu\, l_0,\ l_2 : l_1 = 2{:}1 \cdots 1{,}2{:}1$

$\dfrac{l_2}{l_1}$	n	$\bar{\lambda}_n$		0	1	2	3	4	Q (w=0)	ξ_Q
2,0	1	14,56	$\bar{w}$	0	0,0471	0	0	0	1,3,4	0
			$\bar{w}'$	0,1312	0,0224	-0,2211	0,2098	-0,1138	4	1
			$\bar{w}''$	0	-0,4113	-0,5836	-0,6038	0		
	2	67,4	$\bar{w}$	0	0,0694	0	0	0	1,3,4	0
			$\bar{w}'$	0,2245	-0,0185	-0,1522	-0,0923	0,0707	3	0,41
			$\bar{w}''$	0	-0,8381	0,4244	0,1591	0	4	1
	3	126,2	$\bar{w}$	0	0,0259	0	0	0	1,3,4	0
			$\bar{w}'$	0,0977	-0,0297	0,0179	0,1776	-0,2347	2	0,90
			$\bar{w}''$	0	-0,4214	0,7788	0,3434	0	3	0,58
									4	1
	4	224,6	$\bar{w}$	0	0,0082	0	0	0	1,3,4	0
			$\bar{w}'$	0,0395	-0,0222	0,0436	-0,0043	0,1369	2	0,52
			$\bar{w}''$	0	-0,1860	0,5189	-0,8206	0	3	0,48 0,99
									4	1
1,5	1	35,0	$\bar{w}$	0	0,0680	0	0	0	1,3,4	0
			$\bar{w}'$	0,2007	0,0130	-0,2529	0,2100	-0,1302	4	1
			$\bar{w}''$	0	-0,6814	-0,3485	-0,4942	0		
	2	84,7	$\bar{w}$	0	0,0542	0	0	0	1,3,4	0
			$\bar{w}'$	0,1837	-0,0280	-0,0749	-0,1016	0,0902	3	0,20
			$\bar{w}''$	0	-0,7135	0,6500	0,0826	0	4	1
	3	167,3	$\bar{w}$	0	0,0115	0	0	0	1,3,4	0
			$\bar{w}'$	0,0482	-0,0204	0,0296	0,1083	-0,2436	2	0,69
			$\bar{w}''$	0	-0,2157	0,4897	0,7993	0	3	0,75
									4	1
	4	523,7	$\bar{w}$	0	0,0041	0	0	0	1,3,4	0
			$\bar{w}'$	0,0378	-0,0358	0,0813	0,0732	0,0651	2	0,20
			$\bar{w}''$	0	-0,1746	0,6513	-0,7255	0	3	0,50
									4	0,28 1
1,2	1	53,8	$\bar{w}$	0	0,0786	0	0	0	1,3,4	0
			$\bar{w}'$	0,2448	-0,0057	-0,2229	0,1444	-0,1022	4	1
			$\bar{w}''$	0	-0,8810	0,1088	-0,2548	0		
	2	108,6	$\bar{w}$	0	0,0386	0	0	0	1,3,4	1
			$\bar{w}'$	0,1393	-0,0334	-0,0106	-0,1764	0,1943	3	0,01
			$\bar{w}''$	0	-0,5647	0,7620	-0,0971	0	4	1
	3	216,1	$\bar{w}$	0	0,0095	0	0	0	1,3,4	0
			$\bar{w}'$	0,0448	-0,0243	0,0455	0,0199	-0,1591	2	0,54
			$\bar{w}''$	0	-0,2053	0,5341	0,8014	0	3	0,96
									4	1
	4	1065	$\bar{w}$	0	0,0024	0	0	0	1,3,4	0
			$\bar{w}'$	0,0731	-0,0786	0,1320	0,1308	0,0931	2	0,06
			$\bar{w}''$	0	-0,1788	0,6654	-0,6860	0	3	0,50
									4	0,44 1

$m = 0.5\,\mu\,l_0,\ l_2 : l_1 = 1:1 \cdots 0{,}5:1$ [38]

$\dfrac{l_2}{l_1}$	n	$\bar{\lambda}_n$		0	1	2	3	4	$w=0$: ϱ	ξ_ϱ
1,0	1	63,2	$\bar{w}$ $\bar{w}'$ $\bar{w}''$	0 0,2363 0	0,0739 −0,0153 −0,8720	0 −0,1769 0,3387	0 0,0948 −0,1338	0 −0,0720 0	1,3,4 4	0 1
	2	130,2	$\bar{w}$ $\bar{w}'$ $\bar{w}''$	0 0,0981 0	0,0257 −0,0305 −0,4097	0 0,0185 0,6805	0 −0,2163 −0,4717	0 0,2970 0	1,3,4 1 4	0 0,88 1
	3	318,6	$\bar{w}$ $\bar{w}'$ $\bar{w}''$	0 0,0422 0	0,0071 −0,0307 −0,1972	0 0,0674 0,6075	0 −0,0396 0,7572	0 −0,0992 0	1,3,4 2 4	0 0,36 0,13 1
	4	1560	$\bar{w}$ $\bar{w}'$ $\bar{w}''$	0 0,4472 0	0 −0,4472 0	0 0,4472 0	0 0,4472 0	0 0,4472 0	1,2,3,4 3,4 4	0 0,50 1
0,8	1	70,0	$\bar{w}$ $\bar{w}'$ $\bar{w}''$	0 0,2223 0	0,0682 −0,0207 −0,8337	0 −0,1418 0,4657	0 0,0679 −0,0769	0 −0,0544 0	1,3,4 4	0 1
	2	147,2	$\bar{w}$ $\bar{w}'$ $\bar{w}''$	0 0,0620 0	0,0156 −0,0225 −0,2637	0 0,0233 0,4912	0 −0,1867 −0,7422	0 0,3135 0	1,3,4 2 4	0 0,78 1
	3	596,6	$\bar{w}$ $\bar{w}'$ $\bar{w}''$	0 0,0447 0	0,0042 −0,0440 −0,1848	0 0,0951 0,6466	0 −0,0844 0,7226	0 −0,0740 0	1,3,4 2 4	0 0,17 0,32 1
	4	1842	$\bar{w}$ $\bar{w}'$ $\bar{w}''$	0 0,2012 0	−0,0023 −0,1882 0,2404	0 0,1209 −0,6360	0 0,1261 0,6342	0 0,1706 0	1,3,4 1 3 4	0 0,98 0,49 0,52 1
0,6	1	76,1	$\bar{w}$ $\bar{w}'$ $\bar{w}''$	0 0,2083 0	0,0629 −0,0245 −0,7918	0 −0,1130 0,5527	0 0,0525 −0,0458	0 −0,0442 0	1,3,4 4	0 1
	2	161,3	$\bar{w}$ $\bar{w}'$ $\bar{w}''$	0 0,0428 0	0,0104 −0,0172 −0,1843	0 0,0222 0,3703	0 −0,1412 −0,8508	0 0,2871 0	1,3,4 2 4	0 0,72 1
	3	1240	$\bar{w}$ $\bar{w}'$ $\bar{w}''$	0 0,1331 0	0,0025 −0,1406 −0,1957	0 0,1998 0,6338	0 −0,1958 0,6469	0 −0,1606 0	1,3,4 2 4	0 0,04 0,47 1
	4	1970	$\bar{w}$ $\bar{w}'$ $\bar{w}''$	0 0,1462 0	−0,0023 −0,1313 0,2643	0 0,0596 −0,6740	0 0,0753 0,6430	0 0,1212 0	1,3,4 1 3 4	0 0,97 0,42 0,53 1
0,5	1	79,4	$\bar{w}$ $\bar{w}'$ $\bar{w}''$	0 0,2008 0	0,0601 −0,0263 −0,7686	0 −0,0988 0,5916	0 0,0463 −0,0335	0 −0,0400 0	1,3,4 4	0 1
	2	168,4	$\bar{w}$ $\bar{w}'$ $\bar{w}''$	0 0,0366 0	0,0087 −0,0155 −0,1588	0 0,0215 0,3300	0 −0,1193 −0,8810	0 0,2708 0	1,3,4 2 4	0 0,69 1
	3	1570	$\bar{w}$ $\bar{w}'$ $\bar{w}''$	0 0,4445 0	−0,0002 −0,4438 0,0131	0 0,4398 −0,0208	0 −0,4358 −0,1381	0 −0,4499 0	1,3,4 1 4	0 0,99 0,50 1
	4	2025	$\bar{w}$ $\bar{w}'$ $\bar{w}''$	0 0,1234 0	−0,0022 −0,1090 0,2527	0 0,0412 −0,6327	0 0,0651 0,6996	0 0,1154 0	1,3,4 1 3 4	0 0,96 0,38 0,53 1

$m = 5\mu l_0, l_2 : l_1 = 2{:}1 \cdots 1{,}2{:}1$

$\frac{l_2}{l_1}$	n	$\bar{\lambda}_n$		0	1	2	3	4	\multicolumn{2}{c}{w = 0:}
									ϱ	ξ_ϱ
2,0	1	9,16	$\bar{w}$	0	0,0747	0	0	0	1,3,4	0
			$\bar{w}'$	0,2262	-0,0023	-0,2175	0,0995	-0,0524	4	1
			$\bar{w}''$	0	-0,8928	0,0353	-0,2915	0		
	2	21,0	$\bar{w}$	0	0,0306	0	0	0	1,3,4	0
			$\bar{w}'$	0,1073	-0,0290	0,0085	-0,1390	0,0783	2	0,95
			$\bar{w}''$	0	-0,5306	0,7263	0,3901	0	4	1
	3	117,8	$\bar{w}$	0	0,0035	0	0	0	1,3,4	0
			$\bar{w}'$	0,0269	-0,0308	0,0939	0,2513	-0,3025	2	0,18
			$\bar{w}''$	0	-0,2267	0,8364	0,2896	0	3	0,56
									4	1
	4	218,8	$\bar{w}$	0	0,0011	0	0	0	1,3,4	0
			$\bar{w}'$	0,0139	-0,0191	0,0576	-0,0100	0,1502	2	0,10
			$\bar{w}''$	0	-0,1189	0,4458	-0,8721	0	3	0,47 0,99
									4	1
1,5	1	11,05	$\bar{w}$	0	0,0702	0	0	0	1,3,4	0
			$\bar{w}'$	0,2179	-0,0123	-0,1689	0,0549	-0,0293	4	1
			$\bar{w}''$	0	-0,8988	0,2887	-0,1548	0		
	2	49,4	$\bar{w}$	0	0,0105	0	0	0	1,3,4	0
			$\bar{w}'$	0,0494	-0,0334	0,0828	-0,1985	0,1355	2	0,42
			$\bar{w}''$	0	-0,3172	0,8205	0,3974	0	4	1
	3	163,5	$\bar{w}$	0	0,0014	0	0	0	1,3,4	0
			$\bar{w}'$	0,0136	-0,0173	0,0528	0,1283	-0,2712	2	0,13
			$\bar{w}''$	0	-0,1157	0,4287	0,8423	0	3	0,72
									4	1
	4	515,4	$\bar{w}$	0	0,0007	0	0	0	1,3,4	0
			$\bar{w}'$	0,0231	-0,0337	0,08	0,0749	0,0676	2	0,04
			$\bar{w}''$	0	-0,1684	0,6	-0,7523	0	3	0,49
									4	0,28 1
1,2	1	11,84	$\bar{w}$	0	0,0668	0	0	0	1,3,4	0
			$\bar{w}'$	0,2095	-0,0158	-0,1466	0,0454	-0,0244	4	1
			$\bar{w}''$	0	-0,8785	0,3738	-0,1260	0		
	2	90,9	$\bar{w}$	0	0,0057	0	0	0	1,3,4	0
			$\bar{w}'$	0,0370	-0,0370	0,1070	-0,2692	0,2534	2	0,24
			$\bar{w}''$	0	-0,2762	0,8729	0,1043	0	4	1
	3	208,9	$\bar{w}$	0	0,0013	0	0	0	1,3,4	0
			$\bar{w}'$	0,0154	-0,0209	0,0628	0,0304	-0,1782	2	0,11
			$\bar{w}''$	0	-0,1292	0,4699	0,8516	0	3	0,93
									4	1
	4	1058	$\bar{w}$	0	0,0004	0	0	0	1,3,4	0
			$\bar{w}'$	0,0599	-0,0747	0,1358	0,1318	0,0936	2	0,01
			$\bar{w}''$	0	-0,2067	0,6451	-0,6981	0	3	0,50
									4	0,44 1

$m = 5\mu l_0$, $l_2 : l_1 = 1:1 \cdots 0,5:1$ | **39**

$\frac{l_2}{l_1}$	n	$\bar{\lambda}_n$		0	1	2	3	4	\multicolumn{2}{c}{w = 0: ϱ ξ_Q}	
1,0	1	12,38	$\bar{w}$ $\bar{w}'$ $\bar{w}''$	0 0,2031 0	0,0643 -0,0179 -0,8613	0 -0,1320 0,4238	0 0,0417 -0,1148	0 -0,0225 0	1,3,4 4	0 1
	2	122,2	$\bar{w}$ $\bar{w}'$ $\bar{w}''$	0 0,0276 0	0,0035 -0,0316 -0,2161	0 0,0936 0,7187	0 -0,2926 -0,4518	0 0,3695 0	1,3,4 2 4	0 0,18 1
	3	307,3	$\bar{w}$ $\bar{w}'$ $\bar{w}''$	0 0,0195 0	0,0011 -0,0281 -0,1571	0 0,0811 0,5647	0 -0,0375 0,7973	0 -0,1079 0	1,3,4 2 4	0 0,07 0,11 1
	4	1560	$\bar{w}$ $\bar{w}'$ $\bar{w}''$	0 0,4472 0	0 -0,4472 0	0 0,4472 0	0 0,4472 0	0 0,4472 0	1,2,3,4 3,4 4	0 0,50 1
0,8	1	13,00	$\bar{w}$ $\bar{w}'$ $\bar{w}''$	0 0,1957 0	0,0615 -0,0200 -0,8401	0 -0,1162 0,4745	0 0,0386 -0,1055	0 -0,0209 0	1,3,4 4	0 1
	2	143,4	$\bar{w}$ $\bar{w}'$ $\bar{w}''$	0 0,0165 0	0,0019 -0,0200 -0,1309	0 0,0595 0,4422	0 -0,2208 -0,7806	0 0,3537 0	1,3,4 2 4	0 0,16 1
	3	583,6	$\bar{w}$ $\bar{w}'$ $\bar{w}''$	0 0,0288 0	0,0007 -0,0413 -0,1858	0 0,1034 0,6199	0 -0,0855 0,7449	0 -0,0763 0	1,3,4 2 4	0 0,03 0,31 1
	4	1828	$\bar{w}$ $\bar{w}'$ $\bar{w}''$	0 0,2349 0	-0,0005 -0,2047 0,3756	0 0,1156 -0,6939	0 0,1135 0,4822	0 0,1470 0	1,3,4 1 3 4	0 0,99 0,47 0,52 1
0,6	1	13,78	$\bar{w}$ $\bar{w}'$ $\bar{w}''$	0 0,1865 0	0,0580 -0,0223 -0,8124	0 -0,0976 0,5303	0 0,0350 -0,0949	0 -0,0190 0	1,3,4 4	0 1
	2	158,8	$\bar{w}$ $\bar{w}'$ $\bar{w}''$	0 0,0111 0	0,0012 -0,0140 -0,0890	0 0,0416 0,3030	0 -0,1567 -0,8826	0 0,3078 0	1,3,4 2 4	0 0,14 1
	3	1234	$\bar{w}$ $\bar{w}'$ $\bar{w}''$	0 0,1154 0	0,0005 -0,1337 -0,2390	0 0,2020 0,6154	0 -0,1953 0,6547	0 -0,1597 0	1,3,4 2 4	0 0,01 0,47 1
	4	1941	$\bar{w}$ $\bar{w}'$ $\bar{w}''$	0 0,1716 0	-0,0005 -0,1407 0,3829	0 0,0530 -0,6755	0 0,0747 0,5711	0 0,1153 0	1,3,4 1 3 4	0 0,99 0,37 0,53 1
0,5	1	14,28	$\bar{w}$ $\bar{w}'$ $\bar{w}''$	0 0,1808 0	0,0559 -0,0237 -0,7949	0 -0,0867 0,5614	0 0,0325 -0,0879	0 -0,0178 0	1,3,4 4	0 1
	2	166,3	$\bar{w}$ $\bar{w}'$ $\bar{w}''$	0 0,0095 0	0,0010 -0,0121 -0,0766	0 0,0362 0,2615	0 -0,1304 -0,9085	0 0,2863 0	1,3,4 2 4	0 0,13 1
	3	1569	$\bar{w}$ $\bar{w}'$ $\bar{w}''$	0 0,4458 0	-0,0000 -0,4442 0,0190	0 0,4392 -0,0209	0 -0,4352 -0,1378	0 -0,4493 0	1,3,4 1 4	0 0,99 0,50
	4	1992	$\bar{w}$ $\bar{w}'$ $\bar{w}''$	0 0,1424 0	-0,0005 -0,1134 0,3593	0 0,0325 -0,6164	0 0,0693 0,6621	0 0,1168 0	1,3,4 1 3 4	0 0,99 0,29 0,53 1

$m = 0.5\,\mu\,l_0,\ l_2:l_1 = 2:1\cdots 1{,}2:1$

$\dfrac{l_2}{l_1}$	n	$\bar{\lambda}_n$		0	1	2	3	4	$w=0$: ϱ	ξ_Q
2,0	1	9,72	$\bar{w}$	0	0	0,1838	0	0	1,2,4	0
			$\bar{w}'$	−0,0917	0,1728	0	−0,1728	0,0917	4	1
			$\bar{w}''$	0	0,4843	−0,6485	0,4843	0		
	2	97,5	$\bar{w}$	0	0	0	0	0	1,2,3,4	0
			$\bar{w}'$	0,4472	−0,4472	0,4472	−0,4472	0,4472	4	1
			$\bar{w}''$	0	0	0	0	0		
	3	148,0	$\bar{w}$	0	0	0,0198	0	0	1,2,4	0
			$\bar{w}'$	0,2417	−0,1430	0	0,1430	−0,2417	2	0,64
			$\bar{w}''$	0	0,5709	−0,4360	0,5709	0	3	0,36
									4	1
	4	238,5	$\bar{w}$	0	0	0	0	0	1,2,3,4	0
			$\bar{w}'$	0,1225	0	−0,1225	0	0,1225	4	1
			$\bar{w}''$	0	0,6910	0	−0,6910	0		
1,5	1	23,7	$\bar{w}$	0	0	0,1212	0	0	1,2,4	0
			$\bar{w}'$	−0,1007	0,1737	0	−0,1737	0,1007	4	1
			$\bar{w}''$	0	0,4318	−0,7293	0,4318	0		
	2	136,5	$\bar{w}$	0	0	0	0	0	1,2,3,4	0
			$\bar{w}'$	0,3094	−0,2093	0,1372	−0,2093	0,3094	4	1
			$\bar{w}''$	0	0,5925	0	−0,5925	0		
	3	171,3	$\bar{w}$	0	0	0,0170	0	0	1,2,4	0
			$\bar{w}'$	0,1892	−0,0800	0	0,0800	−0,1892	2	0,46
			$\bar{w}''$	0	0,6288	−0,3530	0,6288	0	3	0,54
									4	1
	4	526,9	$\bar{w}$	0	0	0	0	0	1,2,3,4	0
			$\bar{w}'$	0,0725	0,0730	−0,1616	0,0730	0,0725	1	0,71
			$\bar{w}''$	0	0,6902	0	−0,6902	0	4	0,29
									4	1
1,2	1	44,5	$\bar{w}$	0	0	0,0901	0	0	1,2,4	0
			$\bar{w}'$	−0,1207	0,1812	0	−0,1812	0,1207	4	1
			$\bar{w}''$	0	0,3508	−0,8068	0,3508	0		
	2	151,4	$\bar{w}$	0	0	0	0	0	1,2,3,4	0
			$\bar{w}'$	0,2507	−0,1412	0,0792	−0,1412	0,2507	4	1
			$\bar{w}''$	0	0,6435	0	−0,6435	0		
	3	195,5	$\bar{w}$	0	0	0,0191	0	0	1,2,4	0
			$\bar{w}'$	0,1503	−0,0394	0	0,0394	−0,1503	2	0,25
			$\bar{w}''$	0	0,6314	−0,3923	0,6314	0	3	0,75
									4	1
	4	1059	$\bar{w}$	0	0	0	0	0	1,2,3,4	0
			$\bar{w}'$	0,1081	0,1408	−0,2094	0,1408	0,1081	1	0,56
			$\bar{w}''$	0	0,6683	0	−0,6683	0	4	0,44
									4	1

$m = 0{,}5\,\mu\,l_0$, $l_2 : l_1 = 1{:}1 \cdots 0{,}5{:}1$ | **40**

$\dfrac{l_2}{l_1}$	n	$\bar{\lambda}_n$		0	1	2	3	4	ϱ (w=0)	ξ_Q
1,0	1	68,9	$\bar{w}$ / $\bar{w}'$ / $\bar{w}''$	0 / −0,1556 / 0	0 / 0,1955 / 0,2217	0,0726 / 0 / −0,8784	0 / −0,1955 / 0,2217	0 / 0,1556 / 0	1,2,4 ; 4	0 ; 1
	2	160,3	$\bar{w}$ / $\bar{w}'$ / $\bar{w}''$	0 / 0,2245 / 0	0 / −0,1118 / 0,6598	0 / 0,0590 / 0	0 / −0,1118 / −0,6598	0 / 0,2245 / 0	1,2,3,4 ; 4	0 ; 1
	3	231,5	$\bar{w}$ / $\bar{w}'$ / $\bar{w}''$	0 / 0,1153 / 0	0 / −0,0054 / 0,6130	0,0213 / 0 / −0,4703	0 / 0,0054 / 0,6131	0 / −0,1153 / 0	1,2,4 ; 1 ; 4	0 ; 0,99 ; 0,01 ; 1
	4	1560	$\bar{w}$ / $\bar{w}'$ / $\bar{w}''$	0 / 0,4472 / 0	0 / 0,4472 / 0	0 / −0,4472 / 0	0 / 0,4472 / 0	0 / 0,4472 / 0	1,2,3,4 ; 1,4 ; 4	0 ; 0,50 ; 1
0,8	1	100,4	$\bar{w}$ / $\bar{w}'$ / $\bar{w}''$	0 / −0,2144 / 0	0 / 0,2076 / −0,0611	0,0533 / 0 / −0,9009	0 / −0,2076 / −0,0611	0 / 0,2144 / 0	1,2,4 ; 4	0 ; 1
	2	169,7	$\bar{w}$ / $\bar{w}'$ / $\bar{w}''$	0 / 0,2025 / 0	0 / −0,0874 / 0,6711	0 / 0,0446 / 0	0 / −0,0874 / −0,6711	0 / 0,2025 / 0	1,2,3,4 ; 4	0 ; 1
	3	326,6	$\bar{w}$ / $\bar{w}'$ / $\bar{w}''$	0 / 0,0755 / 0	0 / 0,0309 / 0,5623	0,0217 / 0 / −0,5948	0 / −0,0309 / 0,5623	0 / −0,0755 / 0	1,2,4 ; 1 ; 4	0 ; 0,87 ; 0,13 ; 1
	4	≈1860	$\bar{w}$ / $\bar{w}'$ / $\bar{w}''$	0 / 0,1623 / 0	0 / 0,1140 / −0,6766	0 / −0,0757 / 0	0 / 0,1140 / 0,6766	0 / 0,1623 / 0	1,2,3,4 ; 1 ; 4	0 ; 0,48 ; 0,52 ; 1
0,6	1	128,8	$\bar{w}$ / $\bar{w}'$ / $\bar{w}''$	0 / −0,2313 / 0	0 / 0,1694 / −0,3824	0,0284 / 0 / −0,7364	0 / −0,1694 / −0,3824	0 / 0,2313 / 0	1,2,4 ; 4	0 ; 1
	2	180,5	$\bar{w}$ / $\bar{w}'$ / $\bar{w}''$	0 / 0,1824 / 0	0 / −0,0651 / 0,6797	0 / 0,0326 / 0	0 / −0,0651 / −0,6797	0 / 0,1824 / 0	1,2,3,4 ; 4	0 ; 1
	3	614,4	$\bar{w}$ / $\bar{w}'$ / $\bar{w}''$	0 / 0,0507 / 0	0 / 0,0571 / 0,4687	0,0177 / 0 / −0,7407	0 / −0,0571 / 0,4687	0 / −0,0507 / 0	1,2,4 ; 1 ; 4	0 ; 0,67 ; 0,33 ; 1
	4	≈2010	$\bar{w}$ / $\bar{w}'$ / $\bar{w}''$	0 / 0,1143 / 0	0 / 0,0641 / −0,6944	0 / −0,0345 / 0	0 / 0,0641 / 0,6944	0 / 0,1143 / 0	1,2,3,4 ; 1 ; 4	0 ; 0,47 ; 0,53 ; 1
0,5	1	140,7	$\bar{w}$ / $\bar{w}'$ / $\bar{w}''$	0 / −0,2170 / 0	0 / 0,1388 / −0,4740	0,0185 / 0 / −0,6462	0 / −0,1388 / −0,4740	0 / 0,2171 / 0	1,2,4 ; 4	0 ; 1
	2	186,8	$\bar{w}$ / $\bar{w}'$ / $\bar{w}''$	0 / 0,1725 / 0	0 / −0,0543 / 0,6834	0 / 0,0271 / 0	0 / −0,0543 / −0,6834	0 / 0,1725 / 0	1,2,3,4 ; 4	0 ; 1
	3	930,5	$\bar{w}$ / $\bar{w}'$ / $\bar{w}''$	0 / 0,0529 / 0	0 / 0,0685 / 0,3799	0,0150 / 0 / −0,8344	0 / −0,0685 / 0,3799	0 / −0,0529 / 0	1,2,4 ; 1 ; 4	0 ; 0,58 ; 0,42 ; 1
	4	2073	$\bar{w}$ / $\bar{w}'$ / $\bar{w}''$	0 / 0,1014 / 0	0 / 0,0506 / −0,6977	0 / −0,0259 / 0	0 / 0,0506 / 0,6977	0 / 0,1014 / 0	1,2,3,4 ; 1 ; 4	0 ; 0,47 ; 0,53 ; 1

A 79

$m = 5\mu l_0, l_2:l_1 = 2:1 \cdots 1,2:1$

$\frac{l_2}{l_1}$	n	$\bar{\lambda}_n$		0	1	2	3	4	ϱ (w=0)	ξ_ϱ
2,0	1	2,33	$\bar{w}$	0	0	0,1735	0	0	1,2,4	0
			$\bar{w}'$	-0,0771	0,1520	0	-0,1520	0,0771	4	1
			$\bar{w}''$	0	0,4490	-0,7131	0,4490	0		
	2	97,5	$\bar{w}$	0	0	0	0	0	1,2,3,4	0
			$\bar{w}'$	0,4473	-0,4473	0,4472	-0,4473	0,4473	4	1
			$\bar{w}''$	0	0,0001	0	-0,0001	0		
	3	136,3	$\bar{w}$	0	0	0,0053	0	0	1,2,4	0
			$\bar{w}'$	0,2568	-0,1746	0	0,1746	-0,2568	2	0,85
			$\bar{w}''$	0	0,4793	0,5898	0,4793	0	3	0,15
									4	1
	4	238,5	$\bar{w}$	0	0	0	0	0	1,2,3,4	0
			$\bar{w}'$	0,1225	0	-0,1225	0	0,1225	4	1
			$\bar{w}''$	0	0,6910	0	-0,6910	0		
1,5	1	5,17	$\bar{w}$	0	0	0,1097	0	0	1,2,4	0
			$\bar{w}'$	-0,0742	0,1437	0	-0,1437	0,0742	4	1
			$\bar{w}''$	0	0,4162	-0,7676	0,4162	0		
	2	≈ 135	$\bar{w}$	0	0	0	0	0	1,2,3,4	0
			$\bar{w}'$	0,309	-0,209	0,137	-0,209	0,309	4	1
			$\bar{w}''$	0	0,592	0	-0,592	0		
	3	≈ 157	$\bar{w}$	0	0	0,004	0	0	1,2,4	0
			$\bar{w}'$	0,222	-0,113	0	0,113	-0,222	2	0,79
			$\bar{w}''$	0	0,598	-0,391	0,598	0	3	0,21
									4	1
	4	526,9	$\bar{w}$	0	0	0	0	0	1,2,3,4	0
			$\bar{w}'$	0,0720	0,0730	-0,1616	0,0730	0,0720	1	0,71
			$\bar{w}''$	0	0,6902	0	-0,6902	0	4	0,29
									4	1
1,2	1	9,48	$\bar{w}$	0	0	0,0768	0	0	1,2,4	0
			$\bar{w}'$	-0,0721	0,1361	0	-0,1361	0,0721	4	1
			$\bar{w}''$	0	0,3818	-0,8094	0,3818	0		
	2	≈ 150	$\bar{w}$	0	0	0	0	0	1,2,3,4	0
			$\bar{w}'$	0,250	-0,141	0,079	-0,141	0,250	4	1
			$\bar{w}''$	0	0,641	0	-0,641	0		
	3	169,0	$\bar{w}$	0	0	0,004	0	0	1,2,4	0
			$\bar{w}'$	0,192	-0,084	0	0,084	-0,192	2	0,66
			$\bar{w}''$	0	0,635	-0,358	0,635	0	3	0,24
									4	1
	4	1059	$\bar{w}$	0	0	0	0	0	1,2,3,4	0
			$\bar{w}'$	0,1081	0,1408	-0,2094	0,1408	0,1081	1	0,56
			$\bar{w}''$	0	0,6683	0	-0,6683	0	4	0,44
									4	1

$m = 5\mu l_0, \; l_2 : l_1 = 1:1 \cdots 0{,}5:1$

41

$\dfrac{l_2}{l_1}$	n	$\bar{\lambda}_n$		0	1	2	3	4	$w=0$: ϱ	ξ_ϱ
1,0	1	15,44	$\bar{w}$ $\bar{w}'$ $\bar{w}''$	0 −0,0714 0	0 0,1297 0,3468	0,0574 0 −0,8440	0 −0,1297 0,3468	0 0,0714 0	1,2,4 4	0 1
	2	≈160	$\bar{w}$ $\bar{w}'$ $\bar{w}''$	0 0,223 0	0 −0,111 0,657	0 0,059 0	0 −0,111 −0,657	0 0,223 0	1,2,3,4 4	0 1
	3	≈175	$\bar{w}$ $\bar{w}'$ $\bar{w}''$	0 0,174 0	0 −0,069 0,631	0,004 0 −0,362	0 0,069 0,631	0 −0,174 0	1,2,4 2 3 4	0 0,62 0,38 1
	4	1560	$\bar{w}$ $\bar{w}'$ $\bar{w}''$	0 0,4472 0	0,4472 0 0	−0,4472 0 0	0,4472 0 0	0 0,4472 0	1,2,3,4 1,4 4	0 0,50 1
0,8	1	27,6	$\bar{w}$ $\bar{w}'$ $\bar{w}''$	0 −0,0728 0	0 0,1224 0,2918	0,0403 0 −0,8874	0 −0,1224 0,2918	0 0,0728 0	1,2,4 4	0 1
	2	≈170	$\bar{w}$ $\bar{w}'$ $\bar{w}''$	0 0,202 0	0 −0,087 0,670	0 0,045 0	0 −0,087 −0,670	0 0,202 0	1,2,3,4 4	0 1
	3	≈190	$\bar{w}$ $\bar{w}'$ $\bar{w}''$	0 0,152 0	0 −0,420 0,630	0,005 0 −0,394	0 0,420 0,630	0 −0,152 0	1,2,4 2 3 4	0 0,46 0,54 1
	4	≈1865	$\bar{w}$ $\bar{w}'$ $\bar{w}''$	0 0,162 0	0 0,114 −0,677	−0,0757 0 0	0 0,114 0,677	0 0,162 0	1,2,3,4 1 4	0 0,48 0,52 1
0,6	1	55,9	$\bar{w}$ $\bar{w}'$ $\bar{w}''$	0 −0,0837 0	0 0,1157 0,1822	0,0259 0 −0,9446	0 −0,1157 0,1822	0 0,0837 0	1,2,4 4	0 1
	2	≈180	$\bar{w}$ $\bar{w}'$ $\bar{w}''$	0 0,182 0	0 −0,065 0,680	0 0,033 0	0 −0,065 −0,680	0 0,182 0	1,2,3,4 4	0 1
	3	≈220	$\bar{w}$ $\bar{w}'$ $\bar{w}''$	0 0,120 0	0 −0,013 0,604	0,006 0 −0,491	0 0,013 0,604	0 −0,120 0	1,2,4 2 3 4	0 0,16 0,84 1
	4	≈2010	$\bar{w}$ $\bar{w}'$ $\bar{w}''$	0 0,113 0	0 0,064 −0,691	−0,034 0 0	0 0,064 0,691	0 0,113 0	1,2,3,4 1 4	0 0,47 0,53 1
0,5	1	82,4	$\bar{w}$ $\bar{w}'$ $\bar{w}''$	0 −0,1008 0	0 0,1137 0,0648	0,0197 0 −0,9721	0 −0,1137 0,0648	0 0,1008 0	1,2,4 4	0 1
	2	186,8	$\bar{w}$ $\bar{w}'$ $\bar{w}''$	0 0,1725 0	0 −0,0543 0,6834	0 0,0271 0	0 −0,0543 −0,6834	0 0,1725 0	1,2,3,4 4	0 1
	3	253,9	$\bar{w}$ $\bar{w}'$ $\bar{w}''$	0 0,0942 0	0 0,0073 0,5617	0,0068 0 −0,5925	0 −0,0073 0,5617	0 −0,0942 0	1,2,4 1 4	0 0,99 0,01 1
	4	≈2075	$\bar{w}$ $\bar{w}'$ $\bar{w}''$	0 0,100 0	0 0,050 −0,690	0 −0,0256 0	0 0,050 0,690	0 0,100 0	1,2,3,4 1 4	0 0,47 0,53 1

A 81

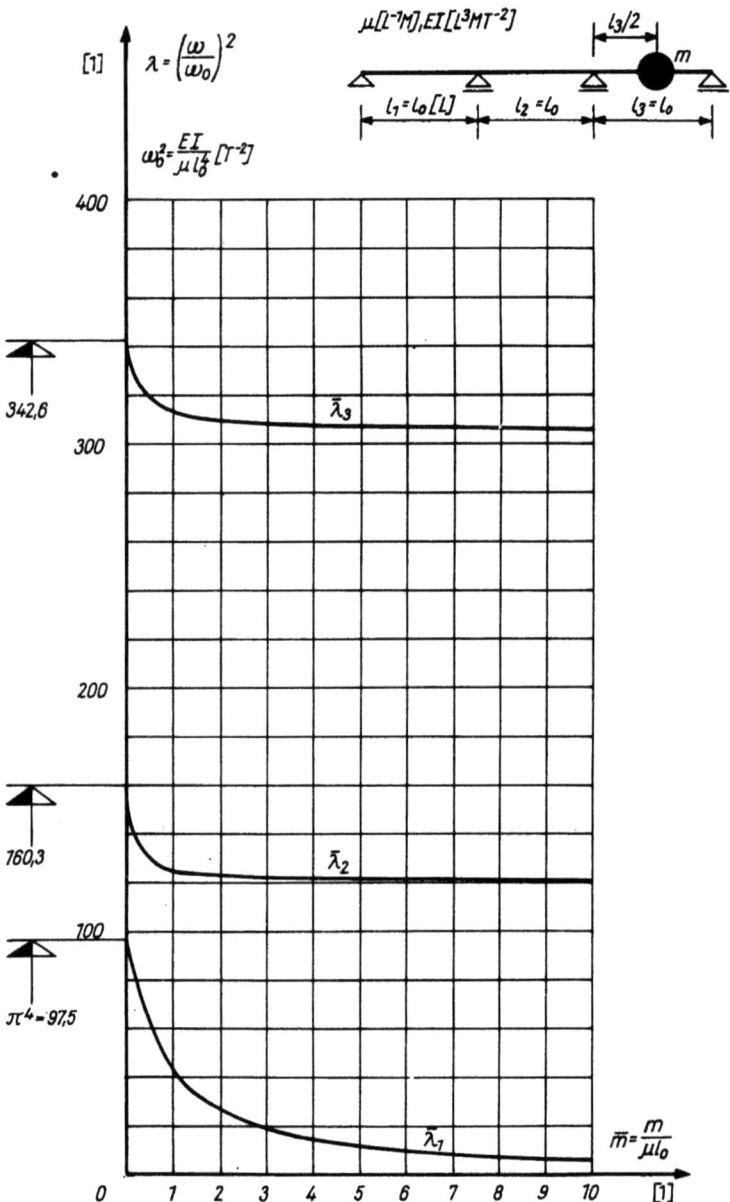

$\frac{m}{m_0}$	n	$\bar{\lambda}_n$		0	1	2	3	4	\multicolumn{2}{c}{w = 0:}
									ϱ	ξ_ϱ
0	1	97,5	$\bar{w}$ $\bar{w}'$ $\bar{w}''$	0 0,5000 0	0 -0,5000 -	0 0,5000 -	- - -	0 -0,5000 0	1,2,3 4	0 1
	2	160,3	$\bar{w}$ $\bar{w}'$ $\bar{w}''$	0 -0,2275 0	0 0,1138 -0,6598	0 0,1138 0,6598	- - -	0 -0,2275 0	1,2,3 2 4	0 0,50 1
	3	342,6	$\bar{w}$ $\bar{w}'$ $\bar{w}''$	0 0,0864 0	0 0,0432 0,7005	0 -0,0432 0,7005	- - -	0 -0,0864 -	1,2,3 1 4	0 0,85 0,30 1
0,1	1	90,4	$\bar{w}$ $\bar{w}'$ $\bar{w}''$	0 0,1931 0	0 -0,2051 -0,0685	0 0,2416 0,1217	0,0840 0,0065 -0,8745	0 -0,2664 0	1,2,3 4	0 1
	2	147,3	$\bar{w}$ $\bar{w}'$ $\bar{w}''$	0 -0,2154 0	0 0,1285 -0,5046	0 0,0611 0,5830	0,0464 0,0270 -0,5562	0 -0,1634 0	1,2,3 2 4	0 0,73 1
	3	332,9	$\bar{w}$ $\bar{w}'$ $\bar{w}''$	0 0,0896 0	0 0,0412 0,7102	0 -0,0519 0,6498	0,0136 0,0335 -0,2350	0 -0,0669 0	1,2,3 1 3 4	0 0,86 0,42 1
0,5	1	63,2	$\bar{w}$ $\bar{w}'$ $\bar{w}''$	0 0,0720 0	0 -0,0948 -0,1338	0 0,1769 0,3387	0,0739 0,0153 -0,8720	0 -0,2363 0	1,2,3 4	0 1
	2	130,2	$\bar{w}$ $\bar{w}'$ $\bar{w}''$	0 -0,2970 0	0 0,2163 -0,4717	0 -0,0185 0,6805	0,0257 0,0305 -0,4097	0 -0,0981 0	1,2,3 3 4	0 0,12 1
	3	318,6	$\bar{w}$ $\bar{w}'$ $\bar{w}''$	0 0,0992 0	0 0,0396 0,7572	0 -0,0674 0,6075	0,0071 0,0307 -0,1972	0 -0,0422 0	1,2,3 1 3 4	0 0,88 0,64 1
1,0	1	43,9	$\bar{w}$ $\bar{w}'$ $\bar{w}''$	0 0,0435 0	0 -0,0657 -0,1313	0 0,1544 0,3882	0,0694 0,0170 -0,8649	0 -0,2211 0	1,2,3 4	0 1
	2	125,8	$\bar{w}$ $\bar{w}'$ $\bar{w}''$	0 -0,3333 0	0 0,2542 -0,4634	0 -0,0545 0,7051	0,0154 0,0313 -0,3225	0 -0,0653 0	1,2,3 3 4	0 0,39 1
	3	313,3	$\bar{w}$ $\bar{w}'$ $\bar{w}''$	0 0,1031 0	0 0,0387 0,7756	0 -0,0736 0,5888	0,0044 0,0295 -0,1798	0 -0,0320 0	1,2,3 1 3 4	0 0,88 0,76 1
5,0	1	12,38	$\bar{w}$ $\bar{w}'$ $\bar{w}''$	0 0,0225 0	0 -0,0417 -0,1148	0 0,1320 0,4238	0,0643 0,0179 -0,8613	0 -0,2031 0	1,2,3 4	0 1
	2	122,2	$\bar{w}$ $\bar{w}'$ $\bar{w}''$	0 -0,3695 0	0 0,2926 -0,4518	0 -0,0936 0,7187	0,0035 0,0316 -0,2161	0 -0,0276 0	1,2,3 3 4	0 0,82 1
	3	307,3	$\bar{w}$ $\bar{w}'$ $\bar{w}''$	0 0,1079 0	0 0,0375 0,7973	0 -0,0811 0,5647	0,0011 0,0281 -0,1571	0 -0,0195 0	1,2,3 1 3 4	0 0,89 0,93 1
10,0	1	6,51	$\bar{w}$ $\bar{w}'$ $\bar{w}''$	0 0,0202 0	0 -0,0388 -0,1114	0 0,1289 0,4274	0,0636 0,0179 -0,8613	0 -0,2004 0	1,2,3 4	0 1
	2	121,8	$\bar{w}$ $\bar{w}'$ $\bar{w}''$	0 -0,3743 0	0 0,2977 -0,4498	0 -0,0991 0,7194	0,0018 0,0316 -0,2003	0 -0,0221 0	1,2,3 3 4	0 0,90 1
	3	306,3	$\bar{w}$ $\bar{w}'$ $\bar{w}''$	0 0,1087 0	0 0,0373 0,8006	0 -0,0823 0,5608	0,0006 0,0278 -0,1534	0 -0,0175 0	1,2,3 1 3 4	0 0,89 0,96 1

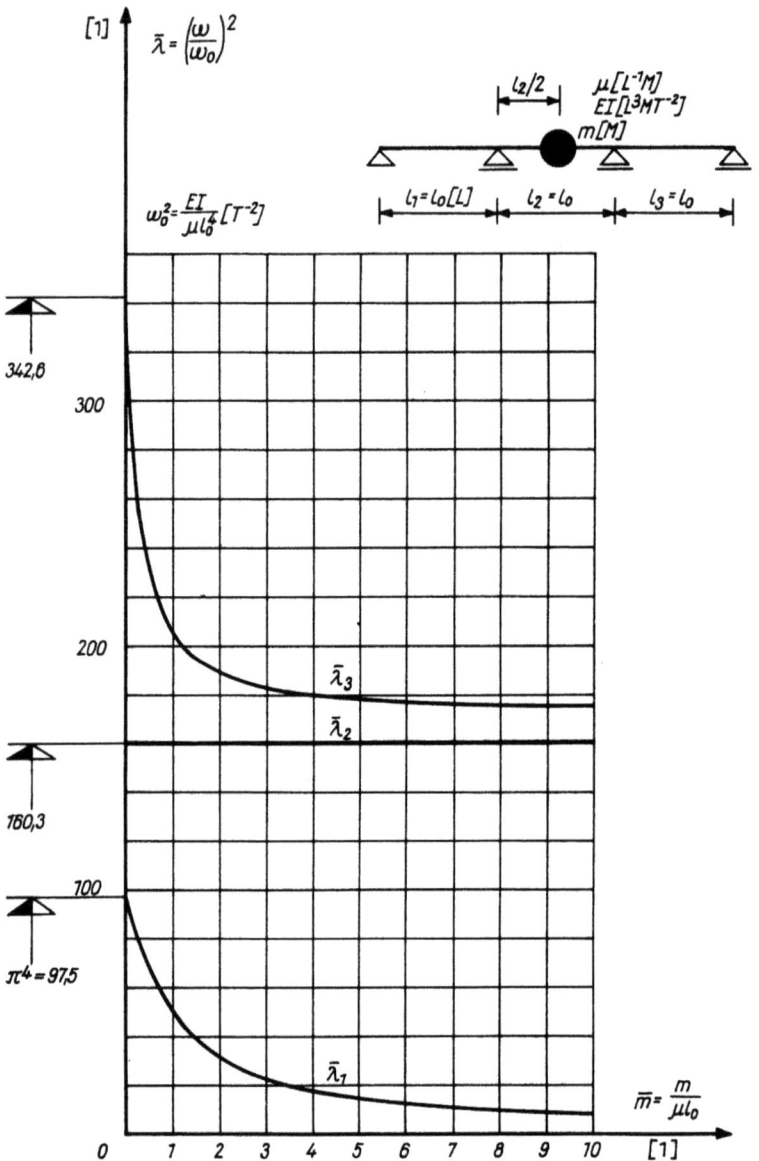

43

$\frac{m}{m_0}$	n	$\bar{\lambda}_n$		0	1	2	3	4	ϱ	ξ_ϱ
0	1	97,5	$\bar{w}$ $\bar{w}'$ $\bar{w}''$	0 -0,5000 0	0 0,5000 -	- - -	0 -0,5000 -	0 0,5000 0	1,2,4 4	0 1
	2	160,3	$\bar{w}$ $\bar{w}'$ $\bar{w}''$	0 0,2275 0	0 -0,1138 0,6598	- - -	0 -0,1138 -0,6598	0 0,2275 0	1,2,3,4 4	0 1
	3	342,6	$\bar{w}$ $\bar{w}'$ $\bar{w}''$	0 0,0864 0	0 0,0432 0,7005	- - -	0 -0,0432 0,7005	0 -0,0864 0	1,2,3 1 4	0 0,85 0,30 1
0,1	1	91,0	$\bar{w}$ $\bar{w}'$ $\bar{w}''$	0 -0,2395 0	0 0,2517 0,0492	0,0832 0 -0,8642	0 -0,2517 0,0492	0 0,2395 0	1,2,4 4	0 1
	2	160,3	$\bar{w}$ $\bar{w}'$ $\bar{w}''$	0 0,2245 0	0 -0,1118 0,6598	0 0,0590 0	0 -0,1118 -0,6598	0 0,2245 0	1,2,3,4 4	0 1
	3	301,3	$\bar{w}$ $\bar{w}'$ $\bar{w}''$	0 0,0876 0	0 0,0264 0,6106	0,0300 0 -0,4865	0 -0,0264 0,6106	0 -0,0876 0	1,2,4 1 4	0 0,90 0,10 1
0,5	1	68,9	$\bar{w}$ $\bar{w}'$ $\bar{w}''$	0 -0,1556 0	0 0,1955 0,2217	0,0726 0 -0,8784	0 -0,1955 0,2217	0 0,1556 0	1,2,4 4	0 1
	2	160,3	$\bar{w}$ $\bar{w}'$ $\bar{w}''$	0 0,2245 0	0 -0,1118 0,6599	0 0,0590 0	0 -0,1118 -0,6599	0 0,2245 0	1,2,3,4 4	0 1
	3	231,5	$\bar{w}$ $\bar{w}'$ $\bar{w}''$	0 0,1153 0	0 -0,0054 0,6130	0,0213 0 -0,4703	0 0,0054 0,6130	0 -0,1153 0	1,2,4 1 4	0 0,99 0,01 1
1,0	1	50,8	$\bar{w}$ $\bar{w}'$ $\bar{w}''$	0 -0,1151 0	0 0,1652 0,2880	0,0658 0 -0,8653	0 -0,1652 0,2880	0 0,1151 0	1,2,4 4	0 1
	2	160,3	$\bar{w}$ $\bar{w}'$ $\bar{w}''$	0 0,2246 0	0 -0,1118 0,6598	0 0,0590 0	0 -0,1118 -0,6598	0 0,2246 0	1,2,3,4 4	0 1
	3	205,3	$\bar{w}$ $\bar{w}'$ $\bar{w}''$	0 0,1369 0	0 -0,0274 0,6203	0,0150 0 -0,4373	0 0,0274 0,6203	0 -0,1369 0	1,2,4 2 3 4	0 0,20 0,80 1
5,0	1	15,44	$\bar{w}$ $\bar{w}'$ $\bar{w}''$	0 -0,0714 0	0 0,1297 0,3468	0,0574 0 -0,8440	0 -0,1297 0,3468	0 0,0714 0	1,2,4 4	0 1
	2	≈160	$\bar{w}$ $\bar{w}'$ $\bar{w}''$	0 0,224 0	0 -0,112 0,655	0 0,059 0	0 -0,112 -0,655	0 0,224 0	1,2,3,4 4	0 1
	3	≈175	$\bar{w}$ $\bar{w}'$ $\bar{w}''$	0 0,174 0	0 -0,064 0,632	0,004 0 -0,362	0 0,064 0,632	0 -0,174 0	1,2,4 2 3 4	0 0,62 0,38 1
10,0	1	8,20	$\bar{w}$ $\bar{w}'$ $\bar{w}''$	0 -0,0656 0	0 0,1248 0,3533	0,0561 0 -0,8411	0 -0,1248 0,3533	0 0,0656 0	1,2,4 4	0 1
	2	≈160	$\bar{w}$ $\bar{w}'$ $\bar{w}''$	0 0,219 0	0 -0,109 0,644	0 0,058 0	0 -0,109 -0,644	0 0,219 0	1,2,3,4 4	0 1
	3	≈175	$\bar{w}$ $\bar{w}'$ $\bar{w}''$	0 0,180 0	0 -0,070 0,628	0,002 0 -0,343	0 0,070 0,628	0 -0,180 0	1,2,4 2 3 4	0 0,72 0,28 1

A 85

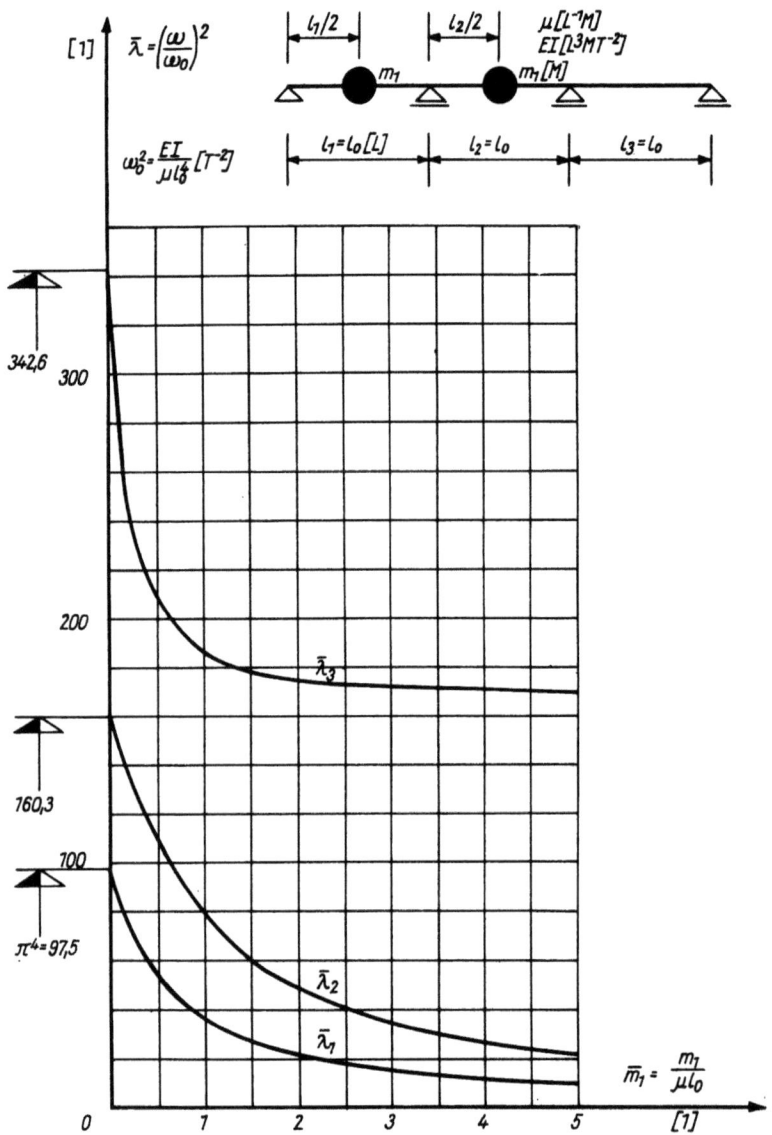

$\frac{m_1}{m_0}$	n	$\bar{\lambda}_n$		0	1	2	3	4	5	ϱ	ξ_ϱ
0	1	97,5	$\bar{w}$ $\bar{w}'$ $\bar{w}''$	0 0,5000 0	– – –	0 -0,5000 –	– – –	0 -0,5000 –	0 0,5000 0	1,3,5 5	0 1
	2	160,3	$\bar{w}$ $\bar{w}'$ $\bar{w}''$	0 0,2275 0	– – –	0 -0,1138 0,6598	– – –	0 -0,1138 -0,6598	0 0,2275 0	1,3,4,5 5	0 1
	3	342,6	$\bar{w}$ $\bar{w}'$ $\bar{w}''$	0 0,0864 0	– – –	0 0,0432 0,7005	– – –	0 -0,0432 0,7005	0 -0,0864 0	1,3,5 2 5	0 0,70 0,15 1
0,05	1	91,1	$\bar{w}$ $\bar{w}'$ $\bar{w}''$	0 0,2071 0	0,0659 -0,0013 -0,6653	0 -0,2020 0,0300	-0,0626 0,0038 0,6295	0 0,1875 -0,0361	0 -0,1785 0	1,3,5 5	0 1
	2	152,8	$\bar{w}$ $\bar{w}'$ $\bar{w}''$	0 0,1751 0	0,0500 -0,0260 -0,5743	0 -0,0770 0,5498	0,0060 0,0490 -0,0647	0 -0,1086 -0,5205	0 0,1968 0	1,3,5 3 5	0 0,76 1
	3	313,5	$\bar{w}$ $\bar{w}'$ $\bar{w}''$	0 0,0710 0	0,0154 -0,0306 -0,2315	0 0,0375 0,5621	0,0317 -0,0019 -0,4795	0 -0,0305 0,6193	0 -0,0861 0	1,3,5 2 5	0 0,68 0,12 1
0,50	1	54,2	$\bar{w}$ $\bar{w}'$ $\bar{w}''$	0 0,1985 0	0,0637 -0,0051 -0,7177	0 -0,1787 0,1162	-0,0510 0,0141 0,5737	0 0,1235 -0,2024	0 -0,0881 0	1,3,5 5	0 1
	2	110,1	$\bar{w}$ $\bar{w}'$ $\bar{w}''$	0 0,1276 0	0,0352 -0,0311 -0,5149	0 -0,0082 0,6830	0,0307 0,0352 -0,4463	0 -0,1272 -0,1080	0 0,1436 0	1,3,5 3 5	0 0,01 1
	3	209,8	$\bar{w}$ $\bar{w}'$ $\bar{w}''$	0 0,0366 0	0,0079 -0,0192 -0,1623	0 0,0341 0,3871	0,0227 -0,0167 -0,4690	0 0,0281 0,7570	0 -0,1621 0	1,3,5 2 4 5	0 0,55 0,83 1
1,00	1	36,7	$\bar{w}$ $\bar{w}'$ $\bar{w}''$	0 0,1922 0	0,0620 -0,0057 -0,7281	0 -0,1697 0,1331	-0,0475 0,0158 0,5571	0 0,1075 -0,2314	0 -0,0679 0	1,3,5 5	0 1
	2	79,1	$\bar{w}$ $\bar{w}'$ $\bar{w}''$	0 0,1076 0	0,0297 -0,0296 -0,4758	0 0,0071 0,6657	0,0336 0,0257 -0,5377	0 -0,1070 0,0784	0 0,0923 0	1,3,5 2 5	0 0,98 1
	3	186,7	$\bar{w}$ $\bar{w}'$ $\bar{w}''$	0 0,0192 0	0,0037 -0,0129 -0,1005	0 0,0287 0,2655	0,0150 -0,0258 -0,4065	0 0,0682 0,8375	0 -0,2142 0	1,3,5 2 4 5	0 0,41 0,57 1
2,50	1	18,48	$\bar{w}$ $\bar{w}'$ $\bar{w}''$	0 0,1858 0	0,0604 -0,0061 -0,7363	0 -0,1616 0,1438	-0,0447 0,0167 0,5447	0 0,0955 -0,2487	0 -0,0536 0	1,3,5 5	0 1
	2	40,9	$\bar{w}$ $\bar{w}'$ $\bar{w}''$	0 0,0936 0	0,0261 -0,0273 -0,4506	0 0,0137 0,6333	0,0337 0,0193 -0,5824	0 -0,0897 0,1826	0 0,0583 0	1,3,5 2 5	0 0,91 1
	3	173,6	$\bar{w}$ $\bar{w}'$ $\bar{w}''$	0 0,0074 0	0,0011 -0,0073 -0,0496	0 0,0202 0,1539	0,0068 -0,0330 -0,3266	0 0,1044 0,8879	0 -0,2577 0	1,3,5 2 4 5	0 0,23 0,29 1
5,00	1	10,10	$\bar{w}$ $\bar{w}'$ $\bar{w}''$	0 0,1829 0	0,0597 -0,0062 -0,7396	0 -0,1583 0,1472	-0,0436 0,0169 0,5403	0 0,0910 -0,2540	0 -0,0484 0	1,3,5 5	0 1
	2	22,5	$\bar{w}$ $\bar{w}'$ $\bar{w}''$	0 0,0890 0	0,0250 -0,0263 -0,4438	0 0,0152 0,6196	0,0335 0,0173 -0,5955	0 -0,0838 0,2105	0 0,0482 0	1,3,5 2 5	0 0,90 1
	3	169,7	$\bar{w}$ $\bar{w}'$ $\bar{w}''$	0 0,0042 0	0,0004 -0,0054 -0,0334	0 0,0159 0,1129	0,0035 -0,0354 -0,2920	0 0,1178 0,9006	0 -0,2728 0	1,3,5 2 4 5	0 0,13 0,16 1

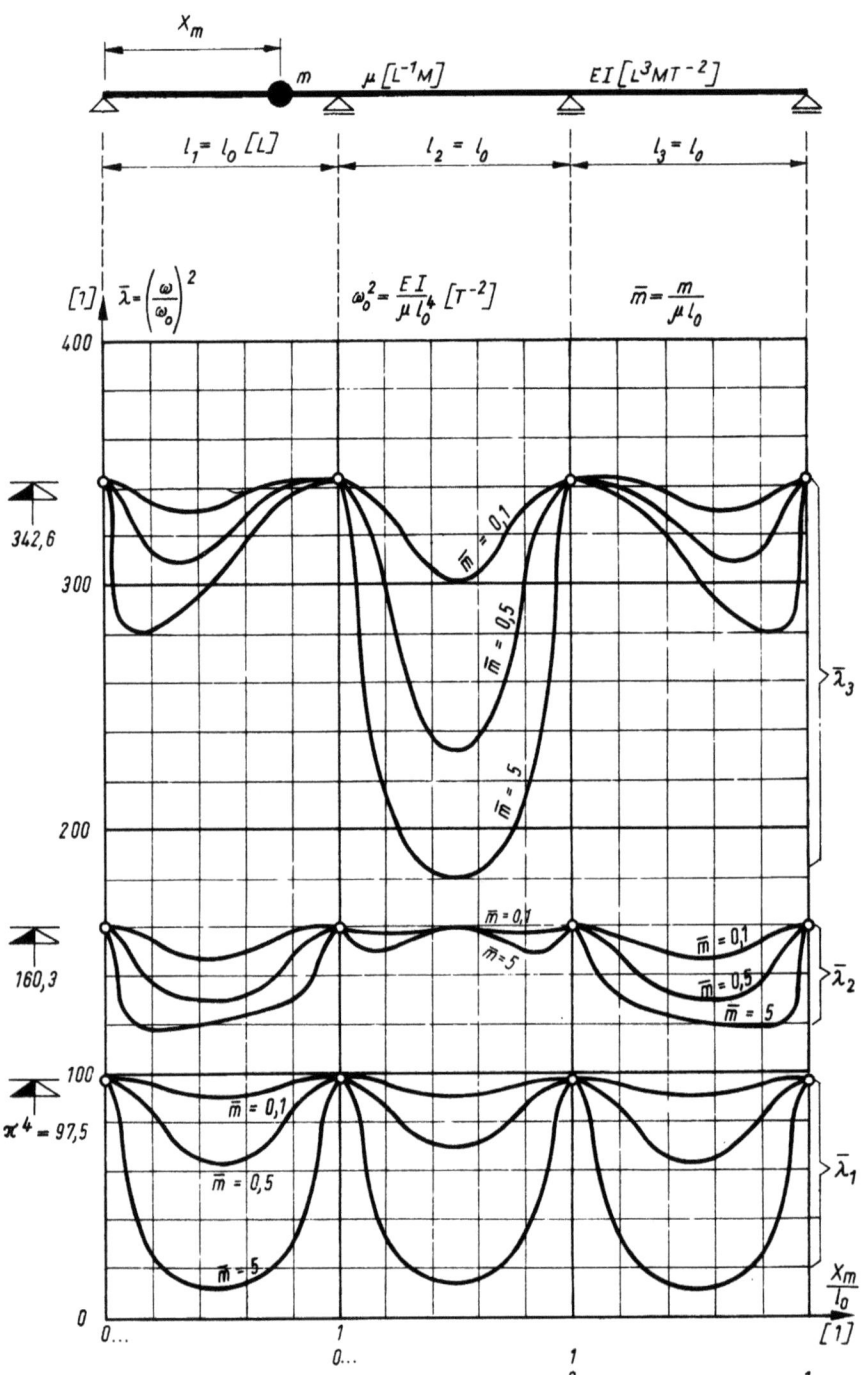

$m = 0{,}1\mu l_0, x_m/l_0 = 0\cdots 1$ | 45 |

$\dfrac{x_m}{l_0}$	n	$\bar{\lambda}_n$		0	1	2	3	4	\multicolumn{2}{c}{$w = 0$:}
									ϱ	ξ_ϱ
0 / 1,00	1	97,5	$\bar{w}$	0	-	0	0	0	1,3,4	0
			$\bar{w}'$	0,5000	-	-0,5000	0,5000	-0,5000	4	1
			$\bar{w}''$	0	-	0	0	0		
	2	160,3	$\bar{w}$	0	-	0	0	0	1,3,4	0
			$\bar{w}'$	0,2275	-	-0,1138	-0,1138	0,2275	3	0,50
			$\bar{w}''$	0	-	0,6598	-0,6598	0	4	1
	3	342,6	$\bar{w}$	0	-	0	0	0	1,3,4	0
			$\bar{w}'$	0,0864	-	0,0432	-0,0432	-0,0864	1,2	0,85
			$\bar{w}''$	0	-	0,7005	0,7005	0	4	0,15 1
0,25	1	94,0	$\bar{w}$	0	0,0731	0	0	0	1,3,4	0
			$\bar{w}'$	0,3274	0,2246	-0,3007	0,2765	-0,2682	4	1
			$\bar{w}''$	0	-0,7685	0,0735	-0,0464	0		
	2	151,6	$\bar{w}$	0	0,0404	0	0	0	1,3,4	0
			$\bar{w}'$	0,1860	0,1149	-0,0745	-0,1180	0,2089	3	0,35
			$\bar{w}''$	0	-0,5270	0,5763	-0,5269	0	4	0
	3	332,2	$\bar{w}$	0	0,0150	0	0	0	1,3,4	0
			$\bar{w}'$	0,0744	0,0327	0,0520	-0,0405	-0,0883	2	0,72
			$\bar{w}''$	0	-0,3081	0,6295	0,6999	0	4	0,14 1
0,50	1	90,4	$\bar{w}$	0	0,0840	0	0	0	1,3,4	0
			$\bar{w}'$	0,2664	-0,0065	-0,2416	0,2051	-0,1931	4	1
			$\bar{w}''$	0	-0,8745	0,1217	-0,0685	0		
	2	147,3	$\bar{w}$	0	0,0464	0	0	0	1,3,4	0
			$\bar{w}'$	0,1634	-0,0270	-0,0611	-0,1285	0,2154	3	0,27
			$\bar{w}''$	0	-0,5562	0,5830	-0,5046	0	4	1
	3	332,9	$\bar{w}$	0	0,0136	0	0	0	1,3,4	0
			$\bar{w}'$	0,0669	-0,0335	0,0519	-0,0412	-0,0896	2	0,52
			$\bar{w}''$	0	-0,2350	0,6498	0,7102	0	4	0,14 1
0,75	1	94,1	$\bar{w}$	0	0,0740	0	0	0	1,3,4	0
			$\bar{w}'$	0,3283	-0,2347	-0,3223	0,2985	-0,2901	4	1
			$\bar{w}''$	0	-0,7413	0,0537	-0,0452	0		
	2	155,0	$\bar{w}$	0	0,0348	0	0	0	1,3,4	0
			$\bar{w}'$	0,2025	-0,1451	-0,0964	-0,1268	0,2348	3	0,41
			$\bar{w}''$	0	-0,2145	0,6478	-0,6250	0	4	1
	3	341,7	$\bar{w}$	0	0,0040	0	0	0	1,3,4	0
			$\bar{w}'$	0,0797	-0,0536	0,0433	-0,0426	-0,0858	2	0,36
			$\bar{w}''$	0	0,1398	0,6923	0,6935	0	4	0,15 1

A 89

$m = 0{,}5\mu l_0$

$\dfrac{x_m}{l_0}$	n	$\bar{\lambda}_n$		0	1	2	3	4	ϱ	ξ_Q
0,125	1	92,0	$\bar{w}$ $\bar{w}'$ $\bar{w}''$	0 0,4039 0	0,0488 0,3629 -0,6161	0 -0,3450 0,1516	0 0,3025 -0,0809	0 -0,2884 0	1,3,4 4	0 1
	2	147,3	$\bar{w}$ $\bar{w}'$ $\bar{w}''$	0 0,2013 0	0,0241 0,1748 -0,4009	0 -0,0659 0,6311	0 -0,1375 -0,5412	0 0,2307 0	1,3,4 3 4	0 0,27 1
	3	325,4	$\bar{w}$ $\bar{w}'$ $\bar{w}''$	0 0,0783 0	0,0091 0,0613 -0,2650	0 0,0597 0,6140	0 -0,0401 0,7273	0 -0,0934 0	1,3,4 2 4	0 0,71 0,13 1
0,250	1	77,0	$\bar{w}$ $\bar{w}'$ $\bar{w}''$	0 0,2930 0	0,0639 0,1828 -0,8444	0 -0,2040 0,2759	0 0,1342 -0,1225	0 -0,1133 0	1,3,4 4	0 1
	2	132,8	$\bar{w}$ $\bar{w}'$ $\bar{w}''$	0 0,1399 0	0,0291 0,0711 -0,5273	0 0,0011 0,6254	0 -0,1863 -0,4487	0 0,2632 0	1,3,4 2 4	0 0,99 1
	3	310,3	$\bar{w}$ $\bar{w}'$ $\bar{w}''$	0 0,0556 0	0,0102 0,0122 -0,3355	0 0,0748 0,5442	0 -0,0367 0,7555	0 -0,1012 0	1,3,4 2 4	0 0,49 0,11 1
0,500	1	63,2	$\bar{w}$ $\bar{w}'$ $\bar{w}''$	0 0,2363 0	0,0739 -0,0153 -0,8720	0 -0,1769 0,3387	0 0,0948 -0,1338	0 -0,0720 0	1,3,4 4	0 1
	2	130,2	$\bar{w}$ $\bar{w}'$ $\bar{w}''$	0 0,0981 0	0,0257 -0,0305 -0,4097	0 0,0185 0,6805	0 -0,2163 -0,4717	0 0,2970 0	1,3,4 2 4	0 0,88 1
	3	318,6	$\bar{w}$ $\bar{w}'$ $\bar{w}''$	0 0,0422 0	0,0071 -0,0307 -0,1972	0 0,0674 0,6075	0 -0,0396 0,7572	0 -0,0992 0	1,3,4 2 4	0 0,36 0,12 1
0,750	1	80,0	$\bar{w}$ $\bar{w}'$ $\bar{w}''$	0 0,2913 0	0,0675 -0,2168 -0,7747	0 -0,2759 0,3173	0 0,1916 -0,1500	0 -0,1658 0	1,3,4 4	0 1
	2	142,3	$\bar{w}$ $\bar{w}'$ $\bar{w}''$	0 0,1439 0	0,0248 -0,1092 -0,2065	0 -0,0515 0,7052	0 -0,1695 -0,5691	0 0,2674 0	1,3,4 3 4	0 0,18 1
	3	339,6	$\bar{w}$ $\bar{w}'$ $\bar{w}''$	0 0,0688 0	0,0032 -0,0480 0,1117	0 0,0454 0,6901	0 -0,0425 0,7020	0 -0,0873 0	1,3,4 2 4	0 0,30 0,15 1
0,875	1	92,6	$\bar{w}$ $\bar{w}'$ $\bar{w}''$	0 0,4017 0	0,0497 -0,3781 -0,5136	0 -0,4021 0,1155	0 0,3593 -0,0810	0 -0,3446 0	1,3,4 4	0 1
	2	154,7	$\bar{w}$ $\bar{w}'$ $\bar{w}''$	0 0,1966 0	0,0158 -0,1455 0,1531	0 -0,0969 0,6586	0 -0,1292 -0,6323	0 0,2385 0	1,3,4 3 4	0 0,41 1
	3	342,3	$\bar{w}$ $\bar{w}'$ $\bar{w}''$	0 0,0803 0	-0,0008 -0,0216 0,3933	0 0,0391 0,6484	0 -0,0394 0,6393	0 -0,0791 0	1,3,4 1 4	0 0,97 0,15 1

$m = 5\mu l_0$

46

$\dfrac{x_m}{l_0}$	n	$\bar{\lambda}_n$		0	1	2	3	4	ϱ (w=0)	ξ_ϱ
0,125	1	43,4	$\bar{w}$ $\bar{w}'$ $\bar{w}''$	0 0,2830 0	0,0331 0,2291 -0,8535	0 -0,1274 0,3250	0 0,0538 -0,1087	0 -0,0355 0	1,3,4 4	0 1
	2	120,4	$\bar{w}$ $\bar{w}'$ $\bar{w}''$	0 0,0755 0	0,0082 0,0449 -0,4943	0 0,1035 0,6259	0 -0,2766 -0,3890	0 0,3429 0	1,3,4 2 4	0 0,45 1
	3	279,7	$\bar{w}$ $\bar{w}'$ $\bar{w}''$	0 0,0380 0	0,0036 0,0098 -0,4653	0 0,1065 0,3489	0 -0,0257 0,7964	0 -0,1178 0	1,3,4 2 4	0 0,19 0,01 1
0,250	1	18,8	$\bar{w}$ $\bar{w}'$ $\bar{w}''$	0 0,2399 0	0,0506 0,1280 -0,8881	0 -0,1084 0,3352	0 0,0361 -0,0947	0 -0,0203 0	1,3,4 4	0 1
	2	119,1	$\bar{w}$ $\bar{w}'$ $\bar{w}''$	0 0,0350 0	0,0049 -0,0112 -0,3729	0 0,1271 0,6643	0 -0,3088 -0,4051	0 0,3778 0	1,3,4 2 4	0 0,20 1
	3	284,8	$\bar{w}$ $\bar{w}'$ $\bar{w}''$	0 0,0214 0	0,0020 -0,0190 -0,3307	0 0,1062 0,4121	0 -0,0294 0,8326	0 -0,1210 0	1,3,4 2 4	0 0,09 0,01 1
0,500	1	12,38	$\bar{w}$ $\bar{w}'$ $\bar{w}''$	0 0,2031 0	0,0643 -0,0179 -0,8613	0 -0,1320 0,4238	0 0,0417 -0,1148	0 -0,0225 0	1,3,4 4	0 1
	2	122,2	$\bar{w}$ $\bar{w}'$ $\bar{w}''$	0 0,0276 0	0,0035 -0,0316 -0,2161	0 0,0936 0,7187	0 -0,2926 -0,4518	0 0,3695 0	1,3,4 2 4	0 0,18 1
	3	307,3	$\bar{w}$ $\bar{w}'$ $\bar{w}''$	0 0,0195 0	0,0011 -0,0281 -0,1571	0 0,0811 0,5647	0 -0,0375 0,7973	0 -0,1079 0	1,3,4 2 4	0 0,07 0,11 1
0,750	1	23,7	$\bar{w}$ $\bar{w}'$ $\bar{w}''$	0 0,1805 0	0,0481 -0,1503 -0,7694	0 -0,1799 0,5369	0 0,0627 -0,1571	0 -0,0363 0	1,3,4 4	0 1
	2	128,0	$\bar{w}$ $\bar{w}'$ $\bar{w}''$	0 0,0385 0	0,0046 -0,0398 -0,1013	0 0,0373 0,7474	0 -0,2504 -0,5012	0 0,3359 0	1,3,4 2 4	0 0,49 1
	3	334,3	$\bar{w}$ $\bar{w}'$ $\bar{w}''$	0 0,0406 0	0,0009 -0,0334 0,0427	0 0,0510 0,6799	0 -0,0423 0,7215	0 -0,0909 0	1,3,4 2 4	0 0,11 0,14 1
0,875	1	54,6	$\bar{w}$ $\bar{w}'$ $\bar{w}''$	0 0,2298 0	0,0337 -0,2541 -0,6516	0 -0,2593 0,5677	0 0,1247 -0,2099	0 -0,0890 0	1,3,4 4	0 1
	2	136,8	$\bar{w}$ $\bar{w}'$ $\bar{w}''$	0 0,0833 0	0,0068 -0,0695 0,0081	0 -0,0245 0,7432	0 -0,1992 -0,5558	0 0,2945 0	1,3,4 3 4	0 0,01 1
	3	341,2	$\bar{w}$ $\bar{w}'$ $\bar{w}''$	0 0,0939 0	-0,0007 -0,0246 0,4619	0 0,0386 0,6215	0 -0,0378 0,6182	0 -0,0767 0	1,3,4 1 4	0 0,97 0,15 1

A 91

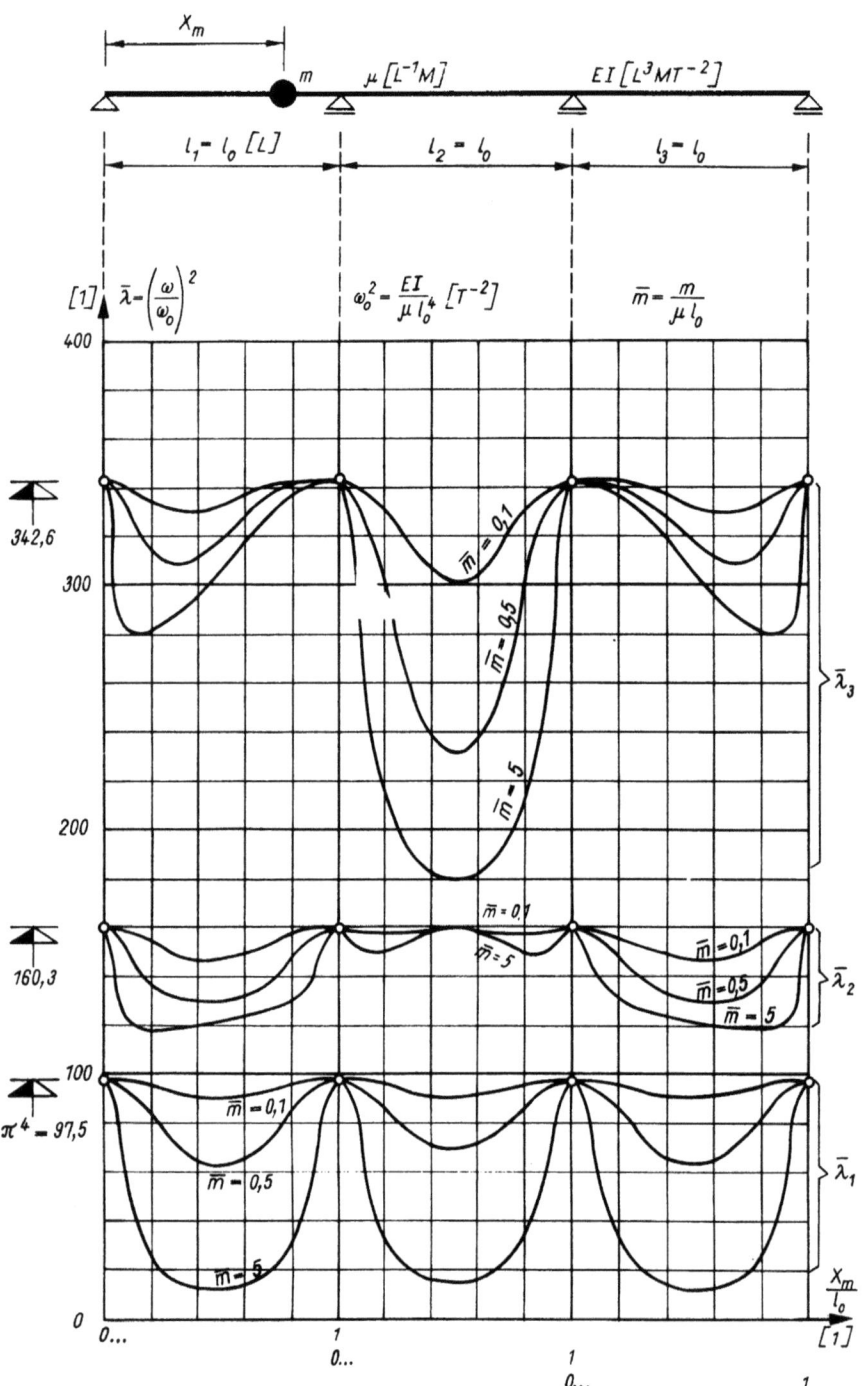

47

$\frac{m}{m_0}$	$\frac{x_m}{l_0}$	n	$\bar{\lambda}_n$		0	1	2	3	4	ϱ	ξ_ϱ
0,1	0,250	1	94,2	$\bar{w}$ $\bar{w}'$ $\bar{w}''$	0 -0,3148 0	0 0,3215 0,0033	0,0727 0,2271 -0,7420	0 -0,3116 0,0229	0 0,3042 0	1,2,4 4	0 1
		2	159,8	$\bar{w}$ $\bar{w}'$ $\bar{w}''$	0 -0,2059 0	0 0,1027 -0,6102	0,0100 -0,0132 -0,3482	0 0,1095 0,6276	0 -0,2176 0	1,2,4 3 4	0 0,32 1
		3	324,7	$\bar{w}$ $\bar{w}'$ $\bar{w}''$	0 0,0957 0	0 0,0386 0,7121	0,0215 0,0957 -0,1881	0 -0,0355 0,6544	0 -0,0879 0	1,2,4 1 4	0 0,87 0,13 1
0,5	0,125	1	92,7	$\bar{w}$ $\bar{w}'$ $\bar{w}''$	0 -0,3820 0	0 0,3950 0,0288	0,0482 0,3632 -0,5479	0 -0,3665 0,0654	0 0,3525 0	1,2,4 4	0 1
		2	158,6	$\bar{w}$ $\bar{w}'$ $\bar{w}''$	0 -0,1892 0	0 0,0957 -0,5569	0,0080 0,0340 -0,4735	0 0,1094 0,6017	0 -0,2133 0	1,2,4 3 4	0 0,40 1
		3	326,2	$\bar{w}$ $\bar{w}'$ $\bar{w}''$	0 0,0976 0	0 0,0403 0,7333	0,0091 0,0933 0,1765	0 -0,0350 0,6347	0 -0,0837 0	1,2,4 1 4	0 0,87 0,13 1
	0,250	1	81,6	$\bar{w}$ $\bar{w}'$ $\bar{w}''$	0 -0,2482 0	0 0,2818 0,1703	0,0656 0,2002 -0,8095	0 -0,2433 0,1592	0 0,2138 0	1,2,4 4	0 1
		2	158,2	$\bar{w}$ $\bar{w}'$ $\bar{w}''$	0 -0,1858 0	0 0,0949 -0,5387	0,0092 -0,0157 -0,3754	0 0,1229 0,6730	0 -0,2387 0	1,2,4 3 4	0 0,28 1
		3	276,3	$\bar{w}$ $\bar{w}'$ $\bar{w}''$	0 0,1193 0	0 0,0226 0,7747	0,0180 0,0784 -0,2713	0 -0,0158 0,5456	0 -0,0845 0	1,2,4 1 4	0 0,99 0,01 1
5,0	0,125	1	56,6	$\bar{w}$ $\bar{w}'$ $\bar{w}''$	0 -0,1895 0	0 0,2607 0,4022	0,0328 0,2388 -0,7572	0 -0,1589 0,2535	0 0,1152 0	1,2,4 4	0 1
		2	149,9	$\bar{w}$ $\bar{w}'$ $\bar{w}''$	0 -0,1148 0	0 0,0654 -0,2969	0,0053 0,0136 -0,5670	0 0,1602 0,6854	0 -0,2779 0	1,2,4 3 4	0 0,22 1
		3	250,2	$\bar{w}$ $\bar{w}'$ $\bar{w}''$	0 0,1561 0	0 0,0094 0,9220	0,0055 0,0583 -0,0879	0 -0,0032 0,3333	0 -0,0569 0	1,2,4 1 4	0 0,98 0,01 1
	0,250	1	26,2	$\bar{w}$ $\bar{w}'$ $\bar{w}''$	0 -0,1050 0	0 0,1782 0,4306	0,0450 0,1298 -0,8138	0 -0,1119 0,2717	0 0,0659 0	1,2,4 4	0 1
		2	151,9	$\bar{w}$ $\bar{w}'$ $\bar{w}''$	0 -0,0925 0	0 0,0514 -0,2442	0,0036 -0,0303 -0,4316	0 0,1715 0,7867	0 -0,3061 0	1,2,4 3 4	0 0,11 1
		3	201,2	$\bar{w}$ $\bar{w}'$ $\bar{w}''$	0 0,2058 0	0 -0,0458 0,9155	0,0044 0,0356 -0,2210	0 0,0131 0,2526	0 -0,0576 0	1,2,4 2 3 4	0 0,54 0,84 1

A 93

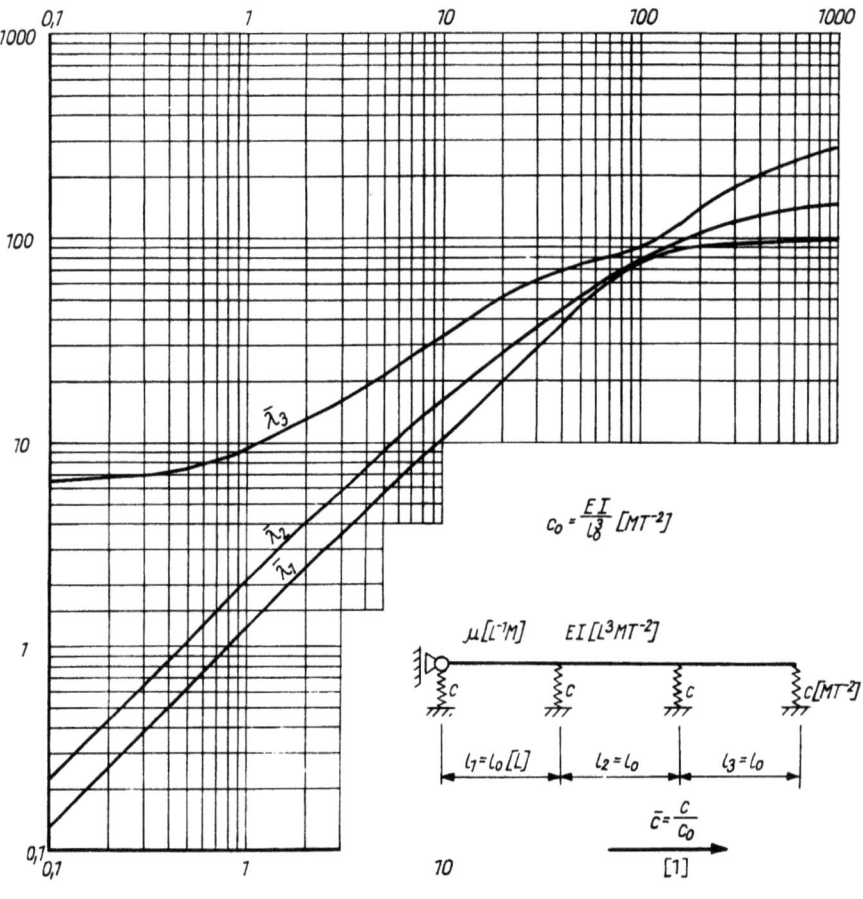

$\frac{c}{c_0}$	n	$\bar{\lambda}_n$		0	1	2	3	ϱ	ξ_ϱ
0,1	1	0,1321	$\bar{w}$ $\bar{w}'$ $\bar{w}''$	0,4899 0,0244 0	0,5089 0,0109 -0,0161	0,5089 -0,0109 -0,0161	0,4899 -0,0245 0	-	-
	2	0,221	$\bar{w}$ $\bar{w}'$ $\bar{w}''$	0,5007 -0,3273 0	0,1691 -0,3369 -0,0068	-0,1691 -0,3369 0,0068	-0,5007 -0,3273 0	2	0,50
	3	6,48	$\bar{w}$ $\bar{w}'$ $\bar{w}''$	0,2748 -0,4214 0	-0,0995 -0,2505 0,4175	-0,0995 0,2505 0,4175	0,2748 0,4214 0	1 3	0,68 0,32
1,0	1	1,237	$\bar{w}$ $\bar{w}'$ $\bar{w}''$	0,3913 0,1909 0	0,5390 0,0852 -0,1129	0,5390 -0,0852 -0,1129	0,3913 -0,1909 0	-	-
	2	2,14	$\bar{w}$ $\bar{w}'$ $\bar{w}''$	0,5027 -0,2692 0	0,1895 -0,3666 -0,0674	-0,1895 -0,3666 0,0674	-0,5027 -0,2692 0	2	0,50
	3	9,24	$\bar{w}$ $\bar{w}'$ $\bar{w}''$	0,2875 -0,4073 0	-0,0884 -0,2648 0,4165	-0,0884 0,2648 0,4165	0,2875 0,4073 0	1 3	0,72 0,28
10,0	1	10,37	$\bar{w}$ $\bar{w}'$ $\bar{w}''$	0,1379 0,4655 0	0,4708 0,1994 0,0539	0,4708 -0,1994 0,0539	0,1379 -0,4655 0	-	-
	2	16,27	$\bar{w}$ $\bar{w}'$ $\bar{w}''$	0,3262 0,2222 0	0,2472 -0,4299 -0,3135	-0,2473 -0,4298 0,3136	-0,3262 0,2222 0	2	0,50
	3	33,2	$\bar{w}$ $\bar{w}'$ $\bar{w}''$	0,3105 -0,2163 0	-0,0671 -0,4340 0,4049	-0,0671 0,4340 0,4049	0,3105 0,2163 0	1 3	0,85 0,15
100,0	3	88,4	$\bar{w}$ $\bar{w}'$ $\bar{w}''$	-0,0254 -0,1588 0	0,0705 0,4175 0,5430	0,0705 -0,4175 0,5430	-0,0254 0,1588 0	1 3	0,80 0,20
1000,0	1	96,3	$\bar{w}$ $\bar{w}'$ $\bar{w}''$	0,0050 0,4972 0	0,0000 -0,5025 0,0171	0,0000 0,5025 0,0171	0,0050 -0,4972 0	2,3	0,00
	2	146,8	$\bar{w}$ $\bar{w}'$ $\bar{w}''$	0,0028 0,2359 0	0,0049 -0,1201 0,6557	-0,0049 -0,1201 -0,6557	-0,0028 0,2359 0	2 2 2	0,05 0,50 0,95
	3	276,1	$\bar{w}$ $\bar{w}'$ $\bar{w}''$	0,0014 0,0848 0	0,0061 0,0467 0,7004	0,0061 -0,0467 0,7004	0,0014 -0,0848 0	-	-
∞	1	97,5	$\bar{w}$ $\bar{w}'$ $\bar{w}''$	0 0,5000 0	0 -0,5000 0	0 0,5000 0	0 -0,5000 0	1,2,3 3	0 1
	2	160,3	$\bar{w}$ $\bar{w}'$ $\bar{w}''$	0 0,2275 0	0 -0,1138 0,6598	0 -0,1138 -0,6598	0 0,2275 0	1,2,3 2 3	0 0,50 1
	3	342,6	$\bar{w}$ $\bar{w}'$ $\bar{w}''$	0 0,0864 0	0 0,0432 0,7005	0 -0,0432 0,7005	0 -0,0864 0	1,2,3 1 3	0 0,85 0,15 1

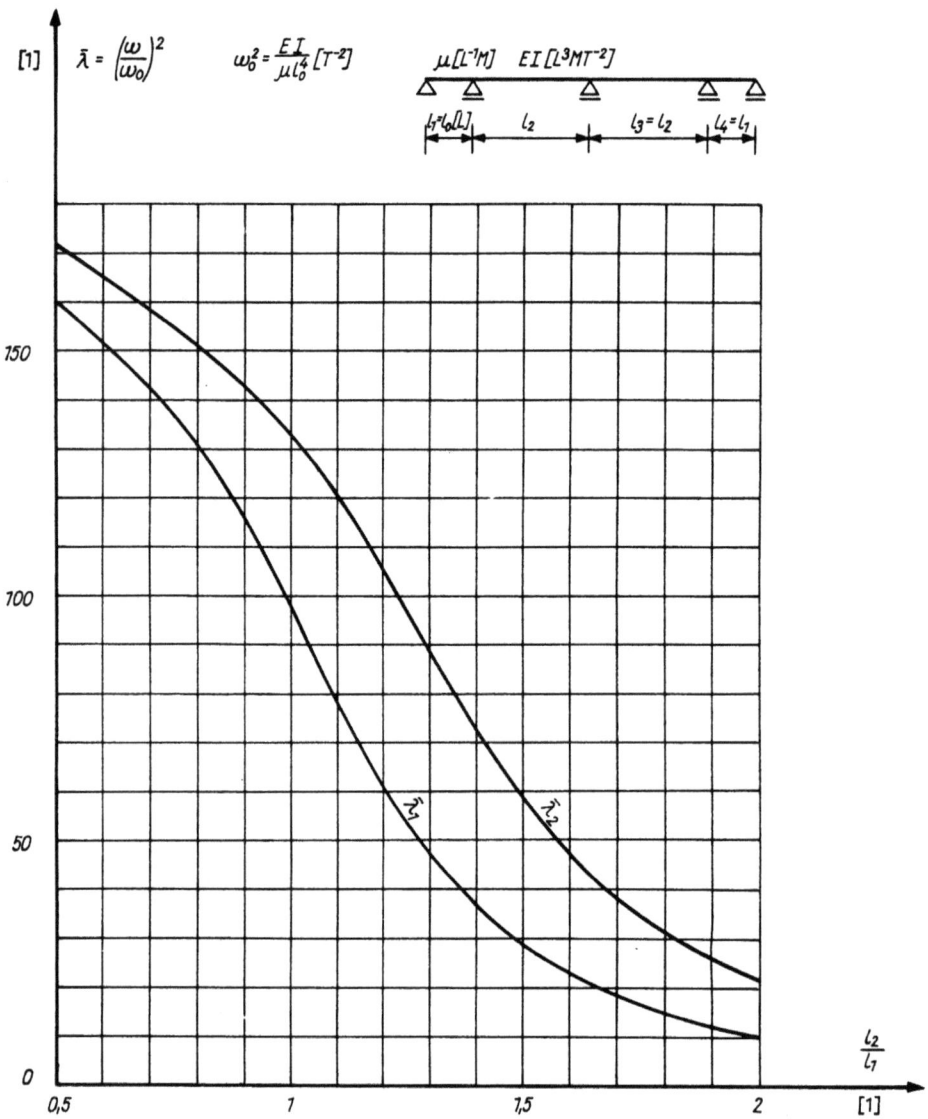

$l_2 : l_1 = 2 : 1$

$\frac{l_2}{l_1}$	n	$\bar{\lambda}_n$		0	1	2	3	4	ϱ	ξ_ϱ
2,0	1	10,02	$\bar{w}$ $\bar{w}'$ $\bar{w}''$	0 −0,1078 0	0 0,2041 0,6023	0 −0,4099 0	0 0,2041 −0,6023	0 −0,1078 0	1,2,3,4 4	0 1
	2	21,4	$\bar{w}$ $\bar{w}'$ $\bar{w}''$	0 −0,0818 0	0 0,1448 0,4040	0 0 0,7863	0 −0,1448 0,4040	0 0,0818 0	1,2,3,4 4	0 1
	3	98,4	$\bar{w}$ $\bar{w}'$ $\bar{w}''$	0 −0,4394 0	0 0,4413 0,0863	0 0,4577 0	0 0,4413 −0,0863	0 −0,4394 0	1,2,3,4 2,3 4	0 0,50 1
	4	128,1	$\bar{w}$ $\bar{w}'$ $\bar{w}''$	0 0,2190 0	0 −0,1623 0,3408	0 0 0,7869	0 0,1623 0,3408	0 −0,2190 0	1,2,3,4 2 3 4	0 0,41 0,59 1
	5	195,6	$\bar{w}$ $\bar{w}'$ $\bar{w}''$	0 0,1392 0	0 −0,0301 0,6905	0 0,0775 0	0 −0,0301 −0,6905	0 0,1392 0	1,2,3,4 2 3 4	0 0,57 0,43 1

49

A 96

$l_2 : l_1 = 2:1 \cdots 1,4:1$

49

$\dfrac{l_2}{l_1}$	n	$\bar{\lambda}_n$		0	1	2	3	4	ϱ	ξ_ϱ
									w = 0:	
1,8	1	14,80	$\bar{w}$ $\bar{w}'$ $\bar{w}''$	0 -0,1152 0	0 0,2118 0,6027	0 -0,3967 0	0 0,2118 -0,6027	0 -0,1152 0	1,2,3,4 4	0 1
	2	31,4	$\bar{w}$ $\bar{w}'$ $\bar{w}''$	0 -0,0891 0	0 0,1478 0,3753	0 0 0,8116	0 -0,1478 0,3753	0 0,0891 0	1,2,3,4 4	0 1
	3	123,4	$\bar{w}$ $\bar{w}'$ $\bar{w}''$	0 -0,3887 0	0 0,3053 -0,4713	0 0,2587 0	0 0,3053 0,4713	0 -0,3887 0	1,2,3,4 2 3 4	0 0,47 0,53 1
	4	146,3	$\bar{w}$ $\bar{w}'$ $\bar{w}''$	0 0,2152 0	0 -0,1287 0,5195	0 0 0,5784	0 0,1287 0,5195	0 -0,2152 0	1,2,3,4 2 3 4	0 0,35 0,65 1
	5	243,6	$\bar{w}$ $\bar{w}'$ $\bar{w}''$	0 0,1043 0	0 0,0088 0,6955	0 0,1030 0	0 0,0088 -0,6955	0 0,1043 0	1,2,3,4 1 2 3 4	0 0,98 0,55 0,45 0,02 1
1,6	1	22,8	$\bar{w}$ $\bar{w}'$ $\bar{w}''$	0 -0,1286 0	0 0,2248 0,5982	0 -0,3875 0	0 0,2248 -0,5982	0 -0,1286 0	1,2,3,4 4	0 1
	2	47,5	$\bar{w}$ $\bar{w}'$ $\bar{w}''$	0 -0,1048 0	0 0,1558 0,3252	0 0 0,8474	0 -0,1558 0,3252	0 0,1048 0	1,2,3,4 4	0 1
	3	143,3	$\bar{w}$ $\bar{w}'$ $\bar{w}''$	0 -0,2807 0	0 0,1753 -0,6177	0 0,1321 0	0 0,1753 0,6177	0 -0,2807 0	1,2,3,4 2 3 4	0 0,42 0,58 1
	4	162,9	$\bar{w}$ $\bar{w}'$ $\bar{w}''$	0 0,1880 0	0 -0,0893 0,5865	0 0 0,4747	0 0,0893 0,5865	0 -0,1880 0	1,2,3,4 2 3 4	0 0,26 0,74 1
	5	345,1	$\bar{w}$ $\bar{w}'$ $\bar{w}''$	0 0,0751 0	0 0,0441 0,6961	0 0,1259 0	0 0,0441 -0,6961	0 0,0751 0	1,2,3,4 1 2 3 4	0 0,84 0,54 0,46 0,16 1
1,4	1	36,5	$\bar{w}$ $\bar{w}'$ $\bar{w}''$	0 -0,1574 0	0 0,2513 0,5801	0 -0,3887 0	0 0,2513 -0,5801	0 -0,1574 0	1,2,3,4 4	0 1
	2	72,9	$\bar{w}$ $\bar{w}'$ $\bar{w}''$	0 -0,1429 0	0 0,1761 0,2130	0 0 0,8980	0 -0,1761 0,2130	0 0,1429 0	1,2,3,4 4	0 1
	3	≈160	$\bar{w}$ $\bar{w}'$ $\bar{w}''$	0 -0,224 0	0 0,111 -0,658	0 0,096 0	0 0,111 0,658	0 -0,224 0	1,2,3,4 2 3 4	0 0,33 0,67 1
	4	186,2	$\bar{w}$ $\bar{w}'$ $\bar{w}''$	0 0,1500 0	0 -0,0466 0,5995	0 0 0,4826	0 0,0466 0,5995	0 -0,1500 0	1,2,3,4 2 3 4	0 0,14 0,86 1
	5	544,8	$\bar{w}$ $\bar{w}'$ $\bar{w}''$	0 0,0615 0	0 0,0721 0,6935	0 0,1422 0	0 0,0721 -0,6935	0 0,0615 0	1,2,3,4 1 2 3 4	0 0,70 0,53 0,47 0,30 1

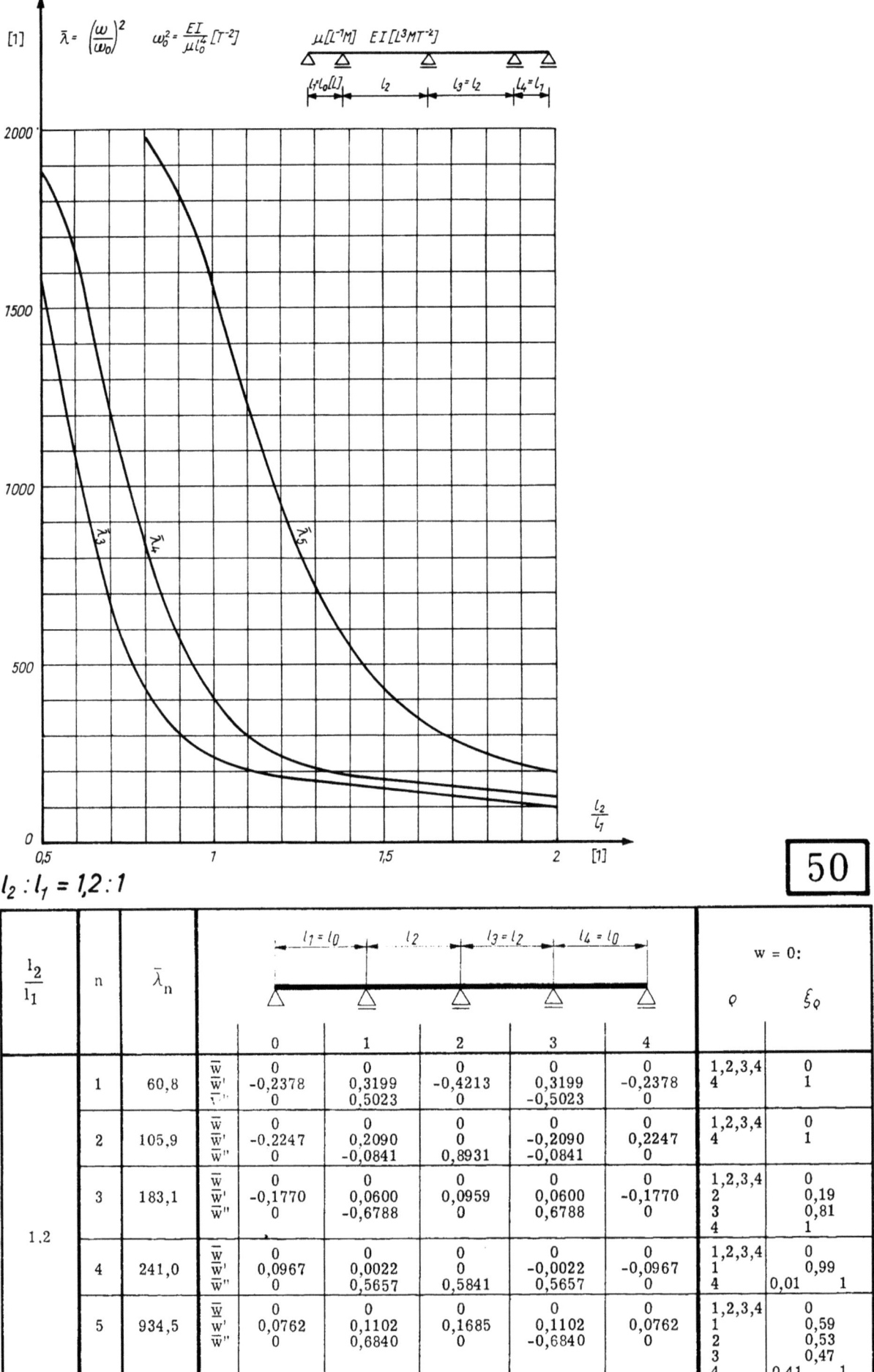

$l_2 : l_1 = 1{,}2 : 1$

$\frac{l_2}{l_1}$	n	$\bar\lambda_n$		0	1	2	3	4	ϱ	ξ_ϱ
1.2	1	60,8	$\bar w$ $\bar w'$ $\bar w''$	0 -0,2378 0	0 0,3199 0,5023	0 -0,4213 0	0 0,3199 -0,5023	0 -0,2378 0	1,2,3,4 4	0 1
	2	105,9	$\bar w$ $\bar w'$ $\bar w''$	0 -0,2247 0	0 0,2090 -0,0841	0 0 0,8931	0 -0,2090 -0,0841	0 0,2247 0	1,2,3,4 4	0 1
	3	183,1	$\bar w$ $\bar w'$ $\bar w''$	0 -0,1770 0	0 0,0600 -0,6788	0 0,0959 0	0 0,0600 0,6788	0 -0,1770 0	1,2,3,4 2 3 4	0 0,19 0,81 1
	4	241,0	$\bar w$ $\bar w'$ $\bar w''$	0 0,0967 0	0 0,0022 0,5657	0 0 0,5841	0 -0,0022 0,5657	0 -0,0967 0	1,2,3,4 1 4	0 0,99 0,01 1
	5	934,5	$\bar w$ $\bar w'$ $\bar w''$	0 0,0762 0	0 0,1102 0,6840	0 0,1685 0	0 0,1102 -0,6840	0 0,0762 0	1,2,3,4 1 2 3 4	0 0,59 0,53 0,47 0,41 1

50

$l_2 : l_1 = 1{,}2 : 1 \cdots 0{,}5 : 1$ | 50 |

$\dfrac{l_2}{l_1}$	n	$\bar{\lambda}_n$		0	1	2	3	4	\multicolumn{2}{c}{w = 0:}
									ϱ	ξ_ϱ
1,0	1	97,5	$\bar{w}$ / $\bar{w}'$ / $\bar{w}''$	0 / −0,4473 / 0	0 / 0,4473 / 0	0 / −0,4473 / 0	0 / 0,4473 / 0	0 / −0,4473 / 0	1,2,3,4 / 4	0 / 1
	2	132,8	$\bar{w}$ / $\bar{w}'$ / $\bar{w}''$	0 / −0,2604 / 0	0 / 0,1841 / −0,4463	0 / 0 / 0,6311	0 / −0,1841 / −0,4463	0 / 0,2604 / 0	1,2,3,4 / 4	0 / 1
	3	238,5	$\bar{w}$ / $\bar{w}'$ / $\bar{w}''$	0 / −0,1225 / 0	0 / 0 / −0,6910	0 / 0,1225 / 0	0 / 0 / 0,6910	0 / −0,1225 / 0	1,2,3,4 / 4	0 / 1
	4	399,0	$\bar{w}$ / $\bar{w}'$ / $\bar{w}''$	0 / 0,0554 / 0	0 / 0,0392 / 0,4975	0 / 0 / 0,7038	0 / −0,0392 / 0,4975	0 / −0,0554 / 0	1,2,3,4 / 1 / 4	0 / 0,80 / 0,20 1
	5	1560	$\bar{w}$ / $\bar{w}'$ / $\bar{w}''$	0 / 0,4473 / 0	0 / 0,4473 / 0	0 / 0,4473 / 0	0 / 0,4473 / 0	0 / 0,4473 / 0	1,2,3,4 / 2,3,4 / 4	0 / 0,50 / 1
0,8	1	130,5	$\bar{w}$ / $\bar{w}'$ / $\bar{w}''$	0 / −0,3395 / 0	0 / 0,2456 / −0,5564	0 / −0,1731 / 0	0 / 0,2456 / 0,5564	0 / −0,3395 / 0	1,2,3,4 / 4	0 / 1
	2	150,2	$\bar{w}$ / $\bar{w}'$ / $\bar{w}''$	0 / −0,2326 / 0	0 / 0,1333 / −0,5807	0 / 0 / 0,4266	0 / −0,1333 / −0,5807	0 / 0,2326 / 0	1,2,3,4 / 4	0 / 1
	3	429,9	$\bar{w}$ / $\bar{w}'$ / $\bar{w}''$	0 / −0,0765 / 0	0 / −0,0599 / −0,6918	0 / 0,1550 / 0	0 / −0,0599 / 0,6918	0 / −0,0765 / 0	1,2,3,4 / 1 / 4	0 / 0,77 / 0,23 1
	4	830,1	$\bar{w}$ / $\bar{w}'$ / $\bar{w}''$	0 / 0,0458 / 0	0 / 0,0614 / 0,4027	0 / 0 / 0,8148	0 / −0,0614 / 0,4027	0 / −0,0458 / 0	1,2,3,4 / 1 / 4	0 / 0,61 / 0,39 1
	5	1982	$\bar{w}$ / $\bar{w}'$ / $\bar{w}''$	0 / 0,1278 / 0	0 / 0,0778 / −0,6905	0 / 0,0540 / 0	0 / 0,0778 / 0,6905	0 / 0,1278 / 0	1,2,3,4 / 1 / 2 / 3 / 4	0 / 0,47 / 0,39 / 0,61 / 0,53 1
0,5	1	≈160	$\bar{w}$ / $\bar{w}'$ / $\bar{w}''$	0 / −0,224 / 0	0 / 0,112 / −0,660	0 / −0,060 / 0	0 / 0,112 / 0,660	0 / −0,224 / 0	1,2,3,4 / 4	0 / 1
	2	≈172	$\bar{w}$ / $\bar{w}'$ / $\bar{w}''$	0 / −0,188 / 0	0 / 0,078 / −0,635	0 / 0 / 0,3292	0 / −0,078 / −0,635	0 / 0,188 / 0	1,2,3,4 / 4	0 / 1
	3	1575	$\bar{w}$ / $\bar{w}'$ / $\bar{w}''$	0 / −0,4444 / 0	0 / −0,4285 / 0,1675	0 / 0,4265 / 0	0 / −0,4285 / −0,1675	0 / −0,4444 / 0	1,2,3,4 / 1,4 / 4	0 / 0,50 / 1
	4	1885	$\bar{w}$ / $\bar{w}'$ / $\bar{w}''$	0 / 0,1283 / 0	0 / 0,0886 / −0,5578	0 / 0 / 0,5738	0 / −0,0886 / −0,5578	0 / −0,1283 / 0	1,2,3,4 / 1 / 4	0 / 0,48 / 0,52 1
	5	≈3100	$\bar{w}$ / $\bar{w}'$ / $\bar{w}''$	0 / 0,0395 / 0	0 / −0,0153 / −0,7040	0 / 0,0710 / 0	0 / −0,0153 / 0,7040	0 / 0,0395 / 0	1,2,3,4 / 1 / 4	0 / 0,43 0,99 / 0,01 0,57 1

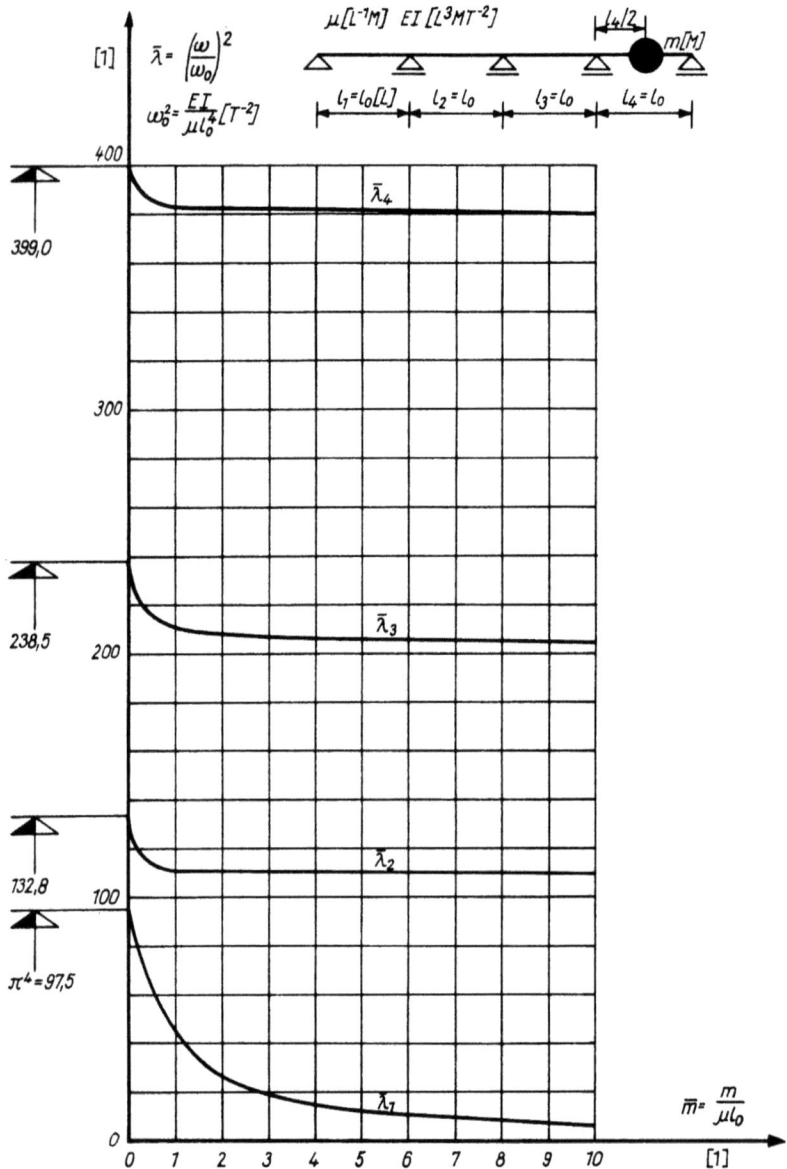

$\frac{m}{m_0}$	n	$\bar{\lambda}_n$		0	1	2	3	4	5	w = 0: ϱ	ξ_Q
0	1	97,5	$\bar{w}$ $\bar{w}'$ $\bar{w}''$	0 -0,4473 0	0 0,4473 0	0 -0,4473 0	0 0,4473 0	– – –	0 -0,4473 0	1,2,3,4 5	0 1
	2	132,8	$\bar{w}$ $\bar{w}'$ $\bar{w}''$	0 0,2604 0	0 -0,1841 0,4463	0 0 -0,6311	0 0,1841 0,4463	– – –	0 -0,2604 0	1,2,3,4 5	0 1
	3	238,5	$\bar{w}$ $\bar{w}'$ $\bar{w}''$	0 -0,1225 0	0 0 -0,6910	0 0,1225 0	0 0 0,6910	– – –	0 -0,1225 0	1,2,3,4 5	0 1
0,1	1	91,5	$\bar{w}$ $\bar{w}'$ $\bar{w}''$	0 -0,1569 0	0 0,1653 0,0491	0 -0,1911 -0,1004	0 0,2357 0,1382	0,0828 0,0073 -0,8650	0 -0,2633 0	1,2,3,4 5	0 1
	2	123,6	$\bar{w}$ $\bar{w}'$ $\bar{w}''$	0 0,2396 0	0 -0,1870 0,3083	0 0,0524 -0,4789	0 0,1039 0,4200	0,0528 0,0195 -0,5986	0 -0,1782 0	1,2,3,4 3 5	0 0,29 1
	3	228,9	$\bar{w}$ $\bar{w}'$ $\bar{w}''$	0 -0,1234 0	0 0,0068 -0,6602	0 0,1227 0,0739	0 -0,0209 0,6422	0,0227 0,0309 -0,3247	0 -0,0928 0	1,2,3,4 2 4 5	0 0,01 0,14 1
0,5	1	63,9	$\bar{w}$ $\bar{w}'$ $\bar{w}''$	0 -0,0342 0	0 0,0448 0,0629	0 -0,0831 -0,1633	0 0,1722 0,3511	0,0729 0,0158 -0,8638	0 -0,2337 0	1,2,3,4 5	0 1
	2	113,3	$\bar{w}$ $\bar{w}'$ $\bar{w}''$	0 0,3483 0	0 -0,3013 0,2765	0 0,1729 -0,4775	0 0,0017 0,5431	0,0259 0,0242 -0,3852	0 -0,0946 0	1,2,3,4 3 5	0 0,99 1
	3	215,4	$\bar{w}$ $\bar{w}'$ $\bar{w}''$	0 -0,1383 0	0 0,0187 -0,6806	0 0,1333 0,1841	0 -0,0548 0,6297	0,0117 0,0296 -0,2491	0 -0,0551 0	1,2,3,4 2 4 5	0 0,01 0,46 1
1,0	1	44,2	$\bar{w}$ $\bar{w}'$ $\bar{w}''$	0 -0,0166 0	0 0,0250 0,0502	0 -0,0588 -0,1503	0 0,1517 0,3945	0,0688 0,0172 -0,8595	0 -0,2194 0	1,2,3,4 5	0 1
	2	111,4	$\bar{w}$ $\bar{w}'$ $\bar{w}''$	0 0,3834 0	0 -0,3380 0,2675	0 0,2124 -0,4713	0 -0,0366 0,5613	0,0145 0,0247 -0,2815	0 -0,0586 0	1,2,3,4 4 5	0 0,32 1
	3	210,9	$\bar{w}$ $\bar{w}'$ $\bar{w}''$	0 -0,1444 0	0 0,0235 -0,6891	0 0,1367 0,2241	0 -0,0679 0,6181	0,0072 0,0289 -0,2137	0 -0,0393 0	1,2,3,4 2 4 5	0 0,01 0,63 1
5,0	1	12,41	$\bar{w}$ $\bar{w}'$ $\bar{w}''$	0 -0,0066 0	0 0,0122 0,0336	0 -0,0386 -0,1245	0 0,1309 0,4260	0,0641 0,0180 -0,8589	0 -0,2024 0	1,2,3,4 5	0 1
	2	109,9	$\bar{w}$ $\bar{w}'$ $\bar{w}''$	0 0,4116 0	0 -0,3681 0,2566	0 0,2466 -0,4591	0 -0,0727 0,5666	0,0031 0,0247 -0,1739	0 -0,0226 0	1,2,3,4 4 5	0 0,80 1
	3	206,1	$\bar{w}$ $\bar{w}'$ $\bar{w}''$	0 -0,1515 0	0 0,0292 -0,6981	0 0,1402 0,2683	0 -0,0828 0,6004	0,0017 0,0278 -0,1693	0 -0,0206 0	1,2,3,4 2 4 5	0 0,01 0,89 1
10,0	1	6,52	$\bar{w}$ $\bar{w}'$ $\bar{w}''$	0 -0,0057 0	0 0,0109 0,0312	0 -0,0361 -0,1200	0 0,1280 0,4293	0,0634 0,0180 -0,8592	0 -0,1988 0	1,2,3,4 5	0 1
	2	109,7	$\bar{w}$ $\bar{w}'$ $\bar{w}''$	0 0,4149 0	0 -0,3716 0,2549	0 0,2508 -0,4570	0 -0,0775 0,5664	0,0016 0,0247 -0,1591	0 -0,0177 0	1,2,3,4 4 5	0 0,89 1
	3	205,4	$\bar{w}$ $\bar{w}'$ $\bar{w}''$	0 -0,1525 0	0 0,0301 -0,6994	0 0,1406 0,2748	0 -0,0851 0,5973	0,0009 0,0276 -0,1623	0 -0,0178 0	1,2,3,4 2 4 5	0 0,01 0,94 1

A 101

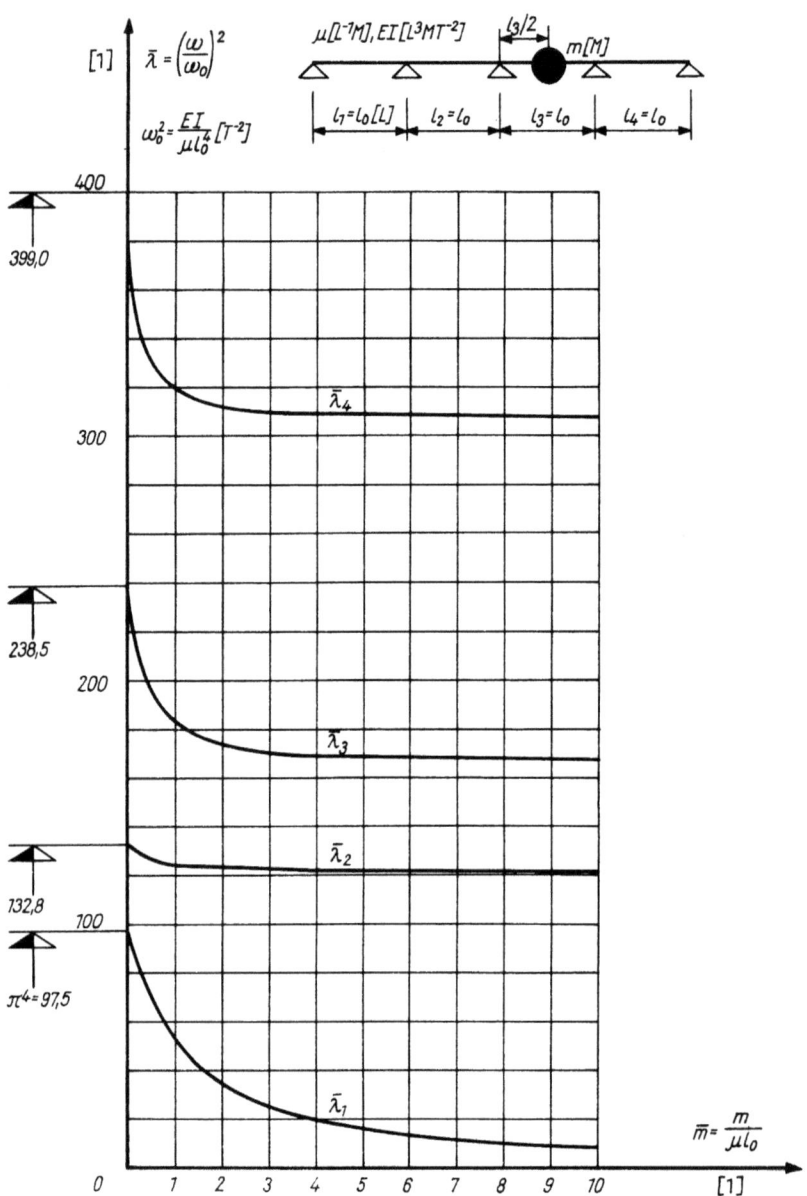

52

Beam on 5 supports with $l_1 = l_0$, $l_2 = l_0$, $l_3 = l_0$, $l_4 = l_0$, point mass m at $l_3/2$.

$\dfrac{m}{m_0}$	n	$\bar{\lambda}_n$		0	1	2	3	4	5	$w=0$: ϱ	ξ_ϱ
0	1	97,5	$\bar{w}$ $\bar{w}'$ $\bar{w}''$	0 0,4473 0	0 −0,4473 0	0 0,4473 0	− − −	0 −0,4473 0	0 0,4473 0	1,2,3,5	0 1
0	2	132,8	$\bar{w}$ $\bar{w}'$ $\bar{w}''$	0 −0,2604 0	0 0,1841 −0,4463	0 0 0,6311	− 0 −	0 −0,1841 −0,4463	0 0,2604 0	1,2,3,5	0 1
0	3	238,5	$\bar{w}$ $\bar{w}'$ $\bar{w}''$	0 −0,1225 0	0 0 −0,6910	0 0,1225 0	− − −	0 0 0,6910	0 −0,1225 0	1,2,3,5	0 1
0,1	1	92,4	$\bar{w}$ $\bar{w}'$ $\bar{w}''$	0 0,2043 0	0 −0,2134 −0,0514	0 0,2406 0,0833	0,0813 0,0022 −0,8474	0 −0,2491 0,0327	0 0,2397 0	1,2,3,5	0 1
0,1	2	131,0	$\bar{w}$ $\bar{w}'$ $\bar{w}''$	0 −0,2675 0	0 0,1930 −0,4350	0 −0,0115 0,6206	0,0278 0,0438 −0,3186	0 −0,1561 −0,3750	0 0,2178 0	1,2,3,5 3 5	0 0,99 1
0,1	3	226,3	$\bar{w}$ $\bar{w}'$ $\bar{w}''$	0 −0,1047 0	0 0,0076 −0,5485	0 0,1020 0,0522	0,0282 −0,0304 −0,3975	0 0,0105 0,7046	0 −0,1365 0	1,2,3,5 2,4 5	0 0,01 1
0,5	1	71,4	$\bar{w}$ $\bar{w}'$ $\bar{w}''$	0 0,0873 0	0 −0,1080 −0,1214	0 0,1794 0,2854	0,0704 0,0036 −0,8630	0 −0,1935 0,2013	0 0,1570 0	1,2,3,5	0 1
0,5	2	126,7	$\bar{w}$ $\bar{w}'$ $\bar{w}''$	0 −0,3172 0	0 0,2397 −0,4541	0 −0,0451 0,6832	0,0189 0,0395 −0,2949	0 −0,1062 −0,2164	0 0,1415 0	1,2,3,5 3 5	0 0,32 1
0,5	3	196,2	$\bar{w}$ $\bar{w}'$ $\bar{w}''$	0 −0,0752 0	0 0,0193 −0,3189	0 0,0643 0,1472	0,0205 −0,0304 −0,4089	0 0,0493 0,8116	0 −0,1917 0	1,2,3,5 2 4 5	0 0,14 0,70 1
1,0	1	52,7	$\bar{w}$ $\bar{w}'$ $\bar{w}''$	0 0,0497 0	0 −0,0707 −0,1235	0 0,1506 0,3412	0,0636 0,0029 −0,8487	0 −0,1619 0,2731	0 0,1143 0	1,2,3,5	0 1
1,0	2	124,6	$\bar{w}$ $\bar{w}'$ $\bar{w}''$	0 −0,3417 0	0 0,2640 −0,4559	0 −0,0661 0,7040	0,0126 0,0371 −0,2615	0 −0,0761 −0,1419	0 0,0992 0	1,2,3,5 3 5	0 0,50 1
1,0	3	182,9	$\bar{w}$ $\bar{w}'$ $\bar{w}''$	0 −0,0586 0	0 0,0202 −0,2201	0 0,0440 0,1407	0,0138 −0,0324 −0,3695	0 0,0777 0,8550	0 −0,2263 0	1,2,3,5 2 4 5	0 0,23 0,51 1
5,0	1	15,85	$\bar{w}$ $\bar{w}'$ $\bar{w}''$	0 0,0216 0	0 −0,0391 −0,1049	0 0,1203 0,3784	0,0558 0,0017 −0,8311	0 −0,1270 0,3383	0 0,0700 0	1,2,3,5	0 1
5,0	2	122,0	$\bar{w}$ $\bar{w}'$ $\bar{w}''$	0 −0,3710 0	0 0,2943 −0,4507	0 −0,0956 0,7184	0,0032 0,0339 −0,1994	0 −0,0347 −0,0575	0 0,0440 0	1,2,3,5 3 5	0 0,84 1
5,0	3	169,4	$\bar{w}$ $\bar{w}'$ $\bar{w}''$	0 −0,0320 0	0 0,0140 −0,1038	0 0,0196 0,0862	0,0034 −0,0366 −0,2840	0 0,1186 0,8997	0 −0,2734 0	1,2,3,5 2 4 5	0 0,37 0,15 1
10,0	1	8,40	$\bar{w}$ $\bar{w}'$ $\bar{w}''$	0 0,0187 0	0 −0,0355 −0,1007	0 0,1162 0,3816	0,0547 0,0015 −0,8292	0 −0,1222 0,3456	0 0,0643 0	1,2,3,5	0 1
10,0	2	121,7	$\bar{w}$ $\bar{w}'$ $\bar{w}''$	0 −0,3753 0	0 0,2988 −0,4492	0 −0,1004 0,7193	0,0017 0,0335 −0,1880	0 −0,0281 −0,0456	0 0,0355 0	1,2,3,5 3 5	0 0,91 1
10,0	3	167,7	$\bar{w}$ $\bar{w}'$ $\bar{w}''$	0 −0,0272 0	0 0,0122 −0,0864	0 0,0161 0,0740	0,0018 −0,0373 −0,2680	0 0,1249 0,9047	0 −0,2804 0	1,2,3,5 2 4 5	0 0,39 0,08 1

A 103

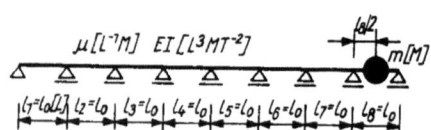

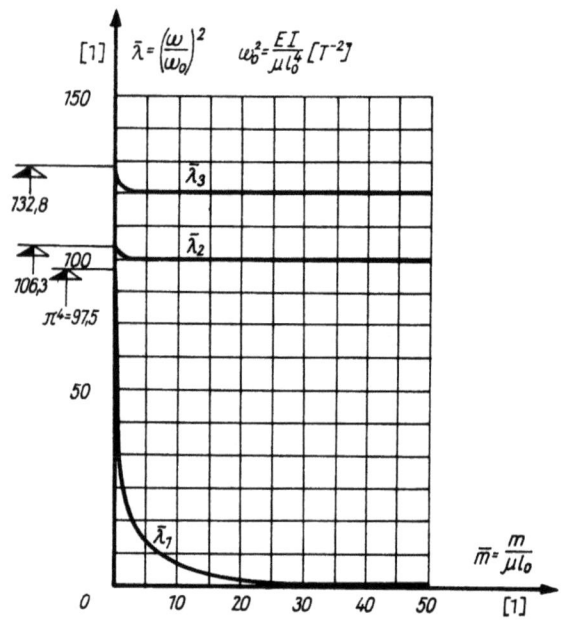

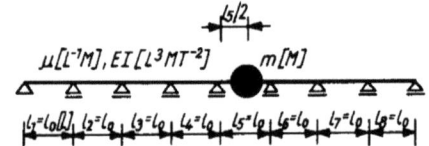

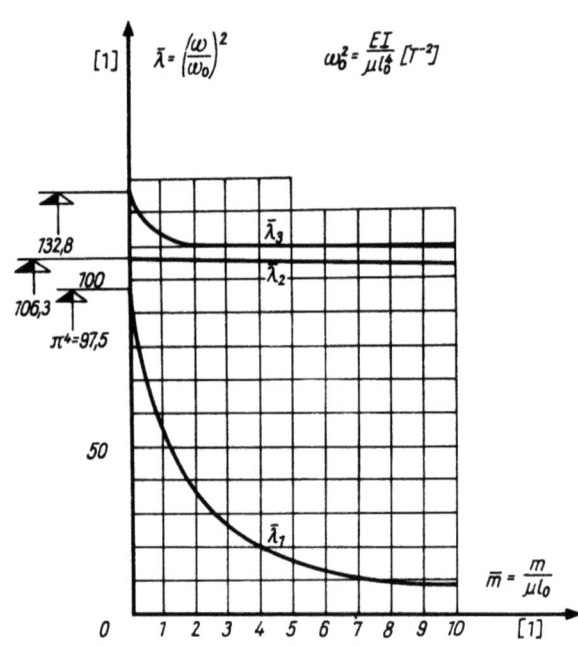

A 104

53

$\frac{m}{m_0}$	n	$\bar{\lambda}_n$		0	1	2	3	4	5	6	7	8	9	w = 0: ϱ	ξ_ϱ
1	1	44,3	$\bar{w}$ $\bar{w}'$ $\bar{w}''$	0 -0,000 0	0 0,001 0,001	0 -0,001 -0,003	0 0,003 0,008	0 -0,008 -0,022	0 0,022 0,059	0 -0,058 -0,153	0 0,151 0,395	0,069 0,017 -0,858	0 -0,219 0	1,...,8 9	0 1
	2	100,3	$\bar{w}$ $\bar{w}'$ $\bar{w}''$	0 0,413 0	0 -0,403 0,058	0 0,374 -0,114	0 -0,326 0,164	0 0,264 -0,207	0 -0,188 0,239	0 0,104 -0,260	0 -0,014 0,267	0,008 0,012 -0,146	0 -0,031 0	1,...,8 9 8	0 1 0,24
	3	121,9	$\bar{w}$ $\bar{w}'$ $\bar{w}''$	0 -0,222 0	0 0,176 -0,267	0 -0,058 0,425	0 -0,084 -0,408	0 0,191 0,223	0 -0,220 0,053	0 0,159 -0,307	0 -0,032 0,434	0,010 0,019 -0,203	0 -0,041 0	1,...,8 9 3 8	0 1 0,38 0,37
5	1	12,4	$\bar{w}$ $\bar{w}'$ $\bar{w}''$	0 -0,000 0	0 0,000 0,000	0 -0,000 -0,001	0 0,001 0,003	0 -0,003 -0,011	0 0,011 0,037	0 -0,038 -0,125	0 0,131 0,426	0,064 0,018 -0,859	0 -0,202 0	1,...,8 9	0 1
	2	100,1	$\bar{w}$ $\bar{w}'$ $\bar{w}''$	0 0,417 0	0 -0,408 0,055	0 0,380 -0,109	0 -0,335 0,157	0 0,275 -0,198	0 -0,202 0,230	0 0,121 -0,252	0 -0,033 0,264	0,002 0,011 -0,083	0 -0,011 0	1,...,8 9 8	0 1 0,78
	3	120,8	$\bar{w}$ $\bar{w}'$ $\bar{w}''$	0 -0,230 0	0 0,185 -0,266	0 -0,067 0,427	0 -0,077 -0,420	0 0,191 0,248	0 -0,230 0,021	0 0,178 -0,282	0 -0,057 0,435	0,002 0,019 -0,131	0 -0,017 0	1,...,8 9 3 8	0 1 0,45 0,82
10	1	6,52	$\bar{w}$ $\bar{w}'$ $\bar{w}''$	0 -0,000 0	0 0,000 0,000	0 -0,000 -0,001	0 0,000 0,003	0 -0,003 -0,010	0 0,010 0,034	0 -0,036 -0,121	0 0,128 0,429	0,063 0,018 -0,859	0 -0,200 0	1,...,8 9	0 1
	2	100,1	$\bar{w}$ $\bar{w}'$ $\bar{w}''$	0 0,417 0	0 -0,408 0,055	0 0,380 -0,108	0 -0,336 0,156	0 0,276 -0,197	0 -0,204 0,229	0 0,123 -0,251	0 -0,036 0,263	0,001 0,011 -0,075	0 -0,008 0	1,...,8 9 8	0 1 0,88
	3	120,6	$\bar{w}$ $\bar{w}'$ $\bar{w}''$	0 -0,231 0	0 0,186 -0,265	0 -0,068 0,427	0 -0,076 -0,422	0 0,191 0,252	0 -0,231 0,017	0 0,181 -0,279	0 -0,060 0,434	0,001 0,019 -0,121	0 -0,013 0	1,...,8 9 3 8	0 1 0,46 0,90

$\frac{m}{m_0}$	n	$\bar{\lambda}_n$		0	1	2	3	4	5	6	7	8	9	w = 0: ϱ	ξ_ϱ
1	1	55,4	$\bar{w}$ $\bar{w}'$ $\bar{w}''$	0 -0,022 0	0 0,030 0,051	0 -0,063 -0,141	0 0,144 0,331	0,060 -0,000 -0,823	0 -0,143 0,333	0 0,061 -0,145	0 -0,027 0,060	0 0,013 -0,022	0 -0,009 0	1,5̄,9 9	0 1) 1
	2	106,0	$\bar{w}$ $\bar{w}'$ $\bar{w}''$	0 -0,019 0	0 0,024 0,026	0 -0,035 -0,039	0 0,047 0,027	0,013 -0,018 -0,249	0 0,024 0,450	0 -0,171 -0,415	0 0,295 0,317	0 -0,378 -0,171	0 0,407 0	1,5̄,9 9 5	0 1) 1 0,75
	3	111,8	$\bar{w}$ $\bar{w}'$ $\bar{w}''$	0 0,373 0	0 -0,328 0,267	0 0,203 -0,467	0 -0,030 0,550	0,016 0,021 -0,304	0 -0,053 0,056	0 0,027 -0,088	0 0,002 0,082	0 -0,024 -0,049	0 0,033 0	1,5̄,9 9 4 6	0 1) 1 0,26 0,99
5	1	16,35	$\bar{w}$ $\bar{w}'$ $\bar{w}''$	0 -0,006 0	0 0,012 0,031	0 -0,035 -0,112	0 0,117 0,371	0,054 -0,000 -0,815	0 -0,116 0,371	0 0,035 -0,113	0 -0,011 0,034	0 0,003 -0,009	0 -0,002 0	1,5̄,9 9	0 1) 1
	2	105,5	$\bar{w}$ $\bar{w}'$ $\bar{w}''$	0 0,088 0	0 -0,077 0,068	0 0,045 -0,119	0 -0,000 0,141	0,003 -0,013 -0,180	0 0,051 0,440	0 -0,192 -0,393	0 0,308 0,295	0 -0,385 -0,158	0 0,412 0	1,5̄,9 9 5	0 1) 1 0,30
	3	109,5	$\bar{w}$ $\bar{w}'$ $\bar{w}''$	0 0,410 0	0 -0,367 0,254	0 0,247 -0,455	0 -0,074 0,562	0,000 0,027 -0,155	0 -0,029 -0,056	0 0,045 0,038	0 -0,055 -0,024	0 0,061 0,011	0 -0,063 0	1,5̄,9 9 5	0 1) 1 ≈ 0
10	1	8,64	$\bar{w}$ $\bar{w}'$ $\bar{w}''$	0 -0,005 0	0 0,010 0,028	0 -0,032 -0,106	0 0,113 0,375	0,053 -0,000 -0,815	0 -0,113 0,375	0 0,032 -0,107	0 -0,009 0,030	0 0,003 -0,008	0 -0,001 0	1,5̄,9 9	0 1) 1
	2,3	~105	$\bar{w}$ $\bar{w}'$ $\bar{w}''$	0 0,101 0	0 -0,089 0,072	0 0,055 -0,127	0 -0,007 0,153	0,000 -0,012 -0,167	0 0,055 0,438	0 -0,195 -0,388	0 0,310 0,291	0 -0,385 -0,155	0 0,412 0	1,5̄,9 9 5	0 1) 1 ≈ 0
	3,2	~109	$\bar{w}$ $\bar{w}'$ $\bar{w}''$	0 0,412 0	0 -0,369 0,251	0 0,250 -0,451	0 -0,079 0,559	0,000 0,027 -0,137	0 -0,027 -0,071	0 0,048 0,054	0 -0,063 -0,036	0 0,072 0,018	0 -0,075 0	1,5̄,9 9 5	0 1) 1 ≈ 0

1) 1,...5̄...,9 ≙ 1,2,3,4,6,7,8,9

A 105

54

n	$\bar{\lambda}_n$	$l_\varrho = l_0$	0	1	2	3	4	5	ϱ	ξ_ϱ
1	97,5	$\bar{w}$ $\bar{w}'$ $\bar{w}''$	0 0,408 0	0 -0,408 0	0 0,408 0	0 -0,408 0	0 0,408 0	0 -0,408 0	1,...,5 5	0 1
2	120,1	$\bar{w}$ $\bar{w}'$ $\bar{w}''$	0 0,281 0	0 -0,228 0,316	0 0,087 -0,511	0 0,087 0,511	0 -0,228 -0,316	0 0,281 0	1,...,5 5 3	0 1 0,50
3	188,0	$\bar{w}$ $\bar{w}'$ $\bar{w}''$	0 0,146 0	0 -0,045 0,579	0 -0,118 -0,358	0 0,118 -0,358	0 0,045 0,579	0 -0,146 0	1,...,5 5 2 4	0 1 0,19 0,81

w = 0:

55

n	$\bar{\lambda}_n$	$l_\varrho = l_0$	0	1	2	3	4	5	6	ϱ	ξ_ϱ
1	97,5	$\bar{w}$ $\bar{w}'$ $\bar{w}''$	0 0,379 0	0 -0,379 0	0 0,379 0	0 -0,379 0	0 0,379 0	0 -0,379 0	0 0,379 0	1,...,6 6	0 1
2	113,2	$\bar{w}$ $\bar{w}'$ $\bar{w}''$	0 0,295 0	0 -0,256 0,233	0 0,147 -0,403	0 0 0,466	0 -0,147 -0,403	0 0,256 0,233	0 -0,295 0	1,...,6 6	0 1
3	160,3	$\bar{w}$ $\bar{w}'$ $\bar{w}''$	0 0,163 0	0 -0,081 0,473	0 -0,082 -0,473	0 0,163 0	0 -0,082 0,473	0 -0,081 -0,473	0 0,163 0	1,...,6 6 2,5	0 1 0,50

w = 0:

56

n	$\bar{\lambda}_n$	$l_\varrho = l_0$	0	1	2	3	4	5	6	7	8	ϱ	ξ_ϱ
1	97,5	$\bar{w}$ $\bar{w}'$ $\bar{w}''$	0 0,333 0	0 -0,333 0	0 0,333 0	0 -0,333 0	0 0,333 0	0 -0,333 0	0 0,333 0	0 -0,333 0	0 0,333 0	1,...,8 8	0 1
2	106,3	$\bar{w}$ $\bar{w}'$ $\bar{w}''$	0 0,30 0	0 -0,28 0,14	0 0,22 -0,26	0 -0,12 0,33	0 0 -0,36	0 0,12 0,33	0 -0,22 -0,26	0 0,28 0,14	0 -0,30 0	1,...,8 8	0 1
3	132,8	$\bar{w}$ $\bar{w}'$ $\bar{w}''$	0 0,19 0	0 -0,13 0,32	0 0 -0,45	0 0,13 0,32	0 -0,19 0	0 0,13 -0,32	0 0 0,45	0 -0,13 -0,32	0 0,19 0	1,...,8 8	0 1

w = 0:

57

n	$\bar{\lambda}_n$	$l_\varrho = l_0$	0	1	2	3	4	5	6	7	8	9	10	ϱ	ξ_ϱ
1	97,5	$\bar{w}$ $\bar{w}'$ $\bar{w}''$	0 0,32 0	0 -0,32 0	0 0,32 0	0 -0,32 0	0 0,32 0	0 -0,32 0	0 0,32 0	0 -0,32 0	0 0,32 0	0 -0,32 0	0 0,32 0	1,...,10 10	0 1
2	103,1	$\bar{w}$ $\bar{w}'$ $\bar{w}''$	0 0,31 0	0 -0,29 0,09	0 0,25 -0,17	0 -0,18 0,23	0 0,09 -0,27	0 0 0,29	0 -0,09 -0,27	0 0,18 0,23	0 -0,25 -0,17	0 0,29 0,09	0 -0,31 0	1,...,10 10	0 1
3	120,1	$\bar{w}$ $\bar{w}'$ $\bar{w}''$	0 0,20 0	0 -0,16 0,22	0 0,06 -0,37	0 0,06 0,37	0 -0,16 -0,23	0 0,20 0	0 -0,16 0,23	0 0,06 -0,37	0 0,06 0,37	0 -0,16 -0,22	0 0,20 0	1,...,10 10 3,8	0 1 0,50

w = 0:

Übersicht über Systeme und Parameter - EINFELDTRÄGER -

System	n	Parameter	Tafel
(Einspannung mit Drehfeder C, freies Ende)	2	C/C_0 = 0,01; 0,05; 0,1; 0,5; 1; 10; ∞	1
Einfeldträger mit Einzelmasse m in Feldmitte	2	m/m_0 = 0; 0,05; 0,1; 0,25; 0,5; 2,5; 5	2
Kragträger links gelagert, Masse m, rechts Einspannung	2	m/m_0 = 0; 0,05; 0,5; 1; 5; 10	3
Beidseitig eingespannt mit Masse m	2	m/m_0 = 0; 0,05; 0,5; 1; 5; 10	4
Einfeldträger mit zwei Massen im Abstand a	3	a/l_0 = 0; 0,25; 0,5; 0,75; 0,875; 1	5
Einfeldträger mit zwei Massen m_1 im Abstand a	3	a/l_0 = 0; 0,25; 0,5; 0,75; 0,875; 1	6
2x m_1 / 3x m_1, Abstand x	3	m_1/m_0 = 0,0625: x/l_0 = 2·0,125; 3·0,125 m_1/m_0 = 0,625: x/l_0 = 2·0,125; 3·0,125	7
4x m_1 / 6x m_1 / 4x m_1	3	m_1/m_0 = 0,0625: x/l_0 = 4·0,125; 6·0,125 m_1/m_0 = 0,625: x/l_0 = 4·0,125; 6·0,125 m_1/m_0 = 0,1; 1: x/l_0 = 4·0,2	8
Einfeldträger mit Masse m, Abstand x_m	3	m/m_0 = 0,05: x_m/l_0 = 0; 0,125; 0,25; 0,375; 0,5	9
	3	m/m_0 = 0,5; 5: x_m/l_0 = 0; 0,0625; 0,125; 0,25; 0,375; 0,5	10
Träger mit Kragarm ü	3	$m_1 = 0$: $ü/l_0$ = 0,25; 0,5 m_1/m_0 = 0,05: $ü/l_0$ = 0,125; 0,25; 0,375; 0,5	11
Träger mit zwei Kragarmen, Massen m_1	3	m_1/m_0 = 0,5; 5: $ü/l_0$ = 0,0625; 0,125; 0,25; 0,375; 0,5	12
Träger mit Kragarm ü, Masse m_1	3	m/m_0 = 0,05: $ü/l_0$ = 0,0625; 0,125; 0,25; 0,375; 0,5	13
	3	m/m_0 = 0,5; 5: $ü/l_0$ = 0,0625; 0,125; 0,25; 0,375; 0,5	14
Einfeldträger mit Federlagerung c	2	c/c_0 = 0,01; 0,1; 1; 10; 100; 1000; ∞	15
Einfeldträger, Masse m, Federlagerung c	3	m/m_0 = 0,5; 5: c/c_0 = 0,1; 1; 10; 100; 1000; ∞	16
Beidseitige Federlagerung c	2	c/c_0 = 0,01; 0,1; 1; 10; 100; 1000; ∞	17
Beidseitige Federlagerung c mit Masse m	3	m/m_0 = 0,5; 5: c/c_0 = 0,1; 1; 10; 100; 1000; ∞	18
Einfeldträger mit Drehfeder C rechts	2	C/C_0 = 0; 0,1; 1; 10; 100; 1000; ∞	19
Einfeldträger mit Masse m, Drehfeder C rechts	3	m/m_0 = 0,5; 5: C/C_0 = 0; 0,1; 1; 10; 100; ∞	20
Beidseitige Drehfedern C	2	C/C_0 = 0; 0,1; 1; 10; 100; 1000; ∞	21
Beidseitige Drehfedern C mit Masse m	3	m/m_0 = 0,5; 5: C/C_0 = 0; 0,1; 1; 10; 100; ∞	22

Übersicht über Systeme und Parameter - MEHRFELDTRÄGER -

System	n	Parameter	Tafel
(zweifeldträger mit l_1, l_2)	4	$l_2/l_1 = 1; 0,9; 0,8; 0,7; 0,6$	23
	4	$l_2/l_1 = 0,5; 0,4; 0,3; 0,2; 0,1$	24
(zweifeldträger mit Masse m)	4	$m/m_0 = 0,5: l_2/l_1 = 1; 0,9; 0,8; 0,7; 0,6; 0,5; 0,4; 0,3; 0,2; 0,1$	25
	4	$m/m_0 = 5: l_2/l_1 = 1; 0,9; 0,8; 0,7; 0,6; 0,5; 0,4; 0,3; 0,2; 0,1$	26
(Durchlaufträger mit Masse m am Ende)	3	$m/m_0 = 0; 0,1; 0,2; 0,5; 1; 5$	27
(Durchlaufträger mit Massen m_1)	3	$m_1/m_0 = 0; 0,05; 0,5; 1; 2,5; 5$	28
(Träger mit Masse m in Abstand x_m)	3	$m/m_0 = 0,05: x_m/l_0 = 0; 0,25; 0,5; 0,75; 1$	29
	3	$m/m_0 = 0,5; 5: x_m/l_0 = 0,125; 0,25; 0,5; 0,75; 0,875$	30
(Träger mit Überhang ü)	3	$m = 0: ü/l_0 = 0,5$ $m/m_0 = 0,05: ü/l_0 = 0,125; 0,25; 0,375; 0,5$	31
	3	$m/m_0 = 0,5; 5: ü/l_0 = 0,125; 0,25; 0,375; 0,5$	32
(Träger mit m_1 und Überhang ü)	3	$m/m_0 = 0,05: ü/l_0 = 0,125; 0,25; 0,375; 0,5$	33
	3	$m_1/m_0 = 0,5; 5: ü/l_0 = 0,125; 0,25; 0,375; 0,5$	34
(Träger auf Federn c)	3	$c/c_0 = 0,1; 1; 10; 100; 1000; \infty$	35
(Dreifeldträger)	4	$l_2/l_1 = 2; 1,8; 1,6; 1,5; 1,4$	36
	4	$l_2/l_1 = 1,2; 1; 0,8; 0,6; 0,5$	37
(Dreifeldträger mit m über Stütze)	4	$m/m_0 = 0,5: l_2/l_1 = 2; 1,5; 1,2; 1; 0,8; 0,6; 0,5$	38
	4	$m/m_0 = 5: l_2/l_1 = 2; 1,5; 1,2; 1; 0,8; 0,6; 0,5$	39
(Dreifeldträger mit m im Feld)	4	$m/m_0 = 0,5: l_2/l_1 = 2; 1,5; 1,2; 1; 0,8; 0,6; 0,5$	40
	4	$m/m_0 = 5: l_2/l_1 = 2; 1,5; 1,2; 1; 0,8; 0,6; 0,5$	41
(Vierfeldträger mit m)	3	$m/m_0 = 0; 0,1; 0,5; 1; 5; 10$	42
(Vierfeldträger mit m)	3	$m/m_0 = 0; 0,1; 0,5; 1; 5; 10$	43
(Vierfeldträger mit m_1)	3	$m_1/m_0 = 0; 0,05; 0,5; 1; 2,5; 5$	44
(Vierfeldträger mit x_m)	3	$m/m_0 = 0,1: x_m/l_0 = 0; 0,25; 0,5; 0,75; 1$	45
	3	$m/m_0 = 0,5; 5: x_m/l_0 = 0,125; 0,25; 0,5; 0,75; 0,875$	46
(Vierfeldträger mit x_m)	3	$m/m_0 = 0,1; 0,5; 5: x_m/l_0 = 0,125; 0,25$	47

System	n	Parameter	Tafel
(springs diagram)	3	$c/c_0 = 0{,}1;\ 1;\ 10;\ 100;\ 1000;\ \infty$	48
(5-support beam: $l_1, l_2, l_3=l_2, l_4=l_1$)	5	$l_2/l_1 = 2;\ 1{,}8;\ 1{,}6;\ 1{,}4$	49
	5	$l_2/l_1 = 1{,}2;\ 1;\ 0{,}8;\ 0{,}5$	50
(beam with mass m near right end)	3	$m/m_0 = 0;\ 0{,}1;\ 0{,}5;\ 1;\ 5;\ 10$	51
(beam with mass m in middle)	3	$m/m_0 = 0;\ 0{,}1;\ 0{,}5;\ 1;\ 5;\ 10$	52
(8-support beams with masses m, $\overline{m}$)	3	$m/m_0 = 1;\ 5;\ 10$ $m/m_0 = 1;\ 5;\ 10$	53
(5-, 6-, 8-, 10-support beams)			54 ... 57

If you have any concerns about our products,
you can contact us on
ProductSafety@springernature.com

In case Publisher is established outside the EU,
the EU authorized representative is:
**Springer Nature Customer Service Center GmbH
Europaplatz 3, 69115 Heidelberg, Germany**

Printed by Libri Plureos GmbH
in Hamburg, Germany